Vergabepraxis für Auftraggeber

Andreas Belke

Vergabepraxis für Auftraggeber

Rechtliche Grundlagen – Vorbereitung – Abwicklung

3., korrigierte Auflage

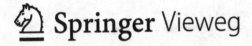 Springer Vieweg

Andreas Belke
Ahaus, Deutschland

ISBN 978-3-658-18448-3   ISBN 978-3-658-18449-0 (eBook)
DOI 10.1007/978-3-658-18449-0

Die Deutsche Nationalbibliothek verzeichnet diese Publikation in der Deutschen Nationalbibliografie; detaillierte bibliografische Daten sind im Internet über http://dnb.d-nb.de abrufbar.

Springer Vieweg
© Springer Fachmedien Wiesbaden GmbH 2010, 2017

Lektorat: Karina Danulat

Gedruckt auf säurefreiem und chlorfrei gebleichtem Papier

Springer Vieweg ist Teil von Springer Nature
Die eingetragene Gesellschaft ist Springer Fachmedien Wiesbaden GmbH
Die Anschrift der Gesellschaft ist: Abraham-Lincoln-Str. 46, 65189 Wiesbaden, Germany

Vorwort zur 3. Auflage

Seit der ersten Auflage dieses Buches haben viele weitere Gerichtsurteile zu einer Änderung und Präzisierung der Vergaberegeln geführt. Die E-Vergabe hält Einzug in den Vergabealltag. Die Normierung der VOB im Unter- und Oberschwellenbereich driftet mit der VOB/A Abschnitt 2 (Januar 2016) und Abschnitt 1 (Juni 2016) auseinander. Zahlreiche Ländervergabegesetze tragen ihr Übriges dazu bei, dass Vergabe komplexer wird.

Somit sollen die Ergänzungen dieses Buches dem Planer eine erneute Unterstützung bei der Durchführung von Vergabeverfahren aufzeigen. Der – oftmals schwer nachzuvollziehende – Grundsatz nach transparenten, nicht diskriminierenden und keinen unlauteren Verfahrensdurchführungen ist immer vor Wirtschaftlichkeitsaspekten zu setzen.

Es gilt nach wie vor der Grundsatz: Wirtschaftlichkeit darf nicht vor Vergaberecht gehen.

Dipl.-Ing. (FH) Andreas Belke
Ahaus im Mai 2017

Vorwort

Mit dem Auftrag eines öffentlichen Auftraggebers zur Durchführung einer Beschaffung[1] für ein Bauvorhaben unterliegt der Planer regelmäßig einer Pflichten, die prinzipiell keine besonderen Anforderungen i. S. „von besonderen Leistungen" der HOAI, stellt. Doch dadurch, dass der öffentliche Auftraggeber (ÖAG) meist dazu verpflichtet, ist die Beschaffung unter den Regeln der VOB/A abzuwickeln, hat auch der Planer diese Regeln zu beachten. Er tritt somit als Treuhänder des ÖAG auf.

Dieses Buch soll dem Planer eine Verfahrenshilfe geben, die einzelnen Hürden des Verfahrens möglichst rechtssicher und bei mit Drittmitteln geförderten Baumaßnahmen förderunschädlich zu bewältigen. Hierbei werden die wesentlichen Aspekte eines Vergabeverfahrens unter Berücksichtigung der neuen VOB/A (i. d. F. 2009) behandelt und Problemlösungen aufgezeigt. Grundlegende Kenntnisse zur Bearbeitung von Ausschreibungen werden vorausgesetzt. Zur Grundlagenvertiefung wird hierzu auf das Werk AVA-Handbuch von Rösel/Busch verwiesen.

Dipl.-Ing. (FH) Andreas Belke
Ahaus im April 2010

---

[1] Unter Beschaffung werden der Einkauf als auch die Beschaffungslogistik des öffentlichen Auftraggebers verstanden.

Abkürzungsverzeichnis

AG	Auftraggeber
AGB	Allgemeine Geschäftsbedingungen, Regelungen hierzu in §§ 305 – 310 BGB
AN	Auftragnehmer
Beck-Komm.	Motzke/Pietzcker/Prieß, Beck'scher VOB-Kommentar, VOB Teil A, 1. Auflage 2001
BGB	Bürgerliches Gesetzbuch, in der Fassung der Bekanntmachung vom 2. Januar 2002
BGH	Bundesgerichtshof in Karlsruhe, das oberste deutsche Gericht und damit letzte Instanz in Zivil- und Strafverfahren
BVB	Besondere Vertragsbedingungen
BWB	Bewerbungsbedingungen, zur Teilnahme an einer öffentlichen oder beschränkten Ausschreibung
DIN	DIN-Norm, eine unter Leitung eines Arbeitsausschusses im Deutschen Institut für Normung erarbeiteter freiwilliger Standard
DIN-bauportal	Muster-Ausschreibungstext des DIN.bauportal GmbH; http://www.stlb-bau-online.de © 2010 by DIN Deutsches Institut für Normung e. V.
DVA	Deutscher Vergabe- und Vertragsausschuss für Bauleistungen als Verfasser der VOB Teil A und B, ihm gehören Vertreter aller wichtigen öffentlichen Auftraggeber, Ressorts des Bundes und der Länder, sonstige öffentliche Auftraggeber, kommunale Spitzenverbände und Spitzenorganisationen der Wirtschaft und der Technik in paritätischer Zusammensetzung an
EP	Einheitspreis einer Leistungsposition in einem Leistungsverzeichnis
EU	Europäische Union
EuGH	Europäischer Gerichtshof
GP	Gesamtpreis einer Leistungsposition, bildet sich durch Multiplikation des Einheitspreises mit dem Vordersatz (Menge) der Position
GWB	Gesetz gegen Wettbewerbsbeschränkungen, letzte Änderung vom 25. Mai 2009 (BGBl. I S. 1102, 1136)
GWB	Gesetz gegen Wettbewerbsbeschränkungen (GWB) in der Fassung der Bekanntmachung vom 15. Juli 2002, zuletzt geändert vom 25. 5. 2005
H/R/R	Heiermann/Riedl/Rusam, Handkommentar zur VOB, 13. Auflage 2013, Springer Vieweg

HOAI	Verordnung über die Honorare für Architekten- und Ingenieurleistungen (Honorarordnung für Architekten und Ingenieure – HOAI) in der Fassung vom 30.04.2009
i. d. F.	In der Fassung
I/K	Ingenstau/Korbion – VOB Teile A und B – Kommentar, Hrsg. Horst Locher, Klaus Vygen unterschiedliche Auflagen
IBR	Zeitschrift Immobilien- und Baurecht, Herausgeber: RA Dr. Alfons Schulze-Hagen, Mannheim, FA für Bau- und Architektenrecht, Mannheim
K/M	bzw. K/M3 Kapellmann/Messerschmidt, VOB Teile A und B, herausgegeben von RA Prof. Dr. Klaus Kapellmann und RA Dr. Burkhard Messerschmidt, Beck'scher Kurzkommentar, 2. Auflage 2007 und 3. Auflage 2010
LV	Leistungsverzeichnis
MBO	Die Musterbauordnung ist eine Standard- und Mindestbauordnung, die den Ländern als Grundlage für deren jeweilige Landesbauordnungen dient.
NJW	Neue Juristische Wochenschrift, herausgegeben von Prof. Dr. Wolfgang Ewer, Rechtsanwalt in Kiel u. a.
NZBau	Privates Baurecht, · Recht der Architekten, Ingenieure und Projektsteuerer, · Vergabewesen, herausgegeben von Rechtsanwalt Prof. Dr. Klaus D. Kapellmann, Mönchengladbach (Geschäftsführender Herausgeber) u. a.
ÖAG	Öffentlicher Auftraggeber
OLG	Oberlandesgericht (in Berlin Kammergericht: KG)
Planer	Architektinnen und Architekten und Ingenieurinnen und Ingenieure (gemäß des Gender Mainstreaming)
VgV	Verordnung über die Vergabe öffentlicher Aufträge (Vergabeverordnung), mit den Änderungen vom 23. 9. 2009, die Neufassung wurde im Bundesrat am 26.03.2009 beraten.
VHB	Vergabehandbuch des Bundes
VK	Vergabekammer
VOB/A	Allgemeine Bestimmungen für die Vergabe von Bauleistungen Teil A i. d. F. 31. Juli 2009
VOB/B	Allgemeine Vertragsbedingungen für die Ausführung von Bauleistungen i. d. F. 31. Juli 2009
VOB/C	Allgemeine Technische Vertragsbedingungen für Bauleistungen i. d. F. 2006
VÜA	Vergabeüberwachungsausschuss, ein bis 1999 beim Bund und in jedem Land existierendes behördeninternes Gremium zur Überprüfung öffentlicher Vergabeverfahren.
Weyand	Rudolf Weyand, ibr-online-Kommentar Vergaberecht, letzte Aktualisierung: 25.01.2010
ZTV	Zusätzliche technische Vertragsbedingungen
ZVB	Zusätzliche Vertragsbedingungen

Inhaltsverzeichnis

Einleitung 1

Andreas Belke

Das Vergaberecht – das faktisch kein Recht, sondern auf nationaler Ebene eine Verwaltungsanweisung darstellt – ist durch zwingende und konjunktive Vorschriften geprägt. Hierdurch kann es leicht zu Vergabeverfahren führen, die nicht der VOB/A entsprechen. Von einer nicht normgerechten Vertragserfüllung zu LP 6 und 7 des §§ 33 oder 42 HOAI einmal abgesehen, können die Folgen hieraus in bisher seltenen Fällen Schadensersatzansprüche seitens unterlegener Bieter und die Förderschädlichkeit bei Drittmittelprojekten sein. Somit sind an Vergaben im Bereich der öffentlichen Hand wesentlich höhere Anforderungen gestellt als im Bereich der privatwirtschaftlichen Vergabe, die letztendlich nur durch das Werkvertragsrecht geprägt sind, da der private Auftraggeber nicht an die VOB/A gebunden ist.

Dieses Buch wendet sich an alle Planer, die mit der Durchführung von Ausschreibungen der öffentlichen Hand beauftragt worden sind oder werden. Weiterhin kann dieses Buch in der öffentlichen Bauverwaltung neben weiteren verwaltungsspezifischen Verordnungen als Hilfsmittel zur Durchführung von Vergabeverfahren von Bauleistungen eingesetzt werden.

Die Interaktion zwischen Planer und Öffentlichem Auftraggeber (ÖAG) und Bewerbern/Bietern wird hier herausgestellt.

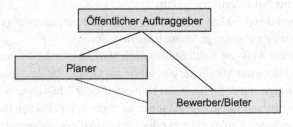

© Springer Fachmedien Wiesbaden GmbH 2017
A. Belke, *Vergabepraxis für Auftraggeber*, DOI 10.1007/978-3-658-17049-3_1

Dieses Buch kommentiert keine Gerichtsurteile mit allen möglichen Auslegungsvarianten in der Rechtsprechung. Vielmehr werden allgemeine Sachverhalte des Vergaberechts pragmatisch dargestellt. Hierbei sollen Tipps und Beispiele wesentliche Verfahrensschritte transparenter machen. Die Prüfung und Wertung von Angeboten wird anhand von Sachverhalten und deren Lösungen dargestellt. Letztendlich zeigt dieses Buch zudem die wesentlichen Änderungen der VOB/A Novellierung von 2009 auf.

Das Vergaberecht definiert „Spielregeln", die gewährleisten sollen, dass ein einheitlicher und ausgeglichener Wettbewerb zwischen dem Spielführer (ÖAG) und dem Spieler (Bewerber und Bieter) stattfindet.

Die bestehende Rechtsprechung, die vielfach für Klarheit bzgl. der „Spielregeln" sorgte, ist auch auf die 2016er VOB/A anzuwenden.

1.1 Öffentliche Auftraggeber

Öffentliche Auftraggeber sind Institutionen der Bundesregierungen, der Länder, Regionen und Kommunen. Auch Körperschaften, Anstalten und Stiftungen öffentlichen Rechts sowie juristische Personen des öffentlichen Rechts fallen hierunter, sofern sie Aufgaben im allgemeinen Interesse wahrnehmen oder staatlich kontrolliert sind. Darunter fallen Krankenhäuser, Sozialversicherungen, Bildungseinrichtungen, Wasser- und Energieversorger, Wirtschaftskammern, Verbände und viele andere Einrichtungen.

1.1.1 Begriff

Der Begriff des Öffentlichen Auftraggebers ist definiert im § 97 Gesetz gegen Wettbewerbsbeschränkungen (GWB).[1] Danach liegt die (öffentliche) Auftraggebereigenschaft zunächst nur bei der klassischen öffentlichen Hand vor. Der Auftraggeber im Sinne des 4. Teils der GWB steht im Kontext des EU-Vergaberechts; aber auch private Auftraggeber werden hiernach unter Umständen von dem Begriff erfasst (§ 99 Nr. 1–4 GWB).

- andere juristische Personen des öffentlichen und des privaten Rechts, die zu dem besonderen Zweck gegründet wurden, im Allgemeininteresse liegende Aufgaben nichtgewerblicher Art zu erfüllen, sofern
  a) sie überwiegend von Stellen nach Nummer 1 oder 3 einzeln oder gemeinsam durch Beteiligung oder auf sonstige Weise finanziert werden,
  b) ihre Leitung der Aufsicht durch Stellen nach Nummer 1 oder 3 unterliegt oder
  c) mehr als die Hälfte der Mitglieder eines ihrer zur Geschäftsführung oder zur Aufsicht berufenen Organe durch Stellen nach Nummer 1 oder 3 bestimmt worden sind; dasselbe gilt, wenn diese juristische Person einer anderen juristischen Person des öffentlichen oder privaten Rechts einzeln oder gemeinsam mit anderen die überwiegende

---

[1] Zuletzt geändert durch Gesetz vom 26.07.2016 (BGBl. I S. 1786) m. W. v. 30.07.2016.

Finanzierung gewährt, über deren Leitung die Aufsicht ausübt oder die Mehrheit der Mitglieder eines zur Geschäftsführung oder Aufsicht berufenen Organs bestimmt hat,
- Verbände, deren Mitglieder unter Nummer 1 oder 2 fallen,
- natürliche oder juristische Personen des privaten Rechts sowie juristische Personen des öffentlichen Rechts, soweit sie nicht unter Nummer 2 fallen, in den Fällen, in denen sie für Tiefbaumaßnahmen, für die Errichtung von Krankenhäusern, Sport-, Erholungs- oder Freizeiteinrichtungen, Schul-, Hochschul- oder Verwaltungsgebäuden oder für damit in Verbindung stehende Dienstleistungen und Wettbewerbe von Stellen, die unter die Nummern 1, 2 oder 3 fallen, Mittel erhalten, mit denen diese Vorhaben zu mehr als 50 % subventioniert werden.

► **Tipp**
Eine Ausnahme der Bindung der öffentlichen Auftraggeber an die Ausschreibungspflichten des Vergaberechts gilt für die sog. In-House-Vergabe, also wenn z. B. entgeltlose Konzessionen wie Dienstleistungskonzessionen oder Bauleistungskonzessionen von einer Gebietskörperschaft an eine andere rein kommunal beherrschte Gesellschaft vergeben werden.

Zudem kann der Tatbestand des öffentlichen Auftrags für den Bau eines Einzelhandelprojektes vorliegen, wenn das wirtschaftliche Interesse einer Stadt dadurch belegt wird, dass die Übereignung der angebotenen städtischen Grundstücke deutlich unter dem Verkehrswert liegt und damit auch eine Entgeltfunktion hat.[2]

Die großen Kirchen sind keine öffentlichen Auftraggeber, da diese weder eine Gebietskörperschaft und auch kein Sondervermögen einer Gebietskörperschaft im Sinne des § 99 Nr. 1 GWB darstellen. Zudem können sie auch nicht nach § 99 Nr. 2 GWB klassifiziert werden. Es handelt sich zwar um eine (territorial abgegrenzte) Körperschaft, diese wurde aber nicht „zu dem besonderen Zweck gegründet (…), im Allgemeininteresse liegende Aufgaben nicht gewerblicher Art zu erfüllen" wie dies § 99 Nr. 2 GWB erfordert.[3]

1.1.2 Sektorenauftraggeber

Der Begriff Sektorenauftraggeber definiert im Vergaberecht Auftraggeber, die aufgrund eines auf monopolähnlichen Strukturen begründeten Einflusses des Staates und einer hieraus folgenden Abschottung der Märkte auf den Gebieten der Trinkwasserversorgung, der Energieversorgung (bestehend aus den Bereichen Elektrizitäts-, Gas- und Wärmeversorgung), des Verkehrs oder ab dem 1. Januar 2009 auch der Postdienste zur Vergabe von Aufträgen verpflichtet sind. Hierunter fallen nach § 100 GWB auch solche natürlichen oder juristischen Personen des Privatrechts, die in den oben genannten Sektoren auf der Grundlage von besonderen oder ausschließlichen Rechten tätig sind.

---

[2] VK Düsseldorf, Beschluss vom 28.01.2010 – VK-37/2009-B | IBRRS 73308.
[3] OLG Celle, Beschluss vom 25.08.2011 – 13 Verg 5/11.

1.2   Rechtliche Grundlagen

Die Bestimmungen des Vergaberechts auf nationaler und europäischer Ebene dienen der öffentlichen Hand bei der Vergabe von Aufträgen als Rechtsgrundlage und Leitlinie für die wirtschaftliche Beschaffung von Lieferungen und (Bau-)Leistungen. Dabei sind folgende wesentliche Ziele zu beachten:[4]

- Gewährleistung von ungehinderten, transparenten und nicht diskriminierenden wettbewerblichen Vergabeverfahren,
- Beachtung des Prinzips der Wirtschaftlichkeit und Sparsamkeit bei öffentlichen Beschaffungen,
- Bekämpfung von Korruption,
- besondere Berücksichtigung mittelständischer Wirtschaftsinteressen.

1.2.1   Bauleistung

Ergibt sich für den Bund, die Länder, die Städte oder die Gemeinden die Notwendigkeit, Bauleistungen auszuführen, so müssen die Verwaltungen gemäß Bundes-, Landes- oder kommunalrechtlicher Vorschriften eine Preisanfrage bei mehreren Firmen durchführen.

Unter Bauleistungen versteht der ÖAG gemäß § 1 VOB/A Arbeiten zur Herstellung, Instandhaltung, Änderung oder zum Abbruch an einer baulichen Anlage. Dieser Begriff, der dem § 2 Abs. 2 Musterbauordnung (MBO) entnommen ist, definiert alle mit dem Erdboden verbundenen, aus Baustoffen und Bauteilen hergestellten Werke als bauliche. Dabei besteht die Verbindung zur Erde auch dann, wenn die Anlage durch die Schwerkraft im Boden ruht oder sich in einem sehr begrenzten ortsfesten Rahmen bewegen kann. Weiterhin gelten auch Aufschüttungen und Abgrabungen sowie künstliche in der Erde liegende Hohlräume als bauliche Anlage. Der Begriff umfasst auch Arbeiten an einem Grundstück, wobei hier gilt, dass die Erde bewegt werden muss.

Vereinfacht ausgedrückt zählen alle in der VOB/C – gemäß Tab. 1.1 – aufgelisteten Leistungen zu Bauleistungen.

▶   **Tipp**
       Ist nicht klar erkennbar, ob es sich um Liefer- oder Bauleistungen handelt, so
       gilt es festzustellen, was der wesentliche Inhalt des Auftrags ist, an dem der
       rechtliche Charakter (Bau- oder Lieferauftrag) festgemacht werden kann und
       damit, welches Vertragsziel erreicht werden soll.[5] Die Abgrenzung zwischen
       Bau- und Lieferauftrag muss aufgrund der unterschiedlichen Schwellenwerte

---

[4] Niedersächsisches Ministerium für Wirtschaft, Arbeit und Verkehr.
[5] OLG Brandenburg, Beschluss vom 25.05.2010 – Verg W 15/09 | IBR 2010 3065.

Tab. 1.1 Bauleistungen

Erdarbeiten	Bohrarbeiten	Brunnenbauarbeiten
Verbauarbeiten	Rammarbeiten	Wasserhaltungsarbeiten
Entwässerungskanalarbeiten	Druckrohrleitungsarbeiten im Erdreich	Dränarbeiten
Einpressarbeiten	Sicherungsarbeiten an Gewässern, Deichen und Küstendünen	Nassbaggerarbeiten
Untertagebauarbeiten	Schlitzwandarbeiten mit stützenden Flüssigkeiten	Spritzbetonarbeiten
Verkehrswegebauarbeiten, Oberbauschichten ohne Bindemittel	Verkehrswegebauarbeiten, Oberbauschichten mit hydraulischen Bindemitteln	Verkehrswegebauarbeiten, Oberbauschichten aus Asphalt
Verkehrswegebauarbeiten, Pflasterdecken, Plattenbeläge, Einfassungen	Rohrvortriebsarbeiten	Landschaftsbauarbeiten
Gleisbauarbeiten	Mauerarbeiten	Beton- und Stahlbetonarbeiten
Naturwerksteinarbeiten	Betonwerksteinarbeiten	Zimmer- und Holzbauarbeiten
Stahlbauarbeiten	Abdichtungsarbeiten	Dachdeckungs- und Dachabdichtungsarbeiten
Klempnerarbeiten	Betonerhaltungsarbeiten	Putz- und Stuckarbeiten
Fliesen- und Plattenarbeiten	Estricharbeiten	Gussasphaltarbeiten
Tischlerarbeiten	Parkettarbeiten	Beschlagarbeiten
Rollladenarbeiten	Metallbauarbeiten, Schlosserarbeiten	Verglasungsarbeiten
Maler- und Lackierarbeiten	Korrosionsschutzarbeiten an Stahl- und Aluminiumbauten	Bodenbelagarbeiten
Tapezierarbeiten	Holzpflasterarbeiten	Raumlufttechnische Anlagen
Heizanlagen und zentrale Wassererwärmungsanlagen	Gas-, Wasser- und Abwasser-Installationsarbeiten innerhalb von Gebäuden	Elektrische Kabel- und Leitungsanlagen in Gebäuden
Blitzschutzanlagen	Förderanlagen, Aufzugsanlagen, Fahrtreppen und Fahrsteige	Gebäudeautomation
Dämmarbeiten an technischen Anlagen	Gerüstarbeiten	

erfolgen, denn bei einer Überschreitung der Schwellenwertgrenze muss auf EU-Ebene ausgeschrieben werden.[6] Die Schwellenwertgrenze für Liefer- und Dienstleistungen liegt deutlich unter der für Bauleistungen.

1.2.2 Vergaberecht

Das Vergaberecht definiert die Regeln der öffentlichen Auftragsvergabe.

Ursprünglich prägte das Haushaltsrecht das Vergaberecht mit den Grundprinzipien der Sparsamkeit, der Wirtschaftlichkeit und der gesicherten Haushaltsmitteldeckung. Der Aspekt der Sparsamkeit und Wirtschaftlichkeit wurde durch den freien Wettbewerb erfüllt. Die Auftragsvergabe war damit lediglich dem Privatrecht unterworfen. Der öffentliche Beschaffungsvorgang unterlag lediglich dem Haushaltsrecht.

Die Bieter waren damit der Willkür des freien Marktes ausgesetzt. 1926 trat, zum Schutz eines fairen Wettbewerbs, die Verdingungsordnung für Bauleistungen mit dem Teil A in Kraft. Damit lagen erstmals Regeln vor, die die Interessendifferenzen zwischen Beschaffungswunsch und Auftrag in Einklang brachten.

Obwohl heute 90 % aller Auftragsvergaben auf nationaler Ebene abgewickelt werden, dominiert das europäische Vergaberecht die Entscheidungen zu Vergaberechtsfragen. Dies wird auch daran liegen, dass auf nationaler Ebene eben keine Rechtsnorm und somit keine subjektiven Bieterrechte existieren. Denn die Vorschriften in den Abschnitten 1 von VOB/A beruhen nicht auf den Vorgaben der europäischen Vergaberichtlinien sowie von GWB und Vergabeordnung (VgV). Sie verfolgen vielmehr den Zweck, entsprechend der haushaltsrechtlichen Grundsätze in der Bundeshaushaltsordnung und den verschiedenen Landeshaushaltsordnungen eine sparsame und wirtschaftliche Vergabe öffentlicher Aufträge sicherzustellen. Vgl. Abb. 1.1.

Die Länder und der Bund verlangen für die Durchführung von Vergabeverfahren, bei denen Drittmittel zur Verfügung gestellt werden, auch von privatwirtschaftlichen Mittelverwendern die strikte Einhaltung der VOB/A. Bei schwerwiegenden Verstößen behalten sie sich eine Rückforderung der bewilligten Mittel vor.[7] Hieraus entsteht nicht unbedingt ein Schutzrecht des Bieters, sondern es wird vielmehr der Verwender der Finanzmittel mit Sanktionen bestraft.

Ob national oder europäisch ausgeschrieben werden muss, ist in 106 Abs. 2 Nr. 1 GWB geregelt. Dort wird auf die entsprechenden Schwellenwerte, ab denen Leistungen national oder europäisch ausgeschrieben werden, verwiesen. Die Höhe der jeweiligen Schwellenwerte richtet sich nach der jeweils geltenden Fassung der Richtlinie 2014/24/EU.

---

[6] Siehe auch Ziff. 1.2.2.3.

[7] Zum Beispiel Runderlass 11-0044-3/8 vom 18.12.2003 i. d. F. 16.8.2006 des Finanzministeriums NRW „Rückforderungen von Zuwendungen wegen Nichtbeachtung der VOB/A und der VOL/A".

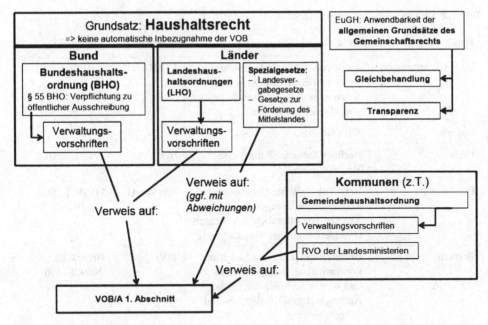

Abb. 1.1 Struktur und Aufbau des Vergaberechts im Unterschwellenbereich. (A. Rüger BMWE, 3. Deutscher Vergabetag 2016 des DVNW)

1.2.2.1 Vergabegesetze der Bundesländer

Bei Vergabegesetzen handelt es sich um gesetzliche Regelungen, die Öffentlichen Auftraggebern vorschreiben auch sogenannte vergabefremde Kriterien (z. B. Tariftreue, Mindestlohn oder aber auch soziale oder ökologische Kriterien) bei der Auftragsvergabe zu berücksichtigen. Zum Erlass von Tariftreue und Vergabegesetzen sind die einzelnen Bundesländer ermächtigt. Seit Inkrafttreten des Gesetzes zur Regelung eines allgemeinen Mindestlohns (Mindestlohngesetz – MiLoG) am 16.08.2016 durch den Bund gelten nunmehr die dort genannten Regeln zum Mindestlohn.

Vergabegesetze mit – mehr oder weniger weit gehenden – sozialen und/oder ökologischen Kriterien gibt es derzeit in 13 Bundesländern, s. Tab. 1.2.

Das im Januar 2013 verabschiedete Vergabegesetz von Sachsen knüpft an die Auftragsvergabe keine sozialen oder ökologischen Bedingungen. Dasselbe gilt für das Vergabegesetz in Hessen vom 25. März 2013.

Mit diesen Gesetzen werden Nachhaltigkeitsaspekte in der öffentlichen Auftragsvergabe im Land verankert. Dazu gehören beispielsweise (insgesamt unterscheiden sich die Gesetze deutlich):

- die Vorgabe eines vergabespezifischen Mindestlohns,
- die Festlegung von repräsentativen Tarifverträgen im ÖPNV,
- die verbindliche Beachtung von Aspekten des Umweltschutzes und der Energieeffizienz,

Tab. 1.2 Vergabegesetze in den Bundesländern

Bundesland	Gesetz	Abkürzung	Fundstelle
Baden-Württemberg	Tariftreue- und Mindestlohngesetz für öffentliche Aufträge in Baden-Württemberg (Landestariftreue- und Mindestlohngesetz)	LTMG	GBl. 2013, 50
Bayern	Kein Gesetz	–	–
Berlin	Berliner Ausschreibungs- und Vergabegesetz	BerlAVG	GVBl. 2010, 399
Brandenburg	Brandenburgisches Gesetz über Mindestanforderungen für die Vergabe von öffentlichen Aufträgen (Brandenburgisches Vergabegesetz)	BbgVergG	GVBl. I, 2011, Nr. 19
Bremen	Bremisches Gesetz zur Sicherung von Tariftreue, Sozialstandards und Wettbewerb bei öffentlicher Auftragsvergabe (Tariftreue- und Vergabegesetz)	TtVG	Brem.GBl. 2009, S. 476
Hamburg	Hamburgisches Vergabegesetz	HmbVgG	HmbGVBl. 2006, S. 57
Hessen	Hessisches Vergabe- und Tariftreuegesetz	HVTG	GVBl. I 2014, S. 354
Mecklenburg-Vorpommern	Gesetz über die Vergabe öffentlicher Aufträge in Mecklenburg-Vorpommern (Vergabegesetz Mecklenburg-Vorpommern – VgG M-V)	VgG M-V	GVOBl. M-V 2011, S. 411
Niedersachsen	Niedersächsisches Gesetz zur Sicherung von Tariftreue und Wettbewerb bei der Vergabe öffentlicher Aufträge (Niedersächsisches Tariftreue- und Vergabegesetz)	NTVergG	Nds. GVBl. 2013, 259
Nordrhein-Westfalen	Gesetz über die Sicherung von Tariftreue und Sozialstandards sowie fairen Wettbewerb bei der Vergabe öffentlicher Aufträge (Tariftreue- und Vergabegesetz Nordrhein-Westfalen)	TVgG – NRW	GV. NRW 2017. S. 273
Rheinland-Pfalz	Landesgesetz zur Gewährleistung von Tariftreue und Mindestentgelt bei öffentlichen Auftragsvergaben (Landestariftreuegesetz)	LTTG	GVBl. 2010, 426

Tab. 1.2 (*Fortsetzung*)

Bundesland	Gesetz	Abkürzung	Fundstelle
Saarland	Gesetz Nr. 1798 über die Sicherung von Sozialstandards, Tariftreue und Mindestlöhnen bei der Vergabe öffentlicher Aufträge im Saarland (Saarländisches Tariftreuegesetz)	STTG	Amtsbl. 2013, S. 84
Sachsen	Gesetz über die Vergabe öffentlicher Aufträge im Freistaat Sachsen (Sächsisches Vergabegesetz)	Sächs-VergabeG	SächsGVBl. 2013, S. 109
Sachsen-Anhalt	Gesetz über die Vergabe öffentlicher Aufträge in Sachsen-Anhalt (Landesvergabegesetz)	LVG LSA	GVBl. LSA 2012, 536
Schleswig-Holstein	Gesetz über die Sicherung von Tariftreue und Sozialstandards sowie fairen Wettbewerb bei der Vergabe öffentlicher Aufträge (Tariftreue- und Vergabegesetz Schleswig-Holstein)	TTG	GVOBl. 2013, 239
Thüringen	Thüringer Gesetz über die Vergabe öffentlicher Aufträge (Thüringer Vergabegesetz)	ThürVgG	GVBl. 2011, S. 69

- die verbindliche Beachtung von sozialen Aspekten,
- die Beachtung von Aspekten der Frauenförderung sowie
- die Beachtung vergaberechtlicher Grundsätze unterhalb des EU-Schwellenwertes nunmehr aufgrund gesetzlicher Verpflichtung (§ 3 TVgG NRW).

▶ **Tipp**
Da dieses Buch das Thema aller Landesvergabegesetze nicht wiedergeben kann, wird auf zusätzliche Literatur verwiesen.

1.2.2.2 Primärgebot

Sowohl für die nationalen als auch die europäischen Verfahren gelten ähnliche Grundprinzipien des § 2 bzw. 2 EU VOB/A. Hierbei sind insbesondere die Transparenz, die Gleichberechtigung und die Diskriminierungsfreiheit zu nennen.

- Bauleistungen werden an fachkundige, leistungsfähige und zuverlässige Unternehmer zu angemessenen Preisen in transparenten Vergabeverfahren vergeben. In § 2 Abs. 3 EU ist jedoch das Kriterium des „zuverlässigen Unternehmers" entfallen.

- Der Wettbewerb soll die Regel sein. Wettbewerbsbeschränkende und unlautere Verhaltensweisen sind zu bekämpfen.
- Bei der Vergabe von Bauleistungen darf kein Unternehmer diskriminiert werden.

Damit dürfen z. B. Gesichtspunkte wie zusätzliche Gewerbesteuer-Einnahmen, die Beschäftigung ortsansässiger Arbeitskräfte oder die lokale Konjunkturbelebung grundsätzlich keine Berücksichtigung finden.[8]

1.2.2.3 Schwellenwerte

Die Differenzierung zwischen nationalen und europäischen Ausschreibungen ist durch § 106 GWB geregelt. Danach gilt für Vergaben ab Erreichen der in der Richtlinie 2014/24/EU festgelegten Schwellenwerte die Verpflichtung, eine europäische Ausschreibung durchzuführen.

Die Schwellenwertgrenze für Bauleistungen beläuft sich aktuell auf 5.225.000 EUR.[9]

Aus der § 3 VgV ergibt sich, dass der geschätzte Betrag für die Bauleistungen ohne Umsatzsteuer und ohne die Baunebenkosten zu errechnen ist. Zu den Baunebenkosten gehören alle Kosten, die neben der Vergütung für die ausgeschriebenen Bauleistungen im Zusammenhang mit dem Bauvorhaben entstehen, wie z. B. Kosten für Architekten- und Ingenieurleistungen, für Verwaltungsleistungen des ÖAG bei Vorbereitung und Durchführung des Bauvorhabens, für die Baugenehmigung, für die Bauversicherung, Finanzierungskosten etc.[10] Die Berechnung erfolgt mittels objektiv erstellter Kostenschätzung. Ist die Kostenschätzung ordnungsgemäß erfolgt, bestimmt ausschließlich dieser Wert über die Geltung oder Nichtgeltung des Vergaberechts. Das gilt auch dann, wenn sich im weiteren Verlauf des Vergabeverfahrens insbesondere aufgrund der abgegebenen Angebote herausstellt, dass der Wert der benötigten Leistung tatsächlich oberhalb oder unterhalb des maßgeblichen Schwellenwertes liegt.[11] Zu berücksichtigen sind bei der Kostenschätzung alle Bauleistungen, die mit der geplanten Gesamtmaßnahme in einem funktionalen (ggf. auch zeitlichen) Zusammenhang stehen. Zudem ist gemäß § 3 Abs. 6 VgV der geschätzte Gesamtwert aller Liefer- und Dienstleistungen zu berücksichtigen, die für die Ausführung der Bauleistungen erforderlich sind. Da unter dem Begriff Dienstleistungen auch Planungsleistungen zu subsumieren sind, sind auch alle Architektur- und Ingenieurleistungen in die Berechnung der geschätzten Kosten aufzunehmen.[12]

---

[8] Glahs in K/M VOB/A § 8 Rdn. 6.

[9] Immer ohne MwSt. Für Lieferleistungen gilt seit dem 01.01.2016 ein Schwellenwert i. H. v. 209.000 EUR.

[10] RA Stolz, München zu OLG Celle, Beschluss vom 14.11.2002 – 13 Verg 8/02 | IBR 2003 Heft 1 37.

[11] OLG Düsseldorf, Beschluss vom 22.07.2010 – Verg 34/10.

[12] Anmerkung des Autors: Wenn auch hier andere der Auffassung sind, dass dies nicht oder nicht im vollen Umfang notwendig ist, so dient diese Vorgehensweise der rechtssicheren Anwendung der richtigen Vergabenormen.

Liegt danach eine Kostenschätzung für ein Bauvorhaben in Höhe über 5,225 Mio. EUR vor, und soll diese Leistung als Einzelauftrag ausgeschrieben werden, so muss eine europäische Ausschreibung erfolgen.

Wird vom ÖAG nicht die Gesamtvergabe, sondern die Aufteilung in einzelne Lose, Fachlose (Gewerke) gewünscht, um eine höhere Beteiligung des Mittelstandes zu erzielen, so können ein Teil der Leistungen national ausgeschrieben werden. Voraussetzung ist, dass diese Lose nicht über 1 Mio. EUR liegen und deren addierter Wert 20 % des Gesamtwertes aller Lose nicht übersteigt (§ 3 Abs. 9 VgV).

Hierzu nachfolgendes Berechnungsbeispiel:

Bohrpfahlgründung	0,2 Mio. EUR
Rohbauarbeiten; europaweit, da über 1,0 Mio. EUR	1,5 Mio. EUR
17 weitere Fachlose – alle unter 1,0 Mio. EUR – wie Maler-, Fliesen-, Estricharbeiten, Trockenbau, etc.; teilweise europaweit	2,0 Mio. EUR
1 Fachlos Haustechnik; europaweit, da über 1,0 Mio. EUR	1,4 Mio. EUR
Planungsleistungen	0,9 Mio. EUR
Summe aller Lose	6,0 Mio. EUR

20 % von 6,0 Mio. EUR somit 1,2 Mio. EUR dürfen national ausgeschrieben werden, wenn das einzelne Los unter 1,0 Mio. EUR liegt. Hierunter fallen damit auch die Bohrpfahlgründung und einige der 17 Fachlose.

▶ **Tipp**
Komplexe Bauvorhaben, die in verschiedenen Phasen realisiert werden, sind dann kein Gesamtbauwerk, das unter dem Gesichtspunkt der EU-Ausschreibung betrachtet werden muss, wenn die unterschiedlichen baulichen Anlagen ohne Beeinträchtigung ihrer Vollständigkeit und Benutzbarkeit auch getrennt voneinander errichtet werden können.[13]

Ein Bauwerk ist nach § 103 Abs. 3 GWB das Ergebnis einer Gesamtheit von Tief- oder Hochbauarbeiten, das seinem Wesen nach eine wirtschaftliche oder technische Funktion erfüllen soll. Die wirtschaftliche oder technische Funktion ist dabei im Zusammenhang mit dem Aufgabengebiet des ÖAG zu sehen.

1.2.2.4   Nationale Ausschreibungen

Für die nationalen Ausschreibungen gilt, anders als bei den europäischen Ausschreibungen, dass die Anwendung der VOB/A **nicht** Kraft Gesetz **vorgeschrieben ist**. Vorgeschrieben ist per Landesgesetz durch die einzelnen länderspezifischen Gemeindehaushaltsverordnungen, dass die Vergabegrundsätze, die das zuständige Ministerium der einzelnen Bundesländer angibt, von den Städten und Gemeinden anzuwenden sind. Auf Bundes- und Landesebene

---

[13] VK Sachsen, Beschluss vom 14.09.2009 – 1/SVK/042-09.

ergibt sich die Anwendung aus der Bundeshaushaltsordnung und den Landeshaushaltsordnungen. Der ÖAG muss damit die VOB/A anwenden.

Damit ist die VOB/A – auf nationaler Ebene – eine bloße Ordnungsvorschrift. Dies wird
durch die häufigen Konjunktivregelungen wie „soll" und „sollen" deutlich.[14] Um jedoch
in der Anwendung der VOB/A Sicherheit zu haben, wird auf die Rechtsprechungen der
Vergabekammern und Gerichte zurückgegriffen.[15] Zudem gilt prinzipiell, dass alle Bewerber und Bieter einheitlich behandelt und beurteilt werden müssen. **Eine unterschiedlich
strenge Auslegung einzelner Normierungen darf es nicht geben.**

Private Auftraggeber können sich freiwillig jederzeit einzelnen oder allen Vorschriften
der VOB/A unterwerfen. Wenn sie dies tun und sich beispielsweise gegenüber den Bietern
auf eine bestimmte Verfahrensart festlegen, dann müssen sie die für diese Verfahrensart
geltenden Vergabevorschriften auch einhalten. Anderenfalls verletzen sie das von ihnen
selbst veranlasste Vertrauen der Bieter darauf, dass bestimmte Verfahrensregeln befolgt
werden, und sind verpflichtet, den daraus entstehenden Schaden zu ersetzen.[16]

Die entsprechenden Paragrafen sind in der VOB/A im Abschnitt 1 zu finden und werden als Basisparagrafen bezeichnet. Diese Basisparagrafen gelten auch bei europaweiten
Ausschreibungen zusammen mit dem zweiten Abschnitt.

1.2.2.5 Novellierung 2009

Die Novellierung der VOB/A 2009 führte zu dem Abbau und einer teilweisen Vereinfachung der §§. Die Gegenüberstellung zeigt diese starke Verkürzung der VOB/A. Doch tatsächlich sind wesentliche Teile der entfallenen Paragrafen in den neuen zusammengefasst
worden, s. Tab. 1.3.

Änderungsintention

Gemäß Beschluss der Bundesregierung vom 28. Juni 2006 waren bzw. sind die Regelwerke
VOB/VOL/VOF zu harmonisieren. Dazu sollen die Struktur aller Vergabevorschriften
bereinigt werden, gleiche Verfahrensschritte in den gleichen Paragrafen geregelt werden,
die Begrifflichkeiten für gleiche Sachverhalte gleich gefasst werden und ähnliche inhaltliche Vorgaben auf die Möglichkeit der Schaffung gemeinsamer, vereinfachter Regelungen
geprüft werden.

Der Vorstand des Deutschen Vergabe- und Vertragsausschusses für Bauleistungen
(DVA) hatte am 18. Mai 2009 die Neufassung der VOB/A beschlossen. Der Text wurde
im Bundesanzeiger vom 15. Oktober 2009 (Nr. 155, ber. 2010 Nr. 36) veröffentlicht. Damit
kommt die VOB/A in der Fassung vom 31. Juli 2009 zur Anwendung.

---

[14]Motzke in Beck-Komm., 1. Auflage 2001.

[15]Braun: Zivilrechtlicher Rechtsschutz bei Vergaben unterhalb der Schwellenwerte, NZBau 2008,
Heft 3 160.

[16]Jasper in Beck-Komm., § 3 Arten der Vergabe.

Tab. 1.3 Die §§ der VOB/A 2009/2006

VOB/A 2009	VOB/A 2006
§ 1 Bauleistungen	§ 1 Bauleistungen
§ 2 Grundsätze	§ 2 Grundsätze der Vergabe
§ 3 Arten der Vergabe	§ 3 Arten der Vergabe
§ 4 Vertragsarten	
§ 5 Vergabe nach Losen, einheitliche Vergabe	§ 4 Einheitliche Vergabe, Vergabe nach Losen
	§ 5 Leistungsvertrag, Stundenlohnvertrag, Selbstkostenerstattungsvertrag
	§ 6 Angebotsverfahren
	§ 7 Mitwirkung von Sachverständigen
§ 6 Teilnehmer am Wettbewerb	§ 8 Teilnehmer am Wettbewerb
§ 7 Leistungsbeschreibung Allgemeine Technische Spezifikationen Leistungsbeschreibung mit Leistungsverzeichnis Leistungsbeschreibung mit Leistungsprogramm	§ 9 Beschreibung der Leistung
§ 8 Vergabeunterlagen	§ 10 Vergabeunterlagen
§ 9 Vertragsbedingungen Ausführungsfristen Vertragsstrafen Verjährung der Mängelansprüche Sicherheitsleistungen Änderung der Vergütung	
§ 10 Fristen	§ 11 Ausführungsfristen
	§ 12 Vertragsstrafen und Beschleunigungsvergütungen
	§ 13 Verjährung der Mängelansprüche
	§ 14 Sicherheitsleistung
	§ 15 Änderung der Vergütung
§ 11 Grundsätze der Informationsübermittlung	§ 16 Grundsätze der Ausschreibung und der Informationsübermittlung
§ 12 Bekanntmachung, Versand der Vergabeunterlagen	§ 17 Bekanntmachung, Versand der Vergabeunterlagen
	§ 18 Angebotsfrist, Bewerbungsfrist
	§ 19 Zuschlags- und Bindefrist
	§ 20 Kosten
§ 13 Form und Inhalt der Angebote	§ 21 Form und Inhalt der Angebote

Tab. 1.3 (*Fortsetzung*)

VOB/A 2009	VOB/A 2006
§ 14 Öffnung der Angebote, Eröffnungstermin	§ 22 Eröffnungstermin
	§ 23 Prüfung der Angebote
§ 15 Aufklärung des Angebotsinhalts	§ 24 Aufklärung des Angebotsinhalts
§ 16 Prüfung und Wertung der Angebote	§ 25 Wertung der Angebote
§ 17 Aufhebung der Ausschreibung	§ 26 Aufhebung der Ausschreibung
	§ 27 Nicht berücksichtigte Bewerbungen und Angebote
§ 18 Zuschlag	§ 28 Zuschlag
	§ 29 Vertragsurkunde
§ 19 Nicht berücksichtigte Bewerbungen und Angebote	
§ 20 Dokumentation	§ 30 Vergabevermerk
§ 21 Nachprüfungsstellen	§ 31 Nachprüfungsstellen
§ 22 Baukonzessionen	§ 32 Baukonzessionen

Änderungen im Überblick

Eine wesentliche Änderung ist der Wegfall der Formalisierung des Vergaberechts. Dieser kommt in der Neufassung der VOB/A (s. § 16 Abs. 1 Nr. 1 Buchstabe c VOB/A sowie § 16 Abs. 1 Nr. 3 VOB/A) insbesondere dadurch zum Ausdruck, dass Angebote, bei denen ein einzelner und unwesentlicher Positionspreis fehlt – anders als nach der alten VOB/A – nicht ausgeschlossen werden müssen. Unwesentlich bleibt der Positionspreis, solange sich die Wertungsreihenfolge auch mit dem hilfsweise eingesetzten höchsten Wettbewerbspreis nicht ändert.[17] Weiter muss der ÖAG zukünftig vom Bieter nicht rechtzeitig beigebrachte und fehlende Erklärungen oder Nachweise nachfordern, wenn er die betreffenden Angebote nicht bereits gemäß § 16 Abs. 1 Nr. 1 bis 2 ausschließen musste. Dieser kann innerhalb von sechs Kalendertagen, diese Frist sieht die VOB/A explizit vor, nachbessern. Auf die häufige Notwendigkeit der Schriftformerfordernis wird, bis auf zwei Ausnahmen, auch verzichtet.

Die neu eingeführten Wertgrenzen (§ 3 Abs. 3 Nr. 1 VOB/A) für Beschränkte Ausschreibungen (50.000 EUR für Ausbaugewerke, Landschaftsbau und Straßenausstattung; 150.000 EUR für Tief-, Verkehrswege- und Ingenieurbau; 100.000 EUR für alle übrigen Gewerke) sowie gemäß § 3 Abs. 5 letzter Satz VOB/A für Freihändige Vergaben (10.000 EUR), jeweils ohne Umsatzsteuer, liegen weit unterhalb von Wertgrenzen der Länderregelungen für kommunale Vergaben.

---

[17] Die statische Definition einer Wesentlichkeitsgrenze von 3–5 % in Anlehnung an das Leistungsverweigerungsrecht ist nicht denkbar, da die betreffende Position eben dann wesentlich wird, wenn der höchste eingesetzte Wettbewerbspreis zu einer Änderung der Bieterrangfolge führt.

Die Regelung des § 97 Abs. 3 GWB zur Fachlosvergabe sowie Aufteilung in Lose wurde ähnlich lautend in den § 5 VOB/A aufgenommen. Zudem wurde dem Präqualifikations-Verfahren größere Bedeutung eingeräumt, indem dieses Verfahren an die erste Stelle bei den Nachweisen zur Eignung gesetzt wurde.

Zur Vermeidung möglicher Wettbewerbsverzerrungen wurde der § 7 VOB/A bzgl. der Ausschreibung mit Bedarfspositionen verschärft. Zukünftig sind Bedarfspositionen ein absoluter Ausnahmefall.

Als problematisch für den ÖAG könnte sich der Verzicht auf Sicherheitsleistungen (§ 9 Abs. 7 VOB/A) herausstellen. Denn nach der neuen Regelung soll auf Sicherheitsleistungen künftig ganz oder teilweise verzichtet werden, wenn (Gewährleistungs-)Mängel[18] voraussichtlich nicht eintreten. Weiterhin wurde für Auftragssummen unter 250.000 EUR/netto normiert, dass auf Sicherheitsleistung für die Vertragserfüllung und i. d. R. auf Sicherheitsleistung für die Mängelansprüche gänzlich zu verzichten ist. Die bisherige Regelung, dass bei Beschränkter Ausschreibung sowie bei Freihändiger Vergabe Sicherheitsleistungen i. d. R. nicht verlangt werden sollen, blieb zusätzlich bestehen.

Der Dokumentation des Vergabeverfahrens ist mit dem neuen § 20 VOB/A deutlich mehr Gewicht beizumessen. Die Regelung des 2. Abschnitts der VOB/A wurde nun auch auf den 1. Abschnitt übertragen. Der großen Bedeutung nach mehr Transparenz wird durch die Informationsverpflichtung auf Internetportalen bei Beschränkten Ausschreibungen und Freihändigen Vergaben Tribut gezollt.

1.2.2.6 Novellierung Januar 2016

Im Januar 2016 wurde die neue VOB, mit den Teilen A und B im Bundesanzeiger veröffentlicht. Während die VOB/B nur in geringem Maße angepasst wurde, ist die VOB/A umfassend geändert worden, und zwar insbesondere in ihrem Abschnitt 2, der die europaweiten Auftragsvergaben im Anwendungsbereich der Richtlinie 2014/24/EU betrifft.

Damit driften die nationalen und europäischen Vergaberegeln noch deutlicher auseinander. Denn die Änderungen der nationalen Vergaberegeln sind lediglich redaktioneller Art. Einzig die Neuordnung der §§ durch Umwandlung der bisherigen Zwischenüberschriften in eigenständige Paragrafen ist in allen Teilen der VOB/A gleichermaßen übernommen worden. Dabei wurde auf eine durchgehende Nummerierung der Paragrafen verzichtet, sondern das bekannte Paragrafengerüst vielmehr durch Einfügung von a-, b- usw.-Paragrafen erweitert.

Diese Änderung sieht beispielweise für den § 16 VOB/A „Prüfen und Werten der Angebote" so aus:

- § 16 Ausschluss von Angeboten,
- § 16a Nachforderung von Unterlagen,
- § 16b Eignung,
- § 16c Prüfung,
- § 16d Wertung.

---

[18] In der VOB/B i. d. F. 2002 wurde der Begriff „Gewährleistung" durch „Mängelansprüche" ersetzt.

Eine deutliche Erleichterung ist nun in der VOB/A verankert worden, jegliche Korrespondenz mit den Bewerbern und Bietern, sowie die gesamte Dokumentation des Verfahrens kann in Textform erfolgen.

Eine umfassende Überprüfung des 1. Abschnitts der VOB/A auf Änderungen zur Angleichung mit dem Abschnitt 2 hat der DVA allerdings angekündigt.

1.2.2.7 Novellierung Juni 2016

Der DVA hat im Juni eine überarbeitete Fassung der VOB/A 1. Abschnitt verabschiedet. Diese wurde am 01.07.2016 im Bundesanzeiger veröffentlicht und bekannt gegeben. Sie wird den o. g. Abschnitt 1 VOB/A ersetzen. Vgl. Tab. 1.4.

Die Änderungen im Einzelnen:[19]

Zu § 3b

Die Beschränkung, die Vergabeunterlagen nur an solche Unternehmen abzugeben, die sich gewerbsmäßig mit der Ausführung von Leistungen der ausgeschriebenen Art befassen, wurde gestrichen. Die Vergabeunterlagen sind nunmehr allen Unternehmen zur Verfügung zu stellen. Die Streichung erspart damit den Vergabestellen die Auswahlentscheidung, wer die Vergabeunterlagen einsehen darf und wer nicht.

Eine Abkehr vom Gebot der Selbstausführung ist mit der Streichung nicht verbunden. Die Streichung vermeidet lediglich Widersprüche zu den Vorschriften zur E-Vergabe. Wird von der E-Vergabe Gebrauch gemacht, sind u. a. die Unterlagen über eine elektronische Adresse uneingeschränkt zugänglich zu machen.

Zu § 4a

In § 4a wurde auch für den Unterschwellenbereich nunmehr eine Regelung zu Rahmenverträgen aufgenommen. Sie übernimmt bewusst nicht die sehr detaillierte, eng dem Richtlinientext folgende Formulierung des § 4a EU VOB/A, um dem Rahmenvertrag im Gefüge der Vertragsarten nicht überproportional Gewicht zu verleihen. Vielmehr lehnt sie sich an die bewährte Formulierung des § 4 VOL/A an.

Zu § 6

Die Regelung des § 6 Abs. 3, wonach Justizvollzugsanstalten, Einrichtungen der Jugendhilfe, Aus- und Fortbildungsstätten und ähnliche Einrichtungen sowie Betriebe der öffentlichen Hand und Verwaltungen zum Wettbewerb mit gewerblichen Unternehmern nicht zuzulassen waren, wurde ersatzlos gestrichen. Im Oberschwellenbereich war der Pauschalausschluss aufgrund europarechtlicher Vorgaben zu streichen. Zur Herstellung einer einheitlichen Regelung im Ober- und Unterschwellenbereich wurde die Streichung im ersten Abschnitt nachvollzogen.

---

[19] Aus: Einführungserlass zur Vergabe- und Vertragsordnung für Bauleistungen (VOB).

Tab. 1.4 Die §§ der VOB/A 2016/2009

VOB/A 2016	VOB/A 2009
§ 1 Bauleistungen	§ 1 Bauleistungen
§ 2 Grundsätze	§ 2 Grundsätze der Vergabe
§ 3 Arten der Vergabe	§ 3 Arten der Vergabe
§ 3a Zulässigkeitsvoraussetzungen	
§ 3b Ablauf der Verfahren	
§ 4 Vertragsarten	§ 4 Vertragsarten
§ 5 Vergabe nach Losen, Einheitliche Vergabe	§ 5 Vergabe nach Losen, einheitliche Vergabe
§ 6 Teilnehmer am Wettbewerb	§ 6 Teilnehmer am Wettbewerb
§ 6a Eignungsnachweise	
§ 6b Mittel der Nachweisführung, Verfahren	
§ 7 Leistungsbeschreibung	§ 7 Leistungsbeschreibung Allgemeines Technische Spezifikationen Leistungsbeschreibung mit Leistungsverzeichnis Leistungsbeschreibung mit Leistungsprogramm
§ 7a Technische Spezifikationen	
§ 7b Leistungsbeschreibung mit Leistungsverzeichnis	
§ 7c Leistungsbeschreibung mit Leistungsprogramm	
§ 8 Vergabeunterlagen	§ 8 Vergabeunterlagen
§ 8a Allgemeine, Besondere und Zusätzliche Vertragsbedingungen	
§ 8b Kosten- und Vertrauensregelung, Schiedsverfahren	
§ 9 Einzelne Vertragsbedingungen, Ausführungsfristen	§ 9 Vertragsbedingungen Ausführungsfristen Vertragsstrafen Verjährung der Mängelansprüche Sicherheitsleistungen Änderung der Vergütung
§ 9a Vertragsstrafen, Beschleunigungsvergütung	
§ 9b Verjährung der Mängelansprüche	
§ 9c Sicherheitsleistung	
§ 9d Änderung der Vergütung	

Tab. 1.4 (*Fortsetzung*)

VOB/A 2016	VOB/A 2009
§ 10 Fristen	§ 10 Fristen
§ 11 Grundsätze der Informationsübermittlung	§ 11 Grundsätze der Informationsübermittlung
§ 11a Anforderungen an elektronische Mittel	
§ 12 Bekanntmachung	§ 12 Bekanntmachung, Versand der Vergabe-unterlagen
§ 12a Versand der Vergabeunterlagen	
§ 13 Form und Inhalt der Angebote	§ 13 Form und Inhalt der Angebote
§ 14 Öffnung der Angebote, Öffnungstermin bei ausschließlicher Zulassung elektronischer Angebote	§ 14 Öffnung der Angebote, Eröffnungstermin
§ 14a Öffnung der Angebote, Eröffnungstermin bei Zulassung schriftlicher Angebote	
§ 15 Aufklärung des Angebotsinhalts	§ 15 Aufklärung des Angebotsinhalts
§ 16 Ausschluss von Angeboten	§ 16 Prüfung und Wertung der Angebote
§ 16a Nachforderung von Unterlagen	
§ 16b Eignung	
§ 16c Prüfung	
§ 16d Wertung	
§ 17 Aufhebung der Ausschreibung	§ 17 Aufhebung der Ausschreibung
§ 18 Zuschlag	§ 18 Zuschlag
§ 19 Nicht berücksichtigte Bewerbungen und Angebote	§ 19 Nicht berücksichtigte Bewerbungen und Angebote
§ 20 Dokumentation	§ 20 Dokumentation
§ 21 Nachprüfungsstellen	§ 21 Nachprüfungsstellen
§ 22 Änderungen während der Vertragslaufzeit	
§ 23 Baukonzessionen	§ 22 Baukonzessionen

Zu § 7

§ 7 Abs. 2 wurde redaktionell überarbeitet. Durch die Umformulierung wird klargestellt, dass es sich bei den Ausnahmetatbeständen um zwei verschiedene, voneinander unabhängige Fälle handelt.

Zu §§ 11 ff.

Der Auftraggeber soll im Unterschwellenbereich künftig die Wahl haben, welche Kommunikationsmittel er im Vergabeverfahren einsetzt (§§ 11 ff.). Der DVA führt – anders als im Abschnitt 2 VOB/A – bewusst nicht den Grundsatz der elektronischen Kommunikation ein. Nicht alle Vergabestellen und Bieter sind bereits auf eine durchgehende elektronische Kommunikation und Vergabe eingerichtet.

Wird die E-Vergabe genutzt, sollen für die Durchführung im Ober- und Unterschwellenbereich identische Regelungen gelten. Vor diesem Hintergrund wurden die Regelungen der §§ 11 EU, 11 a EU mit geringfügigen Ausnahmen im ersten Abschnitt wörtlich übernommen.

Zu § 12a

§ 12a wird an die Regelungen zur E-Vergabe angepasst. Es wird klargestellt, dass die bisherigen Vorgaben zum Versand der Vergabeunterlagen nur noch dann gelten, wenn die Vergabeunterlagen nicht elektronisch im Sinne von § 11 Absatz 2 und 3 zur Verfügung gestellt werden.

Zu § 13

§ 13 sah bislang vor, dass der Auftraggeber (anders als in der VOL/A) schriftliche Angebote immer zulassen musste, also nicht vollständig auf die E-Vergabe umstellen konnte. Dies gilt jetzt nur noch bis zum 18. Oktober 2018, also dem Zeitpunkt, ab dem im Oberschwellenbereich die E-Vergabe spätestens verpflichtend wird. Nach diesem Zeitpunkt kann der Auftraggeber im Unterschwellenbereich die Form der einzureichenden Angebote bestimmen. Er kann wählen, ob er weiterhin schriftliche Angebote zulässt oder ausschließlich elektronisch eingereichte.

Zu §§ 14, 14a

Die Verfahrensweise zur Öffnung der Angebote ist mit der zugelassenen Art der Angebotsabgabe verknüpft. Lässt der Auftraggeber nur elektronische Angebote zu, führt er einen Öffnungstermin nach dem Vorbild von § 14 EU VOB/A durch, bei dem zwar die Anwesenheit der Bieter entfällt, diese aber die maßgeblichen Informationen des Öffnungstermins unverzüglich nach seiner Durchführung elektronisch mitgeteilt bekommen. Entschließt sich der Auftraggeber nach dem 18. Oktober 2018, Angebote auch in schriftlicher Form zuzulassen, führt er weiterhin einen herkömmlichen Eröffnungstermin unter Anwesenheit der Bieter durch.

1.2.2.8   Vergaberegelverstoß

Wie bereits ausgeführt, hat der Bieter unterhalb der Schwellenwerte bisher keinen Rechtsanspruch auf die Einhaltung der VOB/A. In einigen wenigen Fällen konnten Bieter, die eine Missachtung der Norm nachweisen konnten, Schadenersatzansprüche[20] oder eine nachträgliche Änderung der Wertung[21] geltend machen.

Problematischer ist zudem die Prüfung der Vergaben durch übergeordnete Rechnungsprüfungs-Einrichtungen. Wird ein Verstoß gegen die Verwaltungsanweisung festgestellt

---

[20] OLG Brandenburg, Beschluss vom 17.12.2007 – 13 W 79/07 | IBR 2008 Heft 2 106.

[21] OLG Düsseldorf: 27 W 2/08 vom 15.10.2008 IBRRS | 68467.

und wurde die Ausschreibung durch Drittmittel – ggf. auch nur anteilig – finanziert, so
behält sich der Mittelgeber eine Rückerstattung von Fördermitteln vor.

Das Innenministerium NRW[22] macht z. B. diesen Vorbehalt für den Fall von schweren
Verstößen gegen die VOB/A geltend und sieht als schwere Verstöße z. B. nachfolgende
Vergabefehler an.

- Fehlende eindeutige und erschöpfende Leistungsbeschreibung,
- Bevorzugung des Angebotes eines ortsansässigen Bieters gegenüber dem annehm-
  barsten Angebot,
- Ausscheiden des annehmbarsten Angebots durch Zulassung eines Angebotes, das
  auszuschließen gewesen wäre,
- Ausscheiden oder teilweises Ausscheiden des annehmbarsten Angebots durch nach-
  trägliche Losaufteilung,
- Beschränkung des Wettbewerbs und
- Vergabe von (Bau-)Leistungen an einen Generalüber- oder -unternehmer, wenn die
  Wirtschaftlichkeit nicht nachweisbar ist.

Das Bayerische Staatsministerium der Finanzen hält eine ähnliche Tatbestandsliste vor:[23]

- Freihändige Vergaben ohne die dafür notwendigen vergaberechtlichen Voraussetzungen,
- eine ungerechtfertigte Einschränkung des Wettbewerbs (z. B. lokale Begrenzung des
  Bieterkreises) sowie vorsätzliches oder fahrlässiges Unterlassen einer vergaberechtlich erforderlichen europaweiten Bekanntmachung,
- Übergehen oder Ausscheiden des wirtschaftlichsten Angebots durch grob vergabe-
  rechtswidrige Wertung und
- vorsätzliche Verstößen gegen Grundsätze nach § 2 Nr. 1 und 2 VOB[24] bzw. § 97
  GWB.

Die übrigen Bundesländer und die Stadtstaaten haben ähnliche Tatbestandslisten.

Beispiele:
- Rückforderung von ca. 1,2 Mio. EUR (20 %) der Gesamtzuwendung, da sämtliche
  Bauleistungen für ein Altenpflegeheim an einen GU vergeben wurden und der ÖAG
  anstelle einer Öffentlichen Ausschreibung eine Beschränkte durchführte.[25]

---

[22] RdErl. d. Finanzministeriums v. 18.12.2003 – 11 – 0044 – 3/8 i. d. F. 16.08.2006.

[23] Richtlinien zur Rückforderung von Zuwendungen bei schweren Vergabeverstößen vom 23.11.2006
Az.: 11 – H 1360 – 001 – 44571/06.

[24] Nun § 2 Abs. 1 Nr. 1 und Abs. 2 VOB/A.

[25] VG Gelsenkirchen, Urteil vom 04.04.2011 – 11 K 4198/09.

- Der Einheitspreis einer Position wurde im Wege der Nachverhandlung zur Korrektur eines Übertragungsfehlers bei einer Öffentlichen Ausschreibung von 4000 DM auf 174.000 DM erhöht. Die Zuwendung wurde in Form der Festbetragsfinanzierung in Höhe von 50 % der festgesetzten Gesamtkosten als zinsloses Darlehen gewährt.[26]
- Eine Kommune erhält staatliche Zuwendungen für den Neubau eines Teiles ihrer Kläranlage i. H. von über 1 Mio. EUR, verbunden mit der Auflage, bei der Vergabe von Aufträgen Vergaberecht zu beachten. Hiergegen hat die Kommune verstoßen, indem sie die für den Bau der Kläranlage erforderlichen Ingenieurleistungen freihändig und ohne vorherige Bekanntmachung an ein Ingenieurbüro vergab, ohne dass ein entsprechender vergaberechtlicher Ausnahmetatbestand dies zugelassen hätte.[27]

Einer noch präziseren Beachtung bedarf es bei der Verwendung von EU-Fördermitteln. Denn diese sind auch bei Verstoß gegen Vorschriften des Unterschwellenvergaberechts zurückzufordern. Zu einer Rückforderung kann es kommen bei einem „Verstoß gegen Unionsrecht oder gegen nationale Vorschriften".[28]

▶ **Tipp**
Der Planer bzw. der ÖAG sollte die Bewilligungsbehörde frühzeitig in die geplante Auftragsvergabe einbeziehen. Wirkt die Bewilligungsbehörde nicht auf eine vergaberechtskonforme Vergabe hin, kann sie, wenn überhaupt, Zuwendungen nur in geringerem Umfang zurückfordern.[29]

1.2.2.9 Binnenmarktrelevanz

Aus den EU-Richtlinien[30] leitete die EU die Grundanforderungen an alle Vergaben ab, dass der Gleichbehandlungsgrundsatz und das Diskriminierungsverbot nicht verletzt werden dürfen. Dies bedeutet, dass öffentlichen Auftraggeber zur Transparenz ihrer Vergabeabsichten verpflichtet sind und dieser Verpflichtung durch einen angemessenen Grad an Öffentlichkeit sicherstellen müssen. Aus diesem Öffentlichkeitsinteresse schloss der EuGH, dass für alle Aufträge, die nicht von „*sehr geringfügiger wirtschaftlicher Bedeutung*" sind, ein europaweites Interesse vorliegen würde, und damit eben für den Binnenmarkt relevant sind. Da hierzu keine weitere Definition erfolgte, kann davon ausgegangen werden, dass bereits weit unter der Schwellenwertgrenze ein Interesse besteht.[31] Der Begriff „weit un-

---

[26] VG Aachen: Urteil vom 05.11.2010 – 9 K 721/09.

[27] VGH Bayern Urteil vom 9.2.2015 – 4 B 12.2326.

[28] EuGH, Urteil vom 26.05.2016 – Rs. C-261/14.

[29] VG Köln, Urt. v. 21.11.2013 – 16 K 6287/11, VGH Baden-Württemberg, Urt. v. 17.10.2013 – 9 S 123/12, VG Düsseldorf, Urt. v. 04.09.2013 – 10 K 5144/12.

[30] Richtlinie 2004/18/EG, ABl. L 134 vom 30.4.2004, S. 114, und Richtlinie 2004/17/EG, ABl. L 134 vom 30.4.2004, S. 1 („die Vergaberichtlinien").

[31] Wollenschläger: Das EU-Vergaberegime für Aufträge unterhalb der Schwellenwerte NVwZ 2007, Heft 4, 388.

ter der Schwellenwertgrenze" fängt damit bei ca. 10 % des Schwellenwertes, somit bei 485.000 EUR an.[32]

Jeder Vergabefall ist gemäß EU-Amtsblatt[33], auf eine evtl. Binnenmarkrelevanz hin zu überprüfen. Dabei sind nachfolgende Kriterien zu untersuchen:

- der Auftragsgegenstand,
- der geschätzte Auftragswert,
- die Besonderheit des betreffenden Sektors und
- die geografische Lage des Ortes indem die Leistung erbracht werden soll.

Die Klage der Bundesrepublik gegen diese Vergabepraxis wurde vom EuG zurückgewiesen[34] und deutlich gemacht, dass allein die Unterschreitung der Schwellenwertgrenze keine Vermutung begründet, dass seine Auswirkungen auf den Binnenmarkt nahezu unbedeutend wären. Der öffentliche Auftraggeber muss im Rahmen einer Einzelfallprüfung feststellen, ob ein Auftrag binnenmarktrelevant ist. Es bietet sich an, hierfür in Anlehnung an die für Vergabeverfahren außerhalb der Vergaberichtlinien ergangene Mitteilung der Kommission[35] eine Prognose darüber anzustellen, ob der Auftrag nach den konkreten Marktverhältnissen, das heißt mit Blick auf die angesprochenen Branchenkreise und ihre Bereitschaft, Aufträge gegebenenfalls in Anbetracht ihres Volumens und des Ortes der Auftragsdurchführung auch grenzüberschreitend auszuführen, für ausländische Anbieter interessant sein könnte.[36]

Aus der Binnenmarktrelevanz folgt die Bekanntmachung der Vergabeabsicht. Dabei ist das Kontaktieren einer bestimmten Anzahl potenzieller Bieter nach Auffassung der EU-Kommission nicht ausreichend, selbst wenn der Auftraggeber auch Unternehmen aus anderen Mitgliedstaaten einbezieht oder versucht, alle potenziellen Anbieter zu erreichen.

Somit muss veröffentlicht werden. Als angemessene Bekanntmachungsmedien werden bezeichnet:

- Die auf der Website des Auftraggebers,
- speziell für Vergabebekanntmachungen geschaffene Portale,
- nationale Amtsblätter, Ausschreibungsblätter, regionale oder überregionale Zeitungen und Fachpublikationen und
- lokale Medien.

---

[32] Glahs, Vortrag am 10.02.2009 „Möglichkeiten, Grenzen und Risiken vergaberechtsfreier Beauftragung" vhw NRW.

[33] Amtsblatt der Europäischen Union C179/3 vom 01.08.2006.

[34] EuG, Urteil vom 20.05.2010 – Rs. T-258/06.

[35] (ABl. Nr. C 179 vom 1. August 2006, S. 2 ff. unter 1.3.).

[36] BGH, Urteil vom 30.08.2011 – X ZR 55/ 10 vorhergehend: OLG Koblenz, 22.03.2010 – 12 U 354/07.

Bei dem Vergabeverfahren müssen inhaltlich nachfolgende Punkte berücksichtigt werden:[37]

A. Diskriminierungsfreie Beschreibung des Auftragsgegenstands; in der Beschreibung der verlangten Produkt- oder Dienstleistungsmerkmale darf nicht auf eine bestimmte Produktion oder Herkunft oder ein besonderes Verfahren oder auf Marken, Patente, Typen, einen bestimmten Ursprung oder eine bestimmte Produktion verwiesen werden, soweit dies nicht durch den Auftragsgegenstand gerechtfertigt ist und der Verweis nicht mit dem Zusatz „oder gleichwertig" versehen ist. Allgemeinere Beschreibungen der Leistung oder der Funktionen sind in jedem Fall vorzuziehen.

B. Gleicher Zugang für Wirtschaftsteilnehmer aus allen Mitgliedstaaten; die Auftraggeber dürfen keine Bedingungen stellen, die potenzielle Bieter in anderen Mitgliedstaaten direkt oder indirekt benachteiligen, wie beispielsweise das Erfordernis, dass Unternehmen, die an einem Vergabeverfahren teilnehmen möchten, im selben Mitgliedstaat oder in derselben Region wie der Auftraggeber niedergelassen sein müssen.

C. Gegenseitige Anerkennung der Diplome, Prüfungszeugnisse und sonstigen Befähigungsnachweise; müssen Bewerber oder Bieter Bescheinigungen, Diplome oder andere schriftliche Nachweise vorlegen, die ein entsprechendes Gewährleistungsniveau aufweisen, so sind gemäß dem Grundsatz der gegenseitigen Anerkennung der Diplome, Prüfungszeugnisse und sonstigen Befähigungsnachweise auch Dokumente aus anderen Mitgliedstaaten zu akzeptieren.

D. Angemessene Fristen; die Fristen für Interessensbekundungen und für die Angebotsabgabe müssen so lang sein, dass Unternehmen aus anderen Mitgliedstaaten eine fundierte Einschätzung vornehmen und ein Angebot erstellen können.

E. Transparenter und objektiver Ansatz; alle Teilnehmer müssen in der Lage sein, sich im Voraus über die geltenden Verfahrensregeln zu informieren, und müssen die Gewissheit haben, dass diese Regeln für jeden gleichermaßen gelten.

Dem Umstand des Binnenmarktes wurde in vielen Landesvergabegesetzen Rechnung getragen.

1.2.2.10 Europäische Ausschreibungen

Mit der Entscheidung des EuGH, dass das Vergaberecht der Bundesrepublik keine subjektiven Bieterrechte berücksichtigte und hierzu eine Änderung gefordert wurde, kam es zur Neuregelung durch das Vergaberechtsänderungsgesetz vom 26. August 1998. Der vierte Teil des damaligen GWB (§§ 97 ff.) über die Vergabe öffentlicher Aufträge wurde eingefügt und erstmals wurden subjektive Bieterrechte und ein effektives Rechtsschutzsystem verankert.

Aufgrund weiterer Richtlinien der EU wurden die „a" und „b"-Paragrafen in die VOB/A eingearbeitet. Um die Lesbarkeit der VOB/A zu gewährleisten, gliederte der DVA den Teil A neben dem 1. Abschnitt in drei weitere, somit insgesamt vier Abschnitte. Mit der

---

[37] forum Vergabe; 20. Mai 2010 Kategorie: News (www.forum-vergabe.de).

Novellierung 2009 wurden die Abschnitte 3 und 4 aufgrund der neuen Sektorenverord-nung[38] abgeschafft.

Der Abschnitt 2 enthält Regelungen zur Vergabe öffentlicher Aufträge oberhalb der Schwellenwerte, sofern diese außerhalb der Sektorenbereiche erfolgt. Die Vorschriften in den Abschnitten 2 von VOB/A finden damit i. d. R. bei allen europaweiten Vergabeverfahren Anwendung. Sie konkretisieren die in den europäischen Vergaberichtlinien enthaltenen Vorgaben zur Durchführung von Vergabeverfahren. Die Vorschriften in den Abschnitten 2 werden seit 2016 als EU-Paragrafen bezeichnet und sind durchgehend mit dem Zusatz „EU" gekennzeichnet.

1.2.2.11 Vergabearten

In Tab. 1.5 werden die Vergabearten der europäischen und nationalen Vergabe äquivalent gegenübergestellt.

1.2.2.12 Sinn der Normierung

Bereits in einem Urteil von 1963 hat der Bundesgerichtshof Sinn und Zweck des Verga-berechts wie folgt beschrieben: „Alle Amtsträger, Behörden und juristischen Personen des öffentlichen Rechts haben […] darauf zu achten, dass für alle Bewerber gleiche Wett-bewerbsbedingungen bestehen und erhalten bleiben. [Die öffentliche Hand] darf ohne sachliche Gründe keine Bewerber bevorzugen oder benachteiligen." Durch transparente Vergabeverfahren und Organisation von Wettbewerb soll die öffentliche Hand im Interesse aller Bürger und Steuerzahler eine wirtschaftliche Beschaffung ihres Bedarfs sichern und außerdem die Beteiligung aller steuerzahlenden Unternehmen an der öffentlichen Auf-tragsvergabe ermöglichen.

Ein weiter wesentlicher Sinn ergibt sich aus der Notwendigkeit einer effektiven Kor-ruptionsprävention. Vor diesem Hintergrund ist es unabdingbar notwendig, dafür Sorge zu tragen, dass die materiellen Vergabegrundsätze auch im Unterschwellenbereich eingehalten werden. Dazu trägt die stringente Anwendung der Vergabenomen bei. Die Verfahren müs-sen dabei weitgehend frei von subjektiven Entscheidungen von Einzelpersonen bleiben. Interpretationen haben im Vergabewesen keinen Raum.

▶ **Tipp**
   Der Grundsatz „Wirtschaftlichkeit geht vor Vergaberecht", hat im öffentlichen
   Vergabewesen keinen Platz. Ein sachgerecht durchgeführtes Vergabeverfah-
   ren führt zu Wirtschaftlichkeit.

---

[38]Die Verordnung über die Vergabe von Aufträgen im Bereich des Verkehrs, der Trinkwasserver-sorgung und der Energieversorgung (Sektorenverordnung – SektVO) vom 23.09.2009 wurde am 28.09.2009 im Bundesgesetzblatt (BGBl. I S. 3110) verkündet und tritt damit am 29.09.2009 in Kraft.

Tab. 1.5 Nationale und europäische Vergabearten

National	Europäisch
Öffentliche Ausschreibung (§ 3 Abs. 1 VOB/A)	Offenes Verfahren (§ 3 EU Nr. 1 VOB/A)
Beschränkte Ausschreibung nach Öffentlichem Teilnahmewettbewerb (§ 3 Abs. 2 VOB/A)	Nichtoffenes Verfahren (§ 3 EU Nr. 2 VOB/A)
Beschränkte Ausschreibung ohne Öffentlichen Teilnahmewettbewerb (§ 3 Abs. 2 VOB/A)	
Freihändige Vergabe (§ 3 Abs. 3 VOB/A)	Verhandlungsverfahren mit/ohne Teilnahmewettbewerb (§ 3 EU Nr. 3 VOB/A)

1.2.3 Vertragsrecht

1.2.3.1 Das Vergabehandbuch

Das Bundesministerium für Raumordnung, Bauwesen und Städtebau gibt das Vergabehandbuch Bund (VHB) für die Durchführung von Bauaufgaben des Bundes im Zuständigkeitsbereich der Finanzbauverwaltungen heraus.[39] Dieses Werk stellt alle einschlägigen Richtlinien, Weisungen, Verdingungsmuster und Formblätter im Interesse eines einheitlichen Verfahrens zusammen.[40] Der Teil 1 enthält die Richtlinien zur Vorbereitung der Vergabe. Im Teil 2 sind die Formblätter für die Vergabeunterlagen zusammengestellt. Hierin sind auch die Bewerbungs- und Vertragsbedingungen enthalten. Der Teil 3 enthält die Formblätter zur Durchführung der Vergabe. Allgemeine Vorschriften zur Bauausführung sind ab Teil 4 gesammelt (vgl. Beispiel aus dem VHB-Bund Formblatt 211 in Abb. 1.2).

Der BGH[41] hat dem VHB und den darin enthaltenen Richtlinien und Vorgaben die Qualität einer Verwaltungsvorschrift zugewiesen, die zwar zur Selbstbindung der Verwaltung, nicht aber dazu führen könne, Rechtssätze abzuändern. In der Literatur wurden die Unterlagen als Allgemeine Geschäftsbedingungen (AGB) eingeordnet, was zur Ungültigkeit solcher Unterlagen führen könnte. Das bedeutet, dass anderslautende juristische Entscheidungen immer Vorrang haben.

▶ **Tipp**
Da die Regelungen insgesamt nicht einheitlich sind, muss sich jeder Planer hier mit seinem ÖAG abstimmen, ob dieser ein VHB oder ggf. eigene Formblätter verwendet. Ein sachgerecht durchgeführtes Vergabeverfahren führt zur Wirtschaftlichkeit.

---

[39] Verlag und Vertrieb: Deutscher Bundes-Verlag, GmbH, Bonn, Südstraße 119, 53175 Bonn oder www.bmvbs.de.

[40] Vergabe- und Vertragshandbuch für Baumaßnahmen des Bundes (VHB), Stand 02.06.2008.

[41] „... weil es sich ... lediglich um Verwaltungsvorschriften handelt.": BGH, Urteil vom 08.09.1998 – X ZR 48-97 | NJW 1998 Heft 49 3636.

211
(Aufforderung zur Abgabe eines Angebots)

Vergabestelle

Datum der Versendung	
Maßnahmenummer	
Vergabenummer	
Vergabeart	
☐ Öffentliche Ausschreibung	
☐ Beschränkte Ausschreibung	
☐ Freihändige Vergabe	
☐ Internationale NATO-Ausschreibung	
Eröffnungs-/Einreichungstermin	
Datum	Uhrzeit
Ort (Anschrift wie oben)	
Raum	Telefon
Zuschlagsfrist endet am	
voraussichtliche Ausführungsfrist	
Beginn	Ende

Aufforderung zur Abgabe eines Angebots

Baumaßnahme
_____

Angebot für
_____

Anlagen

A)   die beim Bieter verbleiben

☒	212	Bewerbungsbedingungen
☒	215	Zusätzliche Vertragsbedingungen
☒	232	Vereinbarung Tariftreue zwischen AN und NU
☐	245	Datenträger Angebotsanforderung
☐		_____ Stück Pläne/Zeichnungen Nr. _____
☐		

B)   die immer 1-fach zurück zu geben sind

☒	213	Angebotsschreiben	2-fach
☒	214	Besondere Vertragsbedingungen	2-fach
☐	225	Stoffpreisgleitklausel Stahl	2-fach
☒	231	Vereinbarung Tariftreue	2-fach
☐	241	Abfall	2-fach
☐	242	Wartung	2-fach
☐	243	Instandhaltung	2-fach
☐	244	Datenverarbeitung	2-fach
☐	246	Aufträge für Gaststreitkräfte	2-fach
☐	247	Verschlusssachenvergaben	2-fach
☐	248	Erklärung zur Verwendung von Holzprodukten	2-fach
☐	625	NATO Infrastruktur	2-fach
☒		Leistungsbeschreibung	2-fach
☐		
☐		_____ Stück Pläne/Zeichnungen Nr. _____
☐		

C)   die (in Abhängigkeit des Angebotes) ausgefüllt 1-fach zurück zu geben sind

☒	233	Verzeichnis der NU-Leistungen, auf die mein/unser Betrieb eingerichtet ist	2-fach
☒	234	Verzeichnis der NU-Leistungen, auf die mein/unser Betrieb NICHT eingerichtet ist	2-fach
☐	224	Angebot Lohngleitklausel	2-fach

© VHB - Bund - Ausgabe 2008   Seite 1 von 3

Abb. 1.2 Beispiel aus dem VHB-Bund Formblatt 211 „Aufforderung zur Abgabe eines Angebotes"

1.2.3.2   Der einfache Bauvertrag

Benutzt der ÖAG kein VHB, so muss der Planer ggf. seine „eigenen" Vertrags- und Vergabetexte zur Verfügung stellen. Dies muss ein ausgewogener Vertragstext sein, damit er nicht Gefahr läuft, einen Vertrag, der Rechtsunsicherheiten birgt, für den ÖAG vereinbart zu haben.

Die idealen Bewerbungsbedingungen (BWB) sollten sich nach der VOB/A richten und definieren dabei, ohne weitere Ergänzungen und Änderungen, welche Unterlagen zur Eignungsprüfung (§ 6a VOB/A) vorgelegt werden müssen. Hiervon ausgenommen ist die Verpflichtung zur umfassenden Information der Bieter, im Sinne der Bekanntmachung und des Schreibens zur Aufforderung zur Abgabe eines Angebotes und des erforderlichen Inhalts der Leistungsbeschreibung, sowie die Angabe des Termins zur Angebotsöffnung der Art der Angebotseinreichung (elektronisch oder schriftlich) und der Zuschlagsfrist.

Der Einfache und von Baurechtlern teilweise auch als ideal bezeichnete Bauvertrag sollte sich insbesondere nach den Bestimmungen des Werkvertragsrechts §§ 631 ff. BGB richten und die VOB/B als allgemeine Geschäftsbedingung in den Vertrag einbinden. Daneben enthält der Vertrag sechs Klarstellungen, die die VOB/B ausdrücklich zulässt:

1. die Vertragsfristen, mindestens Baubeginn und Fertigstellungstermin (§ 5 Abs. 1 VOB/B),
2. die förmliche Abnahme (§ 12 Abs. 4 VOB/B) wird explizit vereinbart,
3. für die Dauer der Mängelansprüche (Gewährleistung) (§ 13 Abs. 4 VOB/B) wird ggf. eine von der vierjährigen abweichende Frist angegeben, wie in § 634a Abs. 1 Nr. 2 BGB angegeben mit fünf Jahren. Doch ist hier Vorsicht geboten, denn auch diese Frist kann zukünftig unter den AGB-Prüfstand kommen,[42]
4. die Vereinbarung einer Vertragsstrafe (§ 11 VOB/B),
5. die Frist zur Prüfung der Schlussrechnung (§ 16 Abs. 3 Nr. 1 VOB/B) und
6. die Vereinbarung von Sicherheitsleistungen (§ 17 VOB/B).

▶   **Tipp**
   Mit der Vereinbarung der Frist für die Mängelansprüche sollte sich der Planer
   mit dem ÖAG beraten und das Ergebnis dokumentieren. Andernfalls könnte er
   später dem Vorwurf unterliegen, eine zu kurze Frist vereinbart zu haben.[43]

Mit diesen Vertragsvereinbarungen, der „**VOB/B als Ganzes**", die bei einer Ausschreibung bereits mit den Vergabeunterlagen an den zukünftigen AN versandt werden, besteht für den Planer kein großes Risiko der falschen Rechtsberatung.[44] Insbesondere ist der Planer davor geschützt, konträr zu § 305 ff. BGB „Gestaltung rechtsgeschäftlicher Schuldverhältnisse durch Allgemeine Geschäftsbedingungen" zu formulieren. Entsprechende Verstöße unter-

---

[42] OLG Hamm, Urteil vom 17.07.2008 – 21 U 145/05 | IBR 2008 Heft 12 732.
[43] OLG Nürnberg, Urteil vom 13.11.2009 und im Hinblick auf das Rechtsdienstleistungsgesetzes.
[44] OLG Saarbrücken, Urteil vom 03.03.2009 – 4 U 143/08 | IBR 2009, 3056.

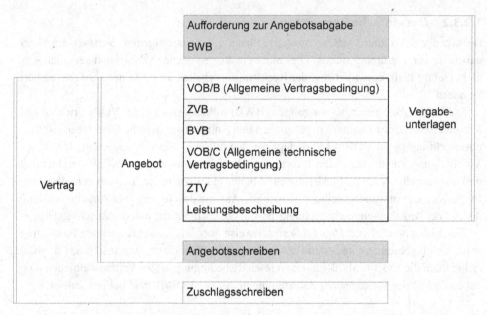

Abb. 1.3 Die einzelnen Bestandteile des Vertrages. (Von Rusam in H/R/R § 28 Rdn. 7 zitiert)

lagen in der Vergangenheit häufiger der Inhaltskontrolle nach § 307 BGB, wenn die VOB nicht als Ganzes vereinbart wurde, und führten zur Ungültigkeit des Vertrages.

Es kann davon ausgegangen werden, dass der ÖAG durch die Verwendung seiner zusätzlichen Vertragsbedingungen (ZVB) aus dem VHB die VOB/B einschränkt oder erheblich modifiziert, sodass das Vertragswerk nicht mehr als ausgeglichen angesehen werden kann. Die Folge hieraus ist, dass die VOB/B nicht mehr „als Ganzes" vereinbart wurde[45] und viele Regelungen damit hinfällig sind.

Beispiele unwirksamer bzw. fragwürdiger Klauseln:

- § 2 Nr. 10 VOB/B: Danach werden Stundenlohnarbeiten nur vergütet, wenn sie als solche vor ihrem Beginn ausdrücklich vereinbart worden sind.[46]
- § 16 Nr. 3 Abs. 1 VOB/B: Die zweimonatige Fälligkeitsfrist der Schlusszahlung ist zu lang und unwirksam.[47]

Verwendet der ÖAG als BWB und Vertragstext eigene Texte, so sind diese der eigentlichen Leistungsbeschreibung voranzustellen und weitergehende Beschreibungen, z. B. in den Zusätzlichen technischen Vertragsbedingungen (ZTV), dürfen keinen Widerspruch erzeugen.

---

[45] BGH, Urteil vom 10.05.2007 – VII ZR 226/05 | IBR 2007 Heft 8, 412.

[46] OLG Schleswig, Urteil vom 02.06.2005 – 11 U 90/04 | IBR 2005 Heft 8, 414.

[47] OLG München, Urteil vom 26.07.1994 – 13 U 1804/94 | IBR 1995, 8.

▶   **Tipp**
Die Vereinbarung der „VOB/B als Ganzes" hat neben der höheren Rechtssicher-
heit auch praktische Vorteile. So kann z. B. der spätere AN wieder auf die Ausschlusswirkung der Schlusszahlung gemäß § 16 Abs. 3 Nr. 2 VOB/B hingewiesen werden und die damit verbundenen Fristen gelten wieder.[48] Ebenso bleibt
es bei der Hinweispflicht des AN nach § 2 Abs. 6 Nr. 1 Satz 2 VOB/B.

(Vgl. Abb. 1.3, die einzelnen Bestandteile des Vertrages.)

Das Verfassen von Verträgen gehört jedoch nicht zu den von einem Planer geschuldeten
Leistungen. Die in der HOAI aufgeführten Grundleistungen haben preisrechtlichen Cha-
rakter. Wenn der Planer eine werkvertragliche Rechtsberatung vornimmt und sich diese als
mangelhaft erweist, haftet er seinem Bauherrn für den dadurch entstandenen Schaden.[49]

1.2.4   Rechtsschutz der Bieter

Wie bereits ausgeführt, ist das Vergaberecht auf nationaler Ebene eine Verwaltungsanweisung und damit kein Gesetz. Somit besteht kein Rechtsschutz für die Bieter. Doch wird
immer häufiger von den nationalen Gerichten anders gehandelt. Eine wegweisende Entscheidung, durch die Unterlassungsanweisung den Zuschlag in einem Vergabeverfahren
zu erteilen, wurde vom OLG Düsseldorf getroffen.[50]

Das Gericht machte grundlegende Ausführungen zum Rechtsschutz bei der Unter-
schwellenvergabe:

Durch eine Ausschreibung, in der der Auftraggeber die Einhaltung bestimmter Regelungen wie etwa der VOB/A oder der VOL/A verspreche, komme ein vorvertragliches schuld-
rechtliches Verhältnis zwischen dem Auftraggeber und den Bietern zustande, selbst wenn
es sich um einen privaten Auftraggeber handele. Aus diesem schuldrechtlichen Verhältnis
folge grundsätzlich auch ein Anspruch auf Unterlassen **rechtswidriger Handlungen**. Da
der Bieter aus Gründen der Chancengleichheit ein schutzwürdiges Interesse an der Einhaltung der Pflicht zur Beachtung der geltenden Vergaberegeln durch den Auftraggeber habe,
bedürfe es für einen Unterlassungsanspruch keines Umwegs über einen Schadensersatzanspruch gemäß § 280 BGB.

▶   **Tipp**
Der Weg über die Geltendmachung allgemeiner Schadensersatzansprüche –
also Sekundäransprüche – wegen vorvertraglicher Schutzpflichtverletzungen
führt über §§ 311 Abs. 2, 241 Abs. 2, 280 Abs. 1 BGB.[51]

---

[48]BGH, Urteil vom 19.03.1998 – VII ZR 116/97 | IBR 1998, 235.
[49]Architektenkammer NRW vom 04.12.2009.
[50]OLG Düsseldorf, Beschluss vom 13.01.2010 – 27 U 1/09.
[51]OLG Düsseldorf, 15.08.2011 – 27 W 1/11.

Kann der Bieter jedoch nicht beweisen, dass er im Falle der Auftragserteilung an ihn auf der Grundlage seines Ausschreibungsangebots einen Gewinn erzielt hätte, so steht ihm auch **kein Schadensersatzanspruch** zu.[52]

Das Problem der Bieter und Bewerber bezüglich der schlechten Beweisbarkeit eines Vergabeverstoßes wurde durch die 2009 novellierte VOB/A theoretisch relativiert. Zum einen wurde die Normung zum Vergabevermerk (§ 20 VOB/A) klarer und umfassender definiert und zum anderen ist die frühzeitig vorzunehmende Information der Bieter, deren Angebote nicht weiter berücksichtigt werden müssen (§ 19 Abs. 1 VOB/A), nochmals deutlich bieterschützend. Zudem wurde bereits erkannt, dass aufgrund der **Beweisschwierigkeiten** es genügen kann, dass der Bieter darlegen kann, dass er den Auftrag bei genauer Beachtung der VOB/A mit großer **Wahrscheinlichkeit** bekommen hätte,[53] sodass die Möglichkeit der Untersagung eines geplanten Zuschlags an einen Dritten durch eine einstweilige Verfügung, die im Primärrechtsschutz zunehmende Beschäftigung der Gerichte sein könnte.[54] Doch auch wenn der Bieter diese Möglichkeit nicht in Anspruch genommen hat, verwehrt ihm dies nicht die Geltendmachung von Schadenersatzansprüchen.[55]

Die Tendenz des Bieterschutzes wird auch bei dem direkten Vergleich der Vorschriften deutlich. War in § 27 VOB/A i. d. F. 2006 gefordert, die Bieter „sollen so bald wie möglich" informiert werden[56], heißt es nun: „sollen unverzüglich" informiert werden.

▶ **Tipp**
Dem Planer kann deshalb nur angeraten werden, sich genau an die Regelungen der VOB/A zu halten, damit ihm nicht später, im Falle einer Vergabebeschwerde, der Vorwurf der Pflichtverletzung gemacht werden kann.
Zudem wird es zukünftig für Drittmittelgeber einfacher, von Verstößen gegen die VOB/A zu erfahren, sodass die Rückforderung von Drittmitteln häufiger vorkommen wird.

1.3 Kommunikation und Vergabeverfahren

Für das Senden, Empfangen, Weiterleiten und Speichern von Daten in Vergabeverfahren sind ausschließlich solche elektronische Mittel zu verwenden, die die Unversehrtheit, die Vertraulichkeit und die Echtheit der Daten gewährleisten (§ 11a Abs. 2 VOB/A), wenn der ÖAG die elektronische Kommunikation vorgesehen hat.

Eine Bieterkommunikation per E-Mail, die sich auf wichtige Bestandteile eines Vergabeverfahrens bezieht, ist damit nicht mehr möglich!

[52] OLG Dresden, Urteil vom 02.02.2010 – 16 U 1373/09 | IBR 2010 Heft 4 202.
[53] OLG Köln, Urteil vom 18.06.2010 – 19 U 98/09.
[54] OLG Stuttgart, Beschluss vom 09.08.2010 – 2 W 37/10 | IBR 2011 2003.
[55] OLG Saarbrücken, Urteil vom 15.06.2016 – 1 U 151/15.
[56] Stickler in K/M § 27 Rdn. 8.

Der ÖAG muss sich anderer „sicherer" Mittel bedienen und wird hier auf Vergabeportale zurückgreifen müssen. In der Gesamtbetrachtung ist dieses zudem komfortabler und rechtssicherer, da die gesamte Bieterkommunikation im geschützten Raum eines Vergabeportals abgewickelt wird. Nicht nur, weil dort die Sicherheitsstandards erfüllt werden, sondern auch alle Aktivitäten werden automatisch dokumentiert. Diese Vorgehensweise sollte für die gesamte Kommunikation gelten, insbesondere aber für den extremen sensiblen Teil bzgl. der der Nachforderung von Unterlagen. Es findet zwar auch eine (automatische) Kommunikation über E-Mail statt, diese hat jedoch nur den Zweck, den Bieter darüber zu informieren, dass für ihn eine Nachricht im Vergabeportal hinterlegt ist, inhaltliche Informationen werden nicht per E-Mail ausgetauscht.

Eine Kommunikation zwischen Bietern und Planern ist damit i. d. R. nicht mehr geboten. Hier muss zukünftig der direkte Weg zwischen ÖAG und Bewerbern/Bietern erfolgen. Dieses war auch bereits früher sinnvoll, da ÖAG und Bewerber ein vorvertragliches Vertrauensverhältnis eingegangen sind, dass im Verhältnis Bieter und Planer nicht unterstellt werden kann. Etwas anders kann vorliegen, wenn der Planer mit Vollmacht das gesamte Verfahren für den ÖAG umsetzt und dieser ggf. nur noch im Auftragsschreiben seinen Willen eigenständig bekundet.

1.4 Begriffe und Definitionen

Textform
Als Textform werden Telefax- (Papier und auch Computer), maschinell erstellte Briefe, E-Mail-, Telegramm- oder SMS-Nachrichten angesehen. Bei der Textform bedarf es keiner eigenhändigen Unterschrift, sie muss gemäß § 126b BGB lesbar und dauerhaft den Absender und den Ersteller erkennen lassen.

Anwendungs-Notwendigkeit in der Vergabepraxis:

* Rückzug eines Angebotes durch einen Bieter (§ 10 Abs. 2 VOB/A),
* Die Übermittlung von Angeboten und Teilnahmeanträgen (§ 11 Abs. 4 VOB/A),
* Ggf. Form der Angebote (§ 13 Abs. 1 Nr. 1 VOB/A),
* Mitteilung über die verspätete Vorlage beim Eröffnungstermin (§ 14 Abs. 5 Nr. 2 und § 14a Abs. 6 Nr. 2 VOB/A),
* Protokoll über ein Aufklärungsgespräch (§ 15 Abs. 1 Nr. 2 VOB/A),
* Aufklärungsgesuch bei vermutetem unangemessen niedrigen Angebotspreis an den Bieter (§ 16d Abs. 1 Nr. 2 VOB/A),
* Unterrichtung der Bieter über die Aufhebung einer Ausschreibung (§ 17 Abs. 2 VOB/A),
* Information der nicht berücksichtigten Bewerber oder Bieter (19 Abs. 2 VOB/A),
* Vergabevermerk (§ 20 Abs. 1 VOB/A).

Schriftform

Die Schriftform wird gemäß § 126 BGB gewahrt, wenn ein beliebig erstelltes Schriftstück durch eine handschriftliche Unterschrift abgeschlossen wird. Statt der Unterschrift genügt auch ein notariell beglaubigtes Handzeichen.

Wird in den Vertragsunterlagen der Ausschreibung vorgeschrieben, dass jede Änderung des Vertrages – z. B. Nachtragsbeauftragung oder Änderung der Bauzeiten – der Schriftform bedarf, so handelt es sich um eine gewillkürte Schriftform und nach § 127 BGB gelten geringere Anforderungen. Dann reicht die Textform aus.

Anwendungs-Notwendigkeit in der Vergabepraxis:

* Vereinbarung über die weitere Verwendung von Angebotsunterlagen (§ 8d Abs. 3 VOB/A),
* Abgabe von schriftlichen Angeboten (14a VOB/A).

Bewerber und Bieter

Als Bewerber werden die Firmen bezeichnet, die sich um die Abgabe eines Angebotes bemühen, zum Zwecke der Beauftragung durch einen ÖAG oder die zur Abgabe eines Angebotes aufgefordert wurden.

Hat ein Bewerber ein Angebot abgeben, so ist er zum Bieter geworden.[57]

Willenserklärungen

Durch zwei übereinstimmende Willenserklärungen (§§ 116–144 BGB) kommt ein (Bau-) Vertrag zustande. Vereinfacht ausgedrückt, bekundet der ÖAG seinen Willen darin (die Zuschlagserteilung des ÖAG), dass er in dem anderen Willen (ausgedrückt in dem abgegebenen Angebot) eine Übereinstimmung sieht und diese akzeptiert. Liegt keine übereinstimmende Willenserklärung vor, z. B. bei einer vom Bieter geänderten Leistungsbeschreibung, so ist keine Übereinstimmung möglich. Eine ähnliche Abweichung tritt ein, wenn der ÖAG in seinem Zuschlagsschreiben Vertragsbedingungen geändert formuliert. Ein Vertrag sollte dann nicht zustande kommen, da die Änderung als Ablehnung i. S. v. § 150 BGB gilt. Es bedarf dann einer Gegenerklärung des anderen Vertragspartners (Annahmeerklärung), wenn ein wirksamer Vertrag zustande kommen soll.

Beispiel 1

Der Bieter schickt ein ausgefülltes LV an den ÖAG. Dieser schreibt zurück: „Hiermit erteile ich Ihnen den Auftrag."

Es liegen zwei übereinstimmende Willenserklärungen vor, der Vertrag ist zustande gekommen.

---

[57]OLG Koblenz, B. v. 05.09.2002 – Az.: 1 Verg 2/02 | IBRRS 39591.

Beispiel 2

Der ÖAG schreibt dem Anbietenden: „Hiermit erteile ich Ihnen den Auftrag; abweichend von den Vorbemerkungen zum Leistungsverzeichnis soll der Auftrag jedoch
nicht im Spätherbst, sondern schon im Frühjahr ausgeführt werden. Außerdem wün-
sche ich eine Verlängerung der Gewährleistung auf fünf Jahre."

Ein Vertrag ist nicht zustande gekommen, da die Annahmeerklärung Änderungen enthält.
Es bedarf deshalb einer Annahme (Gegenerklärung) des AN.[58]

Die ebenfalls übliche Praxis, dass der AN das Vertragsangebot unterschreibt und neben
der Unterschrift vermerkt: „Gilt nur in Verbindung mit meinem Schreiben vom ..." ist die
Ablehnung des ursprünglichen Angebots i. V. m. einem neuen Angebot. Lässt der ÖAG
das Angebot unwidersprochen und kommt es zur Auftragsausführung, so liegt darin eine
stillschweigende[59] Annahme des Unternehmerangebots vor.

1.5   Stufenmodell der öffentlichen Ausschreibung

1. Stufe: Vorbereitung	Schätzung des vorläufigen Auftragswertes	
	Klärung, ob die VOB/A angewandt werden kann	
2. Stufe: Ausschreibung	Fertigstellung der Vergabeunterlagen	
	Bekanntmachung der Vergabeabsicht	
3. Stufe: Angebotseinholung	Versand der Vergabeunterlagen	Vergabedokumentation im Vergabevermerk
	Kalkulation durch den Bewerber innerhalb der Angebots- frist	
4. Stufe: Wertung und Prüfung	Öffnung der Angebote	
	Prüfen und Werten	
	Nicht berücksichtige Bieter informieren	
	Erteilung des Zuschlags oder Aufhebung	
	Abschluss des Vergabevermerks und Benachrichtigung der unterlegenen Bieter	
5. Stufe: Auftragserteilung	Beauftragung des erstrangigen Bieters	

---

[58] So auch BGH, Urteil vom 24.02.2005 – VII ZR 141/03 | IBR 2005, 299.

[59] Stillschweigende Annahme durch konkludentes Handeln.

Literatur

Beck-Komm.   Motzke/Pietzcker/Prieß, Beck'scher VOB-Kommentar, VOB Teil A, 1. Auf-
                    lage 2001

H/R/R   Heiermann/Riedl/Rusam, Handkommentar zur VOB, 13. Auflage 2013, Springer
                    Vieweg

I/K   Ingenstau/Korbion – VOB Teile A und B – Kommentar, Hrsg. Horst Locher,
                    Klaus Vygen unterschiedliche Auflagen

IBR   Zeitschrift Immobilien- und Baurecht, Herausgeber: RA Dr. Alfons Schulze-
                    Hagen, Mannheim, FA für Bau- und Architektenrecht, Mannheim

K/M bzw. K/M3   Kapellmann/Messerschmidt, VOB Teile A und B, herausgegeben von RA Prof.
                    Dr. Klaus Kapellmann und RA Dr. Burkhard Messerschmidt, Beck'scher Kurz-
                    kommentar, 2. Auflage 2007 und 3. Auflage 2010

NJW   Neue Juristische Wochenschrift, herausgegeben von Prof. Dr. Wolfgang Ewer,
                    Rechtsanwalt in Kiel u. a.

NVwZ   Neue Zeitschrift für Verwaltungsrecht, C.H. Beck, herausgegeben von Prof. Dr.
                    Rüdiger Breuer u. a.

NZBau   Privates Baurecht – Recht der Architekten, Ingenieure und Projektsteuerer – Ver-
                    gabewesen, herausgegeben von Rechtsanwalt Prof. Dr. Klaus D. Kapellmann,
                    Mönchengladbach (geschäftsführender Herausgeber) u. a.

VHB   Vergabe- und Vertragshandbuch für Baumaßnahmen des Bundes (VHB), VHB
                    2008 – Stand August 2016

Weyand   Rudolf Weyand, ibr-online-Kommentar Vergaberecht, Stand 14.09.2015

Vorbereitung der Vergabe

2

Andreas Belke

2.1 Der Vergabevermerk

Der Vergabevermerk einer VOB-Vergabe ist ein elementares Beweisstück für Rechnungs-höfe, Vergabekammern, Gerichte und Behörden der Rechts- und Fachaufsicht bei der Über-prüfung des Vergabeverfahrens. Deshalb wird der DVA mit der 2009er Novellierung der VOB/A die ehemals auf die EU-Ausschreibung beschränkte Detailgenauigkeit auch auf den nunmehr geltenden § 20 VOB/A übertragen haben.

Mit der Platzierung im hinteren Teil der VOB/A wird der § 20 VOB/A seinem Stellen-wert jedoch nicht gerecht, denn kommt der ÖAG seiner Dokumentationspflichten nicht oder nicht ordnungsgemäß nach, kann damit die erfolgreiche Beweisführung für einen Bieter entstanden sein. Dokumentationsmängel können daher dazu führen, dass das Ver-gabeverfahren ab dem Zeitpunkt der mangelhaften Dokumentation fehlerhaft und ggf. zu wiederholen ist.[1] Eine nachträgliche Heilung durch Rekonstruktion von Dokumentations-mängeln kommt nicht in Betracht[2], wenn er die Richtigkeit des Vergabevermerks nicht eidesstattlich versichern kann.[3]

Der vom Planer erstellte Vermerk wird oft als Vergabevorschlag betitelt und ist die Dokumentation des Planers über die ihm übertragenen Aufgaben. Insofern müsste es rich-tigerweise **„Prüfungs- und Wertungsvermerk"** heißen, bei dem der Planer zu dem Fazit kommt, dass er einen Vorschlag zur Vergabe macht.

---

[1] VK Rheinland-Pfalz, Beschluss vom 04.05.2005 – VK 20/05 | IBR 2005 1242.

[2] OLG Celle, 11.02.2010, 13 Verg 16/09 | IBR 2010, 2539.

[3] OVG Nordrhein-Westfalen, Beschluss vom 13.02.2012, Az. 12 A 1217/11.

© Springer Fachmedien Wiesbaden GmbH 2017

A. Belke, *Vergabepraxis für Auftraggeber*, DOI 10.1007/978-3-658-17049-3_2

Der Vergabevermerk kann durch den Planer erstellt werden, der Planer sollte mit dem ÖAG abstimmen und festhalten, welche einzelnen Schritte von wem festgehalten werden. So ist es z. B. denkbar, dass bei einer beschränkten Ausschreibung die Angaben zu den aufzufordernden Bietern vom ÖAG kommen und auch von diesem zusammen mit der formlosen Eignungsprüfung dokumentiert werden. Die übrigen Verfahrensschritte werden jedoch vom Planer selbst durchgeführt und dokumentiert.

Es muss jedoch deutlich werden, inwieweit der ÖAG dem Vorschlag des Planers und in welchem Umfang er diesem folgt. Insofern ist es für den ÖAG empfehlenswert, seinen Vergabevermerk sowie unter § 20 VOB/A beschrieben, zu erstellen. Denn wenn der ÖAG den Vergabevorschlag des Planers annimmt, muss ein entsprechender schriftlicher Vermerk des ÖAG erfolgen, aus dem die Zustimmung, die Zuständigkeit und Verantwortlichkeit des ÖAG deutlich werden. Es muss deutlich werden, inwieweit der ÖAG dem Vergabevorschlag des Planers folgt.

▶   **Tipp**
    Gerade wenn ein Planer die Entscheidung des ÖAG vorbereitet, ist der Verga-
    bevermerk ein unverzichtbarer Garant dafür, dass der ÖAG eine eigenverant-
    wortliche Entscheidung in einem Vergabeverfahren überhaupt treffen kann,[4]
    sodass der ÖAG immer einen eigenen Vermerk erstellen sollte.

Inhalt des Vermerks:

- Abstimmungen mit dem ÖAG, wer welche Teile des Verfahrens übernimmt (Bekannt-machung, Ausschreibungsversand und Eröffnungstermin z. B. durch ÖAG),
- der Verzicht auf die Aufteilung in Teil- und Fachlose (Gewerke) und die Gesamtver-gabe an einen Generalunternehmer,
- Arten der Angebotsabgabe,
- die Verfahrensstufen mit Angabe der Ergebnisse und Beteiligten und
- z. B. Einschränkungen zum Grundsatz der Produktneutralität und
- Abweichung von Standardvorgaben (z. B. Schlussrechnungsprüffrist) der VOB.

Notwendig gemäß § 20 VOB/A:

- Name und Anschrift des Auftraggebers,
- Art und Umfang der Leistung,
- (veranschlagter) Wert des Auftrags,
- Namen der berücksichtigten Bewerber oder Bieter und Gründe für ihre Auswahl,
- Namen der nicht berücksichtigten Bewerber oder Bieter und die Gründe für die Ab-lehnung,

---

[4] VK Südbayern., B. v. 29.07.2008 – Az.: Z3-3-3194-1-18-05/08.

- Gründe für die Ablehnung von ungewöhnlich niedrigen Angeboten,
- Name des Auftragnehmers und Gründe für die Erteilung des Zuschlags auf sein Angebot,
- Anteil der beabsichtigten Weitergabe an Nachunternehmen, soweit bekannt,
- bei Beschränkter Ausschreibung, Freihändiger Vergabe Gründe für die Wahl des jeweiligen Verfahrens und
- gegebenenfalls die Gründe, aus denen der Auftraggeber auf die Vergabe eines Auftrags verzichtet hat.

> **Tipp**
> Prinzipiell gilt für den Vergabevermerk, dass alle einzelnen Schritte des Verfahrens und evtl. Besonderheiten festgehalten werden müssen. Insbesondere dann, wenn Ermessensentscheidungen berücksichtigt werden.[5] Weiterhin ist es ein Gebot der Transparenz, die wesentlichen Entscheidungen des Vergabeverfahrens zu dokumentieren. Es genügt dabei nicht, dass der Vergabevermerk erst nach Abschluss des Vergabeverfahrens erstellt und mit der Zuschlagserteilung vorliegt. Vielmehr muss die Dokumentation aus Gründen der Transparenz und Überprüfbarkeit laufend fortgeschrieben werden.[6]

Beispiele für einen Vergabevermerk zeigen die Abb. 2.1, 2.2 und 2.3.

2.2 Grundlegende Aspekte

2.2.1 Kontakt zu den Bewerbern

2.2.1.1 Eignungsüberprüfung

Bei beschränkten Ausschreibungen und freihändigen Vergaben hat der Planer vor Beginn der eigentlichen Ausschreibung zu überlegen, welche Firmen infrage kommen. Denn hier ist der Planer oftmals zusammen mit dem ÖAG der Gestalter der Liste der potenziellen Bieter.[7] Hierzu wird der Planer, im nationalen Vergabeverfahren, eine formlose Eignungsprüfung durchführen. Um Informationen zur Eignung zu erhalten, wird oftmals eine telefonische Anfrage bei den Firmen vorgenommen.

Bei diesen Überlegungen darf der Planer nicht vernachlässigen, dass ein Bewerber bei der telefonischen Anfrage durch den Planer, wenn er sich zur Eignung des Bieters kundig macht, nicht ein Zuviel an Information erhält. Durch unterschiedliche, ggf. auch nur mündlich mitgeteilte Informationen, werden das Wettbewerbsprinzip und Gleichbehandlungsgebot verletzt und die Gefahr des Korruptionsverdachts wächst.

---

[5] Schäfer in Beck-Komm., § 30 Rdn. 12.

[6] OLG Düsseldorf: Verg 28/02 vom 26.07.2002 | BRRS 40481.

[7] In einigen Bundesändern (z. B. Rheinland-Pfalz) ist diese Vorgehensweise strikt untersagt.

Vergabevermerk

I Allgemein

Baumaßnahme:
Sanierung des Flachdachs der Karl-Georg Turnhalle im Rahmen des KP II

Auftraggeber:
Stadt Musterhausen, Kleinstraße 1, 12345 Musterhausen

Gewerk (Los):
Dachdeckungsarbeiten

Umfang der LP 6 + 7 des Fachplaners:
1. Erstellen der Leistungsbeschreibung mit Leistungsverzeichnis (§ 7 VOB/A),
2. Zusammenstellen der Vergabeunterlagen (§ 8 VOB/A) und
3. Prüfung und Wertung der Angebote (§ 16 VOB/A)

Produktneutralität:
Einschränkungen hierzu sind nicht vorgesehen.

Beteiligte:
Herr Architekt Bauschön, Schlossallee 1, 12346 Ganzberg, Tel., etc.

Fachbereich Neubau, Sachbearbeiterin Frau Sonnenschein, Tel., etc.

Wert des Auftrags:
Gemäß Kostenberechnung vom tt.mm.jjjj (Haushaltsansatz) i.H.v. 165.000,00 €

Wahl der Vergabeart:
Öffentliche Ausschreibung

Beschränke Ausschreibung aufgrund der Wertgrenzenregelung (Auftragssumme < 1.000.000 €)

Freihändige Vergabe, da die durchgeführte Ausschreibung zu keinen wertbaren Angeboten führte oder aufgrund der Wertgrenzenregelung (Auftragssumme < 100.000 €)

Wertungskriterien:
Angebotspreis

Unterschrift   Datum: tt.mm.jjjj

Seite 1 von 3

Abb. 2.1 Vergabevermerk Seite 1

Vergabevermerk

Zur Baumaßnahme: Sanierung des Flachdachs der Karl-Georg Turnhalle im Rahmen des KP II

II Vorbereitung der Vergabe

Bekantmachung:
Erfolgte am tt.mm.jjjj in ... (War aufgrund des gewählten Verfahrens nicht notwendig.)

Namen der berücksichtigten Bewerber oder Bieter und Gründe für ihre Auswahl:
Alle Bewerber hatten sich aufgrund der Bekanntmachung gemäß § 12 VOB/A um die Beteiligung an dieser Ausschreibung beworben.
1. Bewerber 1
2. Bewerber 2
3. Bewerber 3
4. Bewerber 4

Namen der nicht berücksichtigten Bewerber oder Bieter und die Gründe für die Ablehnung:
1. Bewerber xy wurde aufgrund der Eignungsprüfung abgelehnt.

Versand der Vergabeunterlagen:
In dem Zeitraum vom tt.mm.jjjj bis zum tt.mm.jjjj (Alle am tt.mm.jjjj)

Auskünfte an die Bewerber:
Bieter 1 erbat am tt.mm.jjjj Ausküfte zu ..., hierzu wurde Ihm am tt.mm.jjjj geantwortet (siehe Anlage)

Unterschrift   Datum: tt.mm.jjjj

III Prüfen und Werten der Angebote

Formelle Wertung:
Gemäß Vermerk des Planers mussten die Bieter2 und Bieter3 ausgeschlossen werden.

Eignung:
Alle verbleibenden Bieter erfüllten die Eignungsprüfung.
Aufgrund des durchgeführten Verfahrens war eine Eignungsprüfung nicht mehr notwendig.

Prüfung:
Die geprüften Angebotssummen wurden in der Niederschrift dokumentieret.

Gründe für die Ablehnung von ungewöhnlich niedrigen Angeboten:
Liegen nicht vor.

Seite 2 von 3

Abb. 2.2 Vergabevermerk Seite 2

Vergabevermerk

Zur Baumaßnahme: Sanierung des Flachdachs der Karl-Georg Turnhalle im Rahmen des KP II

Name des Auftragnehmers und Gründe für die Erteilung des Zuschlags auf sein Angebot:
Bieter 3, dieser Bieter hatte das wirtschaftlichste Angebot abgegeben.

Anteil der beabsichtigten Weitergabe an Nachunternehmen, soweit bekannt:
10 % der Leistungen (Klempnerarbeiten) werden an einen noch zu benennenden Nachunternehmer vergeben.

Aufhebungsgründe:
Liegen nicht vor.

IV Preisspiegel

Dargestellt sind die drei Bieter, die in der engeren Auswahl waren.

lfd. Nr.: Bieter	1 Bieter 1	2 Bieter 2	4 Bieter 3
Nettosumme	142.000,00 €	146.000,00 €	132.000,00 €
Nachlass	3,00%	0,00%	0,00%
	-4.260,00 €	0,00 €	0,00 €
Summe	137740	146000	132000
MwSt	0,00%	0,00%	0,00%
	0,00 €	0,00 €	0,00 €
Bruttosumme	137.740,00 €	146.000,00 €	132.000,00 €
Rang	2	3	1
Differenz zum 1. Rg	104,35%	110,61%	100,00%
Skonto	2,00%	0,00%	0,00%
	-2.754,80 €	0,00 €	0,00 €
Effektivsumme	134.985,20 €	146.000,00 €	132.000,00 €
Rang	2	3	1
Differenz zum 1. Rg	102,26%	110,61%	100,00%

Die Kostendeckung durch das zur Verfügung stehende Budget (165.000 €) ist gewährleistet. Somit sollte der Zuschlag an den Bieter 3, vorbehaltlich der Zustimmung der politischen Gremien, erteilt werden.

Unterschrift   Datum: tt.mm.jjjj

Anlagen zum Vergabevermerk:
1. Blanko Vergabeunterlagen
2. Kostenberechnung
3. Niederschrift
4. Angebote
5. Prüfvermerk

Seite 3 von 3

Abb. 2.3 Vergabevermerk Seite 3

Sehr geehrte Damen und Herren,

wie bereits telefonisch besprochen, plane ich – für die Gemeinde xy - die
Ausschreibung der o.g. Leistung.

Das Verfahren wird voraussichtlich als beschränkte Ausschreibung durchgeführt. Sie
teilten mir mit, dass Sie im besprochenen Zeitraum freie Kapazitäten haben und
interessiert sind, sich an der Ausschreibung zu beteiligen.

Sobald die Unterlagen an die Bewerber abgegeben werden können, erhalten Sie über
das Vergabeportal xy eine gesonderte Nachricht, dass Sie an der Ausschreibung
teilnehmen können.

Sollten Sie bislang noch nicht auf dem Vergabeportal registriert sein, so können Sie
dies kostenlos nachholen.

Nachfolgende Daten Ihres Unternehmens werden bei der Eingabe im Vergabeportal
berücksichtigt:

...

Bitte überprüfen Sie die Daten auf Übereinstimmung mit den Angaben im
Vergabeportal und informieren mich, wenn Angaben nicht korrekt sein sollten.

Mit freundlichem Gruß

Abb. 2.4 Anschreiben Bewerber

Diese Prinzipien-Verletzung kann zu einer Aufhebung des Vergabeverfahrens führen.
Denn das Wettbewerbsprinzip ist zusammen mit dem Gleichbehandlungsgebot der Grund-
pfeiler des Vergaberechts. Damit soll verhindert werden, dass der ÖAG seine Auftragge-
berdominanz ausspielt.[8]

▶ **Tipp**
   Deshalb sollte der Kontakt zu möglichen Bewerbern in Textform (per E-Mail)
   erfolgen. Allen Firmen sollten die gleichen Fragen gestellt werden. Jede Firma
   ist dabei individuell anzuschreiben, siehe Abb. 2.4.

2.2.1.2 Projektanten

Ebenso ist die Konstellation, Planer des ÖAG und im weiteren Planer bei einem Bieter – zu
demselben Projekt – bedenklich (Projektanten). In der VOB/A i. d. F. 2006 wurde unter
§ 7 „Mitwirkung von Sachverständigen" festgehalten, dass der Sachverständige weder
unmittelbar noch mittelbar an der betreffenden Vergabe beteiligt sein darf. Die Bezeich-

---

[8] Weyand, § 2 VOB/A, Rz. 14.

nung Sachverständiger schließt den Planer mit ein. Der Zusatz der „besonderen" Sachverständigen bezieht sich dabei nicht primär auf besondere Fachkenntnisse, sondern auf die zusätzliche Mitwirkung von Planern.[9] Zudem formuliert die Vorschrift, dass zu der vom Sachverständigen ausgeführten Tätigkeit auch die Vorbereitung der Vergabeunterlagen zählt.

Hat ein Planer eine Doppelbeziehung – einmal ÖAG und zum anderen Bieter – so liegt der Verdacht nahe, dass dem Bieter damit ein Wissensvorsprung und zugleich ein Wettbewerbsvorteil gegenüber allen anderen Bewerbern um den ausgeschriebenen Auftrag erwächst.[10]

Dass diese Vorschrift heute nicht mehr gilt, der Text des alten § 7 ist mit der 2009er Novellierung entfallen, ist zweitrangig, denn im weiteren normiert § 2 Abs. 2 VOB/A, dass kein Unternehmen diskriminiert werden darf. Dieser übergeordnete Grundsatz bedeutet, dass alle Bewerber und Bieter gleich zu behandeln sind.[11] Mit dem unterstellten Wissensvorsprung eines Bieter wäre die Gleichbehandlung konterkariert.

Im Weiteren wurde der Wettbewerb mit einer hohen Wahrscheinlichkeit beschränkt, und dies ist konträr zu § 2 Abs. 1 Nr. 2 VOB/A. Jedoch darf ein genereller Ausschluss nicht erfolgen.[12] Vielmehr hat der ÖAG sicherzustellen, dass das Vergabeverfahren durch die Teilnahme dieses Beraters nicht verfälscht wird.[13] Der ÖAG muss danach sicherstellen, dass der vorbefasste Bewerber keinen „Wissensvorsprung" hat. Der ÖAG trägt hierzu im Zweifelsfall die Darlegungs- und Beweislast.[14]

▶ **Tipp**

   Da diese Darlegungs- und Beweislast für den ÖAG sehr schwierig sein sollte,
   kann dem Planer nur empfohlen werden, hier eine klare Trennung seiner
   Pflichten zu betreiben. Andernfalls läuft er Gefahr, dass der ÖAG in arge Gewissensnöte gerät.

Analog zu den freiberuflichen Projektanten ist die Einbindung von Unternehmen – die später auch Bewerber/Bieter werden – die in die Planung und Erstellung der Ausschreibung eingebunden sind, kritisch zu sehen. Ein Unternehmen, dass solche oder auch nur Teile solcher Aufgaben übernommen hat, hat zwangsläufig einen Informationsvorsprung.[15]

Lässt es sich nicht vermeiden, dass ein Unternehmen mit eingebunden wird, weil z. B. keine freiberuflichen Planer zur Verfügung stehen, die eine Leistungsbeschreibung aufstellen, so muss gewährleistet werden, dass der Informationsvorsprung nicht zum Nachteil der

---

[9] Rusam/Weyand in H/R/R, § 7 VOB/A Rdn. 2.

[10] 1. VK Sachsen, B. v. 25.11.2004 – Az.: 1/SVK/110-04 | IBRRS 50465.

[11] Glahs in K/M, VOB/A § 2 Rdn. 47.

[12] EuGH, Urteil vom 03.03.2005 – Rs. C-34/03 | IBR 2005 Heft 4, 229.

[13] § 4 Abs. 5 VgV bzw. § 6 Abs. 3 VgV und § 16 VgV.

[14] VK Nordbayern., VOL-Beschluss vom 04.05.2009 – 21.VK-3194-06/09 | IBR 2009 Heft 6 347.

[15] Rusam/Weyand in H/R/R § 8 Rdn. 34, gleichlautend Glahs in K/M.

übrigen Bieter wird. Das Gleichbehandlungsprinzip darf nicht verletzt werden. Insofern müssen die übrigen Bewerber alle Unterlagen erhalten, die auch der Projektant erhielt, also auch die Unterlagen, die bereits vor Fertigstellung der Ausschreibung an den Projektanten abgegeben wurden. Hierzu zählen auch ggf. bereits mit dem Projektanten durchgeführte Ortstermine.

Der Einsatz eines Projektanten wird bereits mit der Einbindung eines Aufzugherstellers zur Erarbeitung der maßgeblichen Ausschreibungstexte gegeben sein. Insbesondere dann, wenn dieser „seine" Texte verwendet. Insofern ist im VHB Bund normiert, dass Unternehmen, die mit der Planung und/oder Ausarbeitung der Vergabeunterlagen beauftragt waren, grundsätzlich nicht am Wettbewerb um die Vergabe von Bauleistungen beteiligt werden dürfen.[16]

▶   **Tipp**
    Lässt der ÖAG eine solche Beteiligung zu, so sollte der Planer keinerlei
    Verweise auf den Projektanten vornehmen (z. B. als zusätzliche Informati-
    onsquelle zum Ausschreibungsgegenstand) und die unternehmenslastigen
    Ausschreibungstexte in allgemeingültige Texte umwandeln.

Aus Gründen einer effektiven Korruptionsprävention kann die Ausschreibung mithilfe von Projektanten nicht empfohlen werden.

▶   **Tipp**
    Sollte der Unternehmensprojektant nur eingeschaltet worden sein, weil der
    ÖAG keine detaillierte Leistungsbeschreibung aufstellen kann, dann empfiehlt
    es sich immer, die Leistung funktional zu beschreiben.

2.2.2   Wahl der richtigen Vergabeart

Prinzipiell ist der Öffentlichen Ausschreibung der Vorrang vor allen anderen Arten zu geben. Die Öffentliche Ausschreibung muss stattfinden, soweit nicht die Eigenart der Leistung oder besondere Umstände eine Abweichung rechtfertigen, so § 3a Abs. 1 VOB/A. Diese Normierung resultiert daraus, dass den Grundsätzen des Vergaberechts (Wettbewerb, Transparenz, Gleichbehandlungsgebot) am besten durch die Öffentliche Ausschreibung entsprochen wird.[17] Die Ausnahmen bzgl. einer anderen Vergabeart werden durch nationale Verwaltungsanweisungen definiert und sind darüber hinaus durch § 3a Abs. 2 bis 4 VOB/A präzisiert worden. Die Gründe für die Wahl der entsprechenden Vergabe sind im Verga-

---

[16]VHB Bund, Richtlinie zu 311-312 Ziff. 2.
[17]Stickler in K/M, VOB/A § 3, Rdn. 5.

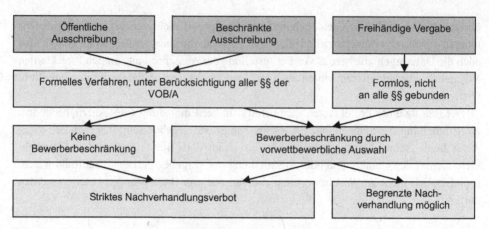

Abb. 2.5 Übersicht über die wesentlichen Unterschiede der Verfahren

bevermerk[18] zu dokumentieren. Eine Übersicht über die wesentlichen Unterschiede der Verfahren ist in Abb. 2.5 zu sehen.

2.2.2.1 Entscheidungskriterien

Wertgrenzenregelung

Die in § 3a Abs. 2 VOB/A definierten Wertgrenzen wurden lediglich für einige wenige Bundesländer in die VOB/A aufgenommen, weil diese Länder bisher noch keine Wertgrenzenregelungen definiert hatten und die VOB/A damit Orientierungswert beinhaltet. In NRW wurden hier z. B. seit 1976 Wertgrenzen vom Innenministerium als verbindliche Maximalwerte vorgegeben. Diese Maximalwerte wurden im Weiteren jedoch von vielen Städten und Gemeinden nochmals deutlich unterschritten.[19] Damit bleibt das Ziel der Vergabeerleichterung durch Beschränkte Ausschreibung durch eine einfachere Entscheidung nach Wertgrenzen oftmals noch deutlich unter der Normierung der VOB/A.

Eine Beschränkte Ausschreibung kann gemäß § 3a Abs. 2 VOB/A danach bei Unterschreitung der nachfolgend aufgelisteten geschätzten Auftragssummen vorgenommen werden:

- für Ausbaugewerke (ohne Energie- und Gebäudetechnik), Landschaftsbau und Straßenausstattung ab 50.000 EUR/netto,
- für Tief-, Verkehrswege- und Ingenieurbauten ab 150.000 EUR/netto,
- bei den übrigen Gewerken ab 100.000 EUR/netto.

---

[18] Siehe Ziff. 2.1 „Der Vergabevermerk“.

[19] In NRW verfügten nach einer Umfrage des Innenministeriums rd. 90 % der Kommunen, vor der Einführung des Konjunkturpaketes II, über entsprechende Wertgrenzen.

Unter einem Auftragsvolumen von 10.000 EUR/netto darf ohne weitere Begründung eine Freihändige Vergabe vorgenommen werden (§ 3a Abs. 4 VOB/a).

Vergabeerleichterung im Rahmen des Konjunkturpaketes II

Die in § 2 Abs. 3 Nr. 1 VOB/A genannten Wertgrenzen, ab denen eine beschränkte Ausschreibung durchgeführt werden kann, wurden auf Bundes- und Länderebene ausgeweitet. Durch Ministerialerlasse wurden die Wertgrenzen in den Ländern deutlich heraufgesetzt, diesem Erlass sind viele Städte und Gemeinden gefolgt. Auch nach Ablauf des KP II halten einige Länder an diesen hohen Wertgrenzen fest. Der Planer muss sich hier mit seinem ÖAG abstimmen, um die örtlich geltenden Wertgrenzen anwenden zu können.

Bis zu einem vorab geschätzten Auftragswert in Höhe von 1.000.000 EUR/netto können Beschränkte Ausschreibungen durchgeführt werden.

Bis zu einem vorab geschätzten Auftragswert in Höhe von 100.000 EUR/netto können danach Freihändige Vergaben durchgeführt werden, hier sind mindesten 3 Angebote einzuholen.

Damit wird die Öffentliche Ausschreibung eher zur Ausnahme werden. In der Überlegung, ob eine Beschränkte Ausschreibung oder eine Freihändige Vergabe vorgenommen werden soll, darf nicht vernachlässigt werden, dass sich der geringere Zeitraum für die Durchführung des Verfahrens nur marginal bemerkbar macht.[20]

▶ **Tipp**
Vorsicht ist bei der Verwendung von Fördermitteln geboten. Erhält der ÖAG solche Mittel, so ist in den Nebenbestimmungen oftmals normiert, dass die VOB/A anzuwenden ist. Damit gelten die in § 3a genannten Wertgrenzen. Eine Missachtung dieser Regel kann zu einer Rückforderung von Fördermitteln führen.

Sachregeln

Die Sachregeln kommen zur Anwendung, wenn die Regeln der Wertgrenzen überschritten werden.

Kein annehmbares Ergebnis

Eine Beschränkte Ausschreibung kann durchgeführt werden, wenn eine Öffentliche Ausschreibung kein annehmbares Ergebnis gehabt hat.

Ein Ergebnis, das nicht angenommen werden kann, liegt vor, wenn alle eingegangenen Angebote aus formellen oder Gründen der mangelnden Bietereignung ausgeschlossen werden müssen. Ein weiterer Grund kann sein, dass kein wirtschaftliches Angebot eingegangen ist. Für diesen Grund müssen jedoch stichhaltige Begründungen vorliegen, der bloße Hinweis, dass die finanziellen Mittel nicht ausreichen, wird der Darlegungs- und Beweispflicht nicht vollständig entsprechen.[21]

---

[20] Dr. Martin Thormann, Warendorf, Vergaberecht: in der Krise suspendiert? NZBau 2010 14.
[21] VK Südbayern., Beschluss vom 21.08.2003 – 32-07/03 | IBR 2004 41.

Aus anderen Gründen

Wenn die Öffentliche Ausschreibung aus anderen Gründen (z. B. Dringlichkeit, Geheimhaltung) unzweckmäßig ist.

Ein Dringlichkeitsgrund liegt dann vor, wenn der ÖAG durch äußere Zwänge (z. B. Naturkatastrophen oder Brände), zu schnellem Handeln gezwungen ist. Es muss ein objektiver Dringlichkeitsgrund vorliegen.[22] Wurden die Vorleistungen des ÖAG unzureichend terminiert, so entspricht dies keinem Dringlichkeitsgrund.

Einen Grund zur Geheimhaltung kann bei militärischen Baumaßnahmen, Gefängnissen oder Bauten des Verfassungsschutzes gegeben sein. Denkbar sind aber auch Bauten, die für spezielle Forschungszwecke erstellt werden und deren Pläne vertraulich zu behandeln sind.

Ausschreibung nach Öffentlichem Teilnahmewettbewerb

Eine Beschränkte Ausschreibung nach Öffentlichem Teilnahmewettbewerb ist zulässig,

1. wenn die Leistung nach ihrer Eigenart nur von einem beschränkten Kreis von Unternehmen in geeigneter Weise ausgeführt werden kann, besonders wenn außergewöhnliche Zuverlässigkeit oder Leistungsfähigkeit (z. B. Erfahrung, technische Einrichtungen oder fachkundige Arbeitskräfte) erforderlich ist.

   Außergewöhnliche Gründe an die Zuverlässigkeit oder Leistungsfähigkeit – nach objektiven Kriterien bemessen – können vorliegen, wenn die Bauarbeiten Spezialausbildungen voraussetzen oder anspruchsvolle technische Arbeiten durchgeführt werden müssen (wie Abfallbehandlungsanlagen).[23]

2. wenn die Bearbeitung des Angebots wegen der Eigenart der Leistung einen außergewöhnlich hohen Aufwand erfordert.

   Ein Grund mit außergewöhnlich hohem Aufwand wäre eine Ausschreibung mit Leistungsprogramm gemäß § 7 VOB/A (Leistungsbeschreibung mit Leistungsprogramm).

Freihändige Vergabe

Freihändige Vergabe ist zulässig, wenn die Öffentliche Ausschreibung oder Beschränkte Ausschreibung unzweckmäßig ist, besonders

1. wenn für die Leistung aus besonderen Gründen (z. B. Patentschutz, besondere Erfahrung oder Geräte) nur ein bestimmtes Unternehmen in Betracht kommt. Bei diesen besonderen Gründen zählt im weiteren eine Monopolstellung, etwa aufgrund von Urheberrechten, dazu.[24] Jedoch kann auch der Besitz des zu bebauenden Grundstücks einen solchen Grund eines Anbieters begründen, da nur mit diesem wirtschaftlich über die Bauleistung verhandelt werden kann.

---

[22] I/K A § 3 Nr. 32.

[23] Vergabekammer bei der Bezirksregierung Münster, Beschl. v. 14.10.1999 VK 1/99.

[24] Rusam/Weyand in H/R/R A § 3 Rdn. 40.

2. wenn die Leistung besonders dringlich ist.

   Ergänzend zu dem Dringlichkeitsgrund bei der Beschränkten Ausschreibung, muss die Zeitnot des ÖAG so groß sein, dass er nicht mehr in der Lage ist, förmliche Angebots-unterlagen zu erstellen.

3. wenn die Leistung nach Art und Umfang vor der Vergabe nicht so eindeutig und er-schöpfend festgelegt werden kann, dass hinreichend vergleichbare Angebote erwartet werden können.

   Dieser Fall kann vorliegen, wenn der ursprüngliche AN – ggf. durch Insolvenz – durch einen neuen AN ersetzt werden muss.

4. wenn nach Aufhebung einer Öffentlichen Ausschreibung oder Beschränkten Ausschrei-bung eine erneute Ausschreibung kein annehmbares Ergebnis verspricht.

   Alle Angebote der Beschränkten Ausschreibung wurden ausgeschlossen oder kein wirt-schaftliches Angebot ist eingegangen (als Konsequenz aus § 17 VOB/A.)

5. wenn es aus Gründen der Geheimhaltung erforderlich ist.

   Dieses Argument ist nur gegeben, wenn nicht bereits mit dem beschränkten Bieterkreis einer Beschränkten Ausschreibung gewährleistet werden kann, dass die Geheimhaltung nicht verletzt wird.

6. wenn sich eine kleine Leistung von einer vergebenen größeren Leistung nicht ohne Nachteil trennen lässt.

   Mit diesem Argument legitimiert der ÖAG alle Nachtragsbeauftragungen. Wenn die Nachtragsbeauftragung im Verhältnis zum Hauptauftrag deutlich kleiner (< 50 %) ist.

2.2.2.2 Öffentliche Ausschreibung

Der Öffentlichen Ausschreibung geht immer eine öffentliche Bekanntmachung voraus. Dadurch wird ein breites Spektrum an Firmen erreicht, die sich an der Ausschreibung be-teiligen möchten. Es ist nicht unzulässig, dass der Planer oder der ÖAG einzelne Firmen auf die Bekanntmachung hinweist und diese um die Teilnahme am Verfahren bittet. Hierbei dürfen die Firmen jedoch keine zusätzlichen Informationen erhalten.[25] Mit diesem Verfah-ren wird einer unbeschränkten Anzahl von Firmen die Möglichkeit eingeräumt, Angebote abzugeben. Gemäß § 3b Abs. 1 VOB/A sind bei dieser Art der Ausschreibung die Unter-lagen an alle Bewerber abzugeben. Zum Wettbewerb zugelassen sind gemäß § 6 Abs. 3 VOB/A nur die Unternehmen, die sich gewerbsmäßig mit der Ausführung von Leistungen der ausgeschriebenen Art befassen. Hieraus folgt lediglich, dass der „Fensterbauer" keine Unterlagen zu Natursteinarbeiten erhalten darf.

Der standardisierte Ablauf dieses formellen Verfahrens stellt sich wie folgt dar:

- Erstellung der Vergabeunterlagen (§§ 7a–c, 8a–b VOB/A), siehe Ziff. 2.4,
- Bekanntmachung (§ 12 Abs. 1 VOB/A), siehe Ziff. 2.5,
- Versand/Abgabe der Vergabeunterlagen (§ 12a VOB/A), siehe Ziff. 3.2.2,

---

[25] OLG Schleswig, Urteil vom 17.02.2000 – 11 U 91/98 | NZBau 2000, 207.

- gegebenenfalls Auskünfte an die Bewerber (§ 12a Abs. 4 VOB/A), siehe Ziff. 3.2.3,
- Einreichung der Angebote (Fristen) (§ 10 VOB/A), siehe Ziff. 2.4.1.1,
- (elektronische) Öffnung der Angebote (§ 14 oder 14a VOB/A), siehe Ziff. 3.2.4,
- formale Angebotsprüfung – 1. Wertungsstufe (§ 16 VOB/A), siehe Ziff. 3.3.2,
- Nachfordern von Unterlagen (§ 16a VOB/A), siehe Ziff. 3.4.2,
- Eignungsprüfung – 2. Wertungsstufe (§ 16b VOB/A), siehe Ziff. 3.4.2,
- Rechnerische Prüfung und Angemessenheitsprüfung – 3. Wertungsstufe (§ 16c VOB/A), siehe Ziff. 3.4.4,
- gegebenenfalls Aufklärung des Angebotsinhalts (§ 15 VOB/A), siehe Ziff. 3.3.1,
- Auswahl des wirtschaftlichsten Angebots – 4. Wertungsstufe (§ 16d VOB/A), siehe Ziff. 3.4.5,
- Aufhebung der Ausschreibung (§ 17 VOB/A), siehe Ziff. 3.5.3 oder
- Zuschlag (§ 18 VOB/A), siehe Ziff. 3.5.4,
- Benachrichtigung der Bieter (§ 19 VOB/A), siehe Ziff. 3.4.7 und 3.5.4.

Der entschiedene Vorteil dieser Ausschreibung ist, dass hierdurch ein breites Marktspektrum zu einer unabhängigen Preisfindung führt. Weiterhin kann die förmlich durchzuführende Eignungsprüfung zu tieferen Erkenntnissen führen als das oft formlose Verfahren bei der Beschränkten Ausschreibung.

2.2.2.3 Beschränkte Ausschreibung

Der wesentliche Unterschied zur Öffentlichen Ausschreibung ist hier die vom ÖAG vorgenommene Auswahl der Bewerber, bei der er mindestens 3 Bewerber aufzufordern hat. Im Weiteren wird ohne und nach Öffentlichem Teilnahmewettbewerb in der ersten Stufe des Verfahrens („Bekanntmachung des Teilnahmewettbewerbs") differenziert. Der weitere Ablauf erfolgt bei beiden Varianten einheitlich.

Der standarisierte Ablauf ändert sich gegenüber der öffentlichen Ausschreibung wie folgt:

- Erstellung der Vergabeunterlagen (§§ 7a–c, 8a–b VOB/A),
- Ggf. Bekanntmachung des Teilnahmewettbewerbs oder bzgl. Binnenmarkttransparenz (§ 12 Abs. 2, § 19 Abs. 5 VOB/A),
- **Eignungsprüfung – 1. Wertungsstufe (§ 16 Abs. 1 VOB/A),**
- Eignungsprüfung (§ 6b Abs. 4 VOB/A),
- Sicherheitsleistung i. d. R. nicht (§ 9c Abs. 1 VOB/A),
- Bindefrist (§ 10 Abs. 5 VOB/A),
- Unentgeltliche Abgabe der Unterlagen (§ 8b Abs. 1 Nr. 2 VOB/A),
- Einheitliches Versanddatum (§ 12a Abs. 1 Nr. 2 VOB/A),
- Abgabe der Vergabeunterlagen (§ 12a VOB/A),
- gegebenenfalls Auskünfte an die Bewerber (§ 12a Abs. 4 VOB/A),
- Einreichung der Angebote (Fristen) (§ 10 VOB/A),
- (elektronische) Öffnung der Angebote (§ 14 oder 14a VOB/A),

- formale Angebotsprüfung – 2. Wertungsstufe (§ 16 VOB/A),
- im Weiteren wie vor.[26]

Die Definition bzw. Einflussnahme des ÖAG auf die Bildung der Firmenliste ist der Vorteil dieses Verfahrens. Der frühere Vorteil der Wettbewerbsbeschränkung auf maximal 8 Bewerber ist mit der Novellierung 2009 entfallen. Nachteilig dürfte, vor allem bei einer nicht so eng ausgelegten Regelung – des Verbots der regionalen Eingrenzung – des § 6 Abs. 1 Nr. 1 VOB/A – die sich einstellende Marktkenntnis der Bewerber sein. Diesen kann nicht verwehrt werden, dass sie sich, ggf. auch nur stillschweigend, auf eine Marktaufteilung einigen. Weiterhin ist zu beachten, dass bei Beschränkten Ausschreibungen keine Sicherheitsleistungen verlangt werden sollen.

▶ **Tipp**

Auch wenn die Beschränkte Ausschreibung als Allheilmittel angesehen wird bzw. wurde, hat das beschränkte Verfahren auch Nachteile. Vielfach wird davon ausgegangen, dass ein beschränktes Verfahren schneller abgewickelt werden kann.[27] Doch ist dies eher ein subjektiver Eindruck, denn die Zeit, die für die effiziente Bieterauswahl aufgewandt werden sollte und der Bekanntmachungszeitraum nach § 19 Abs. 5 VOB/B, kompensiert den Bearbeitungszeitraum eines öffentlichen Verfahrens fast vollständig oder überschreitet diesen noch. Zudem ist die Ungewissheit, ob alle ausgewählten Bewerber abgeben werden und somit ggf. nur eine kleine Anzahl von Unternehmen den Preis bestimmt, meist durch eine – bei der Öffentlichen Ausschreibung – breite, auch überregionale Bewerberbeteiligung, kompensierbar. Weiterhin kann mit der Öffentlichen Ausschreibung der oft von regional ansässigen Unternehmern angeführten Argumentation begegnet werden „Warum wurden wir nicht bei der Beschränkten Ausschreibung berücksichtigt?".

Ohne Öffentlichen Teilnahmewettbewerb

Die Auswahl der Bewerber erfolgt ohne Teilnahmewettbewerb weitgehend formfrei.[28] Um eine Marktabschottung zu vermeiden, muss unter den Bewerbern gewechselt werden (§ 3b Abs. 3 VOB/A). Auch darf nach § 6 Abs. 1 VOB/A der Wettbewerb nicht auf bestimmte Regionen oder Orten beschränkt werden. Bei der Anzahl der Bewerberauswahl ist der ÖAG nach der 2009er-Novellierung nur noch an die Untergrenze von mindestens drei Bewerbern gebunden (§ 3b Abs. 2 VOB/A).

Die Eignungsprüfung, die nach § 6b Abs. 4 VOB/A gefordert wird, kann weitgehend formfrei erfolgen und sich auf Erfahrungswerte aus früheren Vertragsbeziehungen stützen.

---

[26] Siehe Ziff. 2.2.2.2.

[27] Gleichlautend Thormann: Vergaberecht: in der Krise suspendiert? | NZBau 2010 14.

[28] Jasper in Beck-Komm, § 3, Rdn. 17.

Liegen für ein Unternehmen, das aufgefordert werden soll, keine Informationen vor, so sind diese vom Planer zu beschaffen.

Nach Öffentlichem Teilnahmewettbewerb

Im Gegensatz zur obigen Variante ist hier das Bewerberauswahl-Verfahren nicht formfrei. Ähnlich wie die Öffentliche Ausschreibung wird auch der Teilnahmewettbewerb öffentlich bekannt gemacht (§ 12 Abs. 2 VOB/A). Die Firmen, die an der Ausschreibung interessiert sind, können einen Teilnahmeantrag stellen und ihre Eignung nachweisen. Anhand der eingereichten Nachweise werden die geeigneten Firmen festgestellt. Der ÖAG ist nicht verpflichtet, alle geeigneten Bewerber aufzufordern. Die Auswahl unter den geeigneten Bewerbern muss nach objektiven, diskriminierungsfreien Kriterien erfolgen.[29] Hierbei ist zu entscheiden, welche Bewerber am besten geeignet sind. Bei diesem Verfahren gilt: Ein „Mehr an Eignung" führt zur Teilnahme.[30]

Firmen können nun darum gebetet werden, sich am Teilnahmewettbewerb zu beteiligen. Es ist jedoch nicht erlaubt, dass Firmen, die nicht am Teilnahmewettbewerb beteiligt waren, später dennoch eine Ausschreibung erhalten.[31] Der öffentliche Teilnahmewettbewerb verhindert, dass der Wettbewerbskreis regional eingeschränkt wird.

2.2.2.4   Freihändige Vergabe

Dieses Verfahren berücksichtigt ebenfalls einen beschränkten Bewerberkreis, ist im Weiteren jedoch nicht an alle formellen Regeln der VOB/A gebunden. Da dieses Verfahren in begrenztem Maße Verhandlungen zulässt, wird die Freihändige Vergabe in der VOB/A bewusst nicht als „Ausschreibung" bezeichnet. Trotz Formlosigkeit sind die Grundprinzipien des Vergaberechtes – Wettbewerb, Transparenz und Gleichbehandlungsgebot – auch bei dieser Beschaffungsmethodik zu beachten.[32]

Das Verhandlungsverbot des § 15 Abs. 3 VOB/A darf in einem den Wettbewerb nicht verzerrenden Umfang außer Acht gelassen werden und die Verhandlung darf nicht dazu führen, dass etwas ganz anderes beauftragt wird als ausgeschrieben. Diese Regelung ist allein schon deshalb notwendig, da die Freihändige Vergabe die letzte Beschaffungsmöglichkeit des ÖAG ist, um nach gescheiterten Ausschreibungen doch noch ein Unternehmen beauftragen zu können. Somit müssen Verhandlungsspielräume möglich sein.

Insofern gelten für die freihändige Vergabe nachfolgende Grundregeln:

- Erstellung der Vergabeunterlagen (§§ 7, 8 VOB/A),
- Wechsel unter den Bewerbern (§ 6b Abs. 4 VOB/A),
- Eignungsprüfung (§ 6b Abs. 4 VOB/A),
- Sicherheitsleistung i. d. R. nicht (§ 9c Abs. 1 VOB/A),

---

[29] Jasper in Beck-Komm, § 3, Rdn. 22.
[30] BGH, Urteil vom 08.09.1998 – X ZR 109/96 | NJW 1998, 3644, 3645.
[31] Rusam/Weyand in H/R/R VOB/A § 3, Rdn. 22.
[32] Jasper in Beck-Komm, § 3, Rdn. 29.

- Bindefrist (§ 10 Abs. 5 VOB/A),
- Unentgeltliche Abgabe der Unterlagen (§ 8b Abs. 1 Nr. 2 VOB/A),
- Einheitliches Versanddatum (§ 12a Abs. 1 Nr. 2 VOB/A),
- Durchführung eines Eröffnungstermins, ohne Bieterbeteiligung,
- (elektronische) Öffnung der Angebote (§ 14 oder 14a VOB/A),
- formale Angebotsprüfung – 2. Wertungsstufe (§ 16 VOB/A),
- Rechnerische Prüfung und Angemessenheitsprüfung – 3. Wertungsstufe (§ 16c VOB/A), siehe Ziff. 3.4.4,
- gegebenenfalls Aufklärung und **Verhandlung** über den Angebotsinhalt,
- weiter wie vor.

Soweit der ÖAG zusätzliche Regeln für das Verfahren vorgibt, ist er hieran gebunden.[33]

2.2.3 Vertragsarten

Mit den Ausschreibungen soll der wirtschaftlichste Preis für eine bestimmte Bauleistung gefunden werden. Aufgrund der Vergabeunterlagen führt die Zuschlagserteilung auf das wirtschaftlichste Angebot i. d. R. zum Einheitspreisvertrag (§ 7b VOB/A). Jedoch ist die Formulierung der Vergabeunterlagen gemäß § 7c VOB/A auch dahin gehend möglich, dass ein Pauschalpreisvertrag geschlossen werden soll. Im Einzelnen unterscheiden sich die Vertragsarten, wie im Weiteren beschrieben. Zur Information wird auch kurz der Regievertrag aufgeführt, da dieser sich aus den Abrechnungsregeln des § 15 VOB/B ergeben kann.

2.2.3.1 Einheitspreisvertrag

Vergabeunterlagen, die im Ergebnis zu dieser Vertragsform führen, beruhen auf Leistungsbeschreibungen mit Leistungsverzeichnissen (LV) (§ 7b VOB/A). Das LV ist dabei in Positionen (Teilleistungen) und oftmals Gruppenstufen (z. B. Los, Gewerk, Abschnitt, Titel) gegliedert. Die Positionen werden detailliert beschrieben, damit dem Bieter kein ungewöhnliches Wagnis i. S. v. § 7 Abs. 1 Nr. 3 VOB/A aufgebürdet wird. Der Bieter stützt seine Kalkulation dabei auf diese detaillierte Beschreibung und gibt seinen Preis als Einheitspreis (EP) je (Leistungs-)Position an. Den Umfang der Leistungen erkennt der Bieter an den Vordersätzen (Mengen). Aus dem EP und den Vordersätzen resultiert durch Multiplikation der Positionsgesamtpreis (GP). Die Vordersätze beruhen oft auf vom Planer geschätzten Werten. Deshalb sieht die VOB/B in § 2 Abs. 3 VOB/B vor, dass der AN bei einer Abweichung von mehr oder weniger als 10 % einen niedrigeren oder höheren EP verlangen kann. Die Preisanpassungsmöglichkeit bezieht sich jedoch nur auf Mengen, die sich gegenüber dem LV „zufällig" änderten. Macht der Planer bzw. der AG von seinem Anordnungsrecht nach § 1 Abs. 4 VOB/B Gebrauch, so kann der ÖAG oder der AN einen neuen Preis gemäß § 2 Abs. 5 VOB/B verlangen. Qualitative Abweichungen von den detailliert beschriebenen

---

[33] Stickler in K/M, VOB/A § 3, Rdn. 26.

Tab. 2.1 Auszug aus dem Leistungsverzeichnis (nur Kurztexte) eines Einheitspreisvertrages

Pos. Nr.	Kurztext	Massen	Einheit (E)	EP	GP
				EUR/E	EUR
01.01	Freimachen				
01.01.1	Gittermatten-zaun h ~ 1,50 m demon-tieren	25	m	10,00	250,00
01.01.2	Gittermatten-zaun h ~ 2,00 m demon-tieren	10	m	15,00	150,00
	...				
01.02	Erdarbeiten				
01.02.1	Bauzaun als Baustellenein-zäunung	120	m	10,00	1200,00
01.02.2	Vorbereiten der Zufahrt-straße zur Baustelle	10	m³	5,00	50,00
01.02.3	Baustraße herstellen, HKS	90	m³	30,00	2700,00
	...				
01.02.14	Gelände auffüllen mit HKS	247,5	m³	35,00	8662,50
01.02.15	Handausschachtung	3	m³	115,00	345,00
	Gesamtsumme netto				25.945,00
	Umsatzsteuer v. z. Z.	19 %			4929,55
	Angebotspreis brutto				**30.874,55**

Positionen führen grundsätzlich zu zusätzlichen Vergütungsansprüchen im Sinne des § 2 Abs. 5 und 6 VOB/B. Tab. 2.1 zeigt einen Auszug aus dem Leistungsverzeichnis.

Die Abrechnung erfolgt nach Fertigstellung der Leistungen über ein gemeinsames Aufmaß nach § 14 Abs. 2 VOB/B.

2.2.3.2 Pauschalpreisvertrag

Pauschalpreisverträge sind in zwei Kategorien zu unterteilen. Wurde der Vertrag geschlossen, indem der Preis auf der Grundlage einer nach dem Willen des AG vollständigen Leistungsbeschreibung mit LV pauschaliert wurde, handelt es sich um einen Detail-Pauschalvertrag. Erfolgte die Pauschalierung dagegen auf Grundlage einer Leistungsbeschreibung mit Leistungsprogramm (§ 7c VOB/A) so führt dieses zu einem Global-Pauschalvertrag.

Tab. 2.2 LV eines Detail-Pauschalvertrages

Pos. Nr.	Kurztext	Massen	Einheit (E)	EP	GP
				EUR/E	EUR
01.01	Freimachen				
	...				
01.02	Erdarbeiten				
	...				
01.02.13	Bodenfläche Kriechkeller HKS, Bedarfspos.	22,5	m^3	30,00	EP
01.02.14	Gelände auffüllen mit HKS	247,5	m^3	35,00	8662,50
01.02.15	Handausschachtung	3	m^3	115,00	345,00
	Gesamtsumme netto				25.945,00
	Umsatzsteuer v.z. Z.	19 %			4929,55
	Angebotspreis brutto				**30.874,55**
	Pauschaler Vertragspreis				**30.000,00**

Der Umfang des Pauschalvertrages richtet sich nach den bis zum Vertragsabschluss bekannten Leistungen. Alles, was bis zur Vertragsunterzeichnung zwischen AG und AN verhandelt wurde, wird in den Vertrag aufgenommen. Denn dies entspricht der für den AN erkennbaren Äquivalenzerwartung des AG.[34] Gleichwohl gilt dies nicht für den ÖAG, denn dieser würde damit eine unzulässige Nachverhandlung durchführen, es sei denn, er verhandelt bei einer freihändigen Vergabe mit allen beteiligten Bietern.

Detail-Pauschalvertrag

Hierbei werden nur die Leistungen gemäß der Leistungsbeschreibung mit LV vom Pauschalpreis erfasst, s. Tab. 2.2. Sie sind Vertragsinhalt. In diesen Fällen ist von einer reinen Mengenpauschalierung auszugehen. Damit werden vom Leistungsverzeichnis nicht erfasste Arbeiten nicht von der Pauschalpreisvereinbarung erfasst. Sie können unter den Voraussetzungen des § 2 Abs. 5 bis 8 VOB/B Vergütungsansprüche auslösen.[35] Das gilt ausdrücklich auch für Leistungen, die zunächst vom AG nicht beauftragt worden sind (z. B. Bedarfspos.), nachträglich jedoch wieder angeordnet werden.[36]

---

[34] OLG Celle, Urteil vom 10.02.2010 – 7 U 103/09 | IBR 2010 3007.

[35] Kniffka/Koeble, Kompendium des Baurechts, 5. Teil Der Werklohnanspruch des Auftragnehmers 3. Auflage 2008, Rdn. 81.

[36] BGH, Urteil vom 22-03-1984 – VII ZR 50/82 (KG) | NJW 1984, 1676.

Qualitative Abweichungen von der detaillierten Leistungsbeschreibung als Grundlage des Detail-Pauschalvertrages führen, wie beim Einheitspreisvertrag, zu zusätzlichen Vergütungsansprüchen im Sinne des § 2 Abs. 5 und 6 VOB/B. Das Vollständigkeitsrisiko in qualitativer Hinsicht trägt daher der Planer.

Bezüglich der Mengen ist festzustellen, dass hinsichtlich der vom AN zu erbringenden Leistungen die Leistungsbeschreibung mit LV und der Pläne in quantitativer Hinsicht abschließend ist. Damit wird das Mengenrisiko auf den AN durch Pauschalierung des Preises überbürdet.[37] Massenänderungen begründen daher Mehrvergütungsansprüche des ANs nur in den seltenen Fällen, in denen § 2 Abs. 7 Nr. 1 Satz 2[38] VOB/B anwendbar ist. Quantitativ werden die Massen geschuldet, die zur Herstellung des vertraglich geschuldeten Bauwerkes erforderlich sind. Abweichend von § 2 Abs. 2 VOB/B findet daher beim Pauschalpreisvertrag keine Abrechnung nach Aufmaß statt.[39]

Qualitativ geschuldet wird beim Detail-Pauschalpreisvertrag im Grundsatz danach nur das, was als Hauptleistungsposition in der Leistungsbeschreibung ausdrücklich benannt ist, ferner sämtliche nach Maßgabe VOB/C oder sonstiger Vertragsbedingungen geschuldeten Nebenleistungen.

Eine sogenannte Komplettheitsvereinbarung ist, wenn sie Gegenstand von Allgemeinen Geschäftsbedingungen des AGs ist, wegen Verstoß gegen § 307 BGB[40] unwirksam.[41]

Der ÖAG kann eine Vergütungsanpassung beim vollständigen Wegfall von in der Leistungsbeschreibung aufgeführten Leistungen verlangen. Es liegt dann ein Fall der Minderleistung vor, wobei die Abrechnung danach zu differenzieren ist, welche Ursache der Leistungswegfall hat. Soweit sachlich eine Teilkündigung vorliegt, steht dem AN der Anspruch nach § 649[42] BGB zu.

Der Leistungsinhalt wurde beim Detail-Pauschalvertrag durch den AG bestimmt. Dieser hat die Vordersätze vorgegeben, sind diese falsch, so ändert dies den Pauschalpreis nicht, wenn der AN Mengenermittlungsparameter hatte, um die Menge richtig ermitteln bzw. überprüfen zu können.

Hat also der AN die Möglichkeit der Mengenermittlung bzw. der Überprüfung der Vordersätze nach Vorgaben durch den AG gehabt und führen die Mengenänderungen zu einer Preisabweichung von ∀20 % der Gesamtsumme und haben sich einzelne LV-Positionen nicht um mehr oder weniger als 100 % geändert, so bleibt der Preis gleich.

---

[37] Keldungs in I/K § 2 Nr 7 Rdn. 10.

[38] Weicht jedoch die ausgeführte Leistung von der vertraglich vorgesehenen Leistung so erheblich ab, dass ein Festhalten an der Pauschalsumme nicht zumutbar ist (§ 242 BGB), so ist auf Verlangen ein Ausgleich unter Berücksichtigung der Mehr- oder Minderkosten zu gewähren.

[39] Jansen/Preussner, Beck'scher Online-Kommentar, VOB/B § 2 Nr. 7, Rdn. 9.

[40] § 207 BGB „Inhaltskontrolle".

[41] K/M VOB/B § 2 Rdn. 244; Werner/Pastor Bauprozess Rdn. 1196.

[42] § 649 „Kündigungsrecht des Bestellers", „… Kündigt der Besteller, so ist der Unternehmer berechtigt, die vereinbarte Vergütung zu verlangen; er muss sich jedoch dasjenige anrechnen lassen, was er infolge der Aufhebung des Vertrags an Aufwendungen erspart …".

Tab. 2.3 LV eines Global-Pauschalvertrages

Grundstück freimachen, Baustellenstraße erstellen und Erdaushub mit Bodenverbesserungs-
maßnahmen durchführen

Gesamtsumme netto		25.000,00
Umsatzsteuer v. z. Z.	19 %	**4750,00**
Pauschaler Vertragspreis		**29.750,00**

Global-Pauschalvertrag

Dieser Vertragstyp weist im Gegensatz zum obigen nicht nur eine Summen-, sondern auch
eine Leistungspauschalierung auf.[43] Ein solcher Vertrag kommt i. d. R. auf Grundlage einer
Leistungsbeschreibung mit Leistungsprogramm (Funktional-Ausschreibung) zustande. Die
Leistungsbeschreibung lässt dem AN relativ freie Hand darüber, wie er die Fertigstellung
des Bauwerkes erreicht (Tab. 2.3).

Es ist nicht mehr möglich, einen Detailpauschalpreisvertrag in einen Global-Pauschalvertrag umzuwandeln. Denn die Vertragsgrundlage ist bei einem Detailpauschalpreisvertrag
eben die detaillierte Leistungsbeschreibung.[44]

Der AN übernimmt dabei die Ausführungsplanung oder Teile hiervon. Diese Planungs-
leistung des AN kann auch noch weitergehende Planungsverpflichtungen bis hin zur Ent-
wurfs- oder Vorplanung umfassen. Kennzeichnend für den Global-Pauschalvertrag ist eben
diese Übernahme von Planungsverpflichtungen und Planungsrisiken durch den AN. Fehlt
einem Vertrag diese Übernahmeverpflichtung, so liegt kein Global-Pauschalvertrag vor.

Mit der Übernahme der Planungsrisiken erhält der AN die Befugnis, die Details, die
nicht näher geregelt sind, selbst festzulegen.

Für den Global-Pauschalvertrag ist es nicht erforderlich, dass die gesamte Baumaßnahme an einen AN vergeben wird. Hier sind alle Vertragskonstellationen offen.

Wird nur an ein AG (Generalunter- bzw. -übernehmer) vergeben, so kommt dies einer
„schlüsselfertigen" Vergabe, mit den besonderen Bedingungen für den ÖAG, gleich.

Schlüsselfertige Vergabe
Allgemein

Die **schlüsselfertige Vergabe ist** aus mittelstandspolitischen Gründen standardmäßig **nicht
in der VOB/A vorgesehen**, deshalb sollte meist losweise bzw. fachlosweise (Gewerke)
ausgeschrieben werden. Die Abgrenzung der Lose ist dabei nach den Vorschriften der
VOB/C oder den allgemeinen und/oder regional üblichen Unterschieden zwischen verschiedenen Fachgebieten oder Gewerbezweigen vorzunehmen[45].

---

[43] OLG Naumburg, Urteil vom 02.02.2006 – 4 U 56/05 | IBR 2007, 10; LG Köln, Urteil vom
12.06.2007 – 5 O 367/06 | IBR 2007, 544.

[44] OLG Koblenz, Urteil vom 31.03.2010 (U 4015/08).

[45] VHB Anm. 3 zu § 4 VOB/A i. d. F. 2006.

Mehrere Fachlose dürfen nur aus „wirtschaftlichen oder technischen Gründen" zusammen vergeben werden. Es kommt dann entweder zur Vergabe an einen Generalunternehmer oder zu gebündelten Vergaben, etwa für den Rohbau, für die Haustechnik oder den Ausbau eines zu errichtenden Gebäudes. Der Verzicht auf die Fachlosvergabe ist ein Ausnahmefall und detailliert zu begründen.[46]

Fachlos-Aufteilung

Für die Aufteilung in Fachlose gilt ergänzend § 97 Abs. 3 GWB, wonach mittelständische Interessen vornehmlich durch diese Aufteilung „angemessen" zu berücksichtigen sind.

Obwohl die Fachlosvergabe Vorrang hat, ist nicht in allen Fällen und für jeden Tätigkeitsbereich eine Leistung getrennt auszuschreiben. In § 5 Abs. 2 VOB/A heißt es, dass die Bauleistungen verschiedener Fachlose getrennt zu vergeben sind. Dabei kann auf die typischen Tätigkeitsbereiche der Bauleistungsfirmen Rücksicht genommen werden. So ist eine Bündelung der „Haustechnik" zu einem Fachlos nicht konträr zu sehen.[47] Ebenso können auch regionale Eigenarten zu einer Gewerkbündelung führen, z. B. Zimmer- und Dachdeckerarbeiten.

Inwieweit Fachlose auch tätigkeitsübergreifend gebildet werden dürfen, leitet sich aus der Entwicklung im Handwerksrecht ab, wonach die Gewerke Maurer, Beton- und Stahlbetonbauer und Feuerungs- und Schornsteinbauer zu einem Fachlos (Gewerk) mit der Bezeichnung „Maurer und Betonbauer" und die Gewerke Gas- und Wasserinstallateure und Zentralheizungs- und Lüftungsbauer zu einem Gewerk mit der Bezeichnung „Installateur und Heizungsbauer" zusammengefasst wurden.[48]

Ist eine eindeutige Trennung zwischen den Losen möglich, so wird eine Fachlosvergabe auszuschließen sein. Bei Straßenbauarbeiten wird demnach die Errichtung der Lärmschutzwand i. d. R. als gesondertes Los auszuschreiben sein.[49]

Der Bundesminister für Verkehr hat ein Rundschreiben zur Anwendung der einschlägigen Vergabebestimmung verfasst.[50] Danach kann ein Zusammenfassen einzelner oder aller Fachlose in einer Ausschreibung vorgesehen werden, wenn sich der Auftraggeber die losweise Vergabe der einzelnen Fachlose vorbehält. Hierauf ist in der Bekanntmachung und in der Aufforderung zur Angebotsabgabe hinzuweisen. Unternehmer können dann einzelne, mehrere oder alle Fachlose anbieten und es entscheidet der Wettbewerb, ob es zu Einzelvergaben oder zur Paket- bzw. GU-Vergabe kommt. Mit dieser Variationsoption wird jedoch keine funktionale Beschreibung der Leistung möglich sein.

---

[46]VK Arnsberg, Beschluss vom 26.06.2009.

[47]Schranner in I/K § 4 Nr. 3 Rdn. 17.

[48]Vgl. Anlage A zur Handwerksordnung i. d. F. des 2. Gesetzes zur Änderung der HandwerksO vom 25. 3. 1998 BGBl. I S. 596.

[49]OLG Düsseldorf, Beschluss vom 25.11.2009 – Verg 27/09.

[50]Rundschreiben Straßenbau Nr. 31/1997 vom 30.06.1997.

Wirtschaftliche oder technische Gründe

Wie oben ausgeführt, müssen für eine schlüsselfertige Vergabe wirtschaftliche oder technische Gründe vorliegen, diese liegen mit Zweckmäßigkeitsgesichtspunkten (z. B. Kapazitätsmängel in der Bauverwaltung) jedoch nicht vor.[51]

▶ **Tipp**

Aufgrund der nicht klar definierten Regelungen zu den wirtschaftlichen oder technischen Gründen, die zu einer Losbündelung herangezogen werden müssen, bedarf es bei den geplanten Maßnahmen der unbedingten Abstimmung mit evtl. Drittmittelgebern vor Ausschreibungsbeginn.

Ausschreibungsart

Weiterhin sollte nach dem vorgesehenen Planungsumfang entschieden werden, ob eine gesamt schlüsselfertige Vergabe incl. Planungsleistungen (Statik und Ausführungsplanung) mittels einer funktionalen Ausschreibung gemäß § 7c VOB/A angestrebt wird oder aber die Zusammenfassung zu mehreren Teillosen (z. B. Rohbau, Ausbaugewerke und Haustechnik) ohne Planungsleistungen mittels einer funktionalen Ausschreibung sinnvoll ist. Letztere Variante eröffnet auch „kleineren" Betrieben, sich durch Bildung von Arbeitsgemeinschaften an den Ausschreibungen erfolgreich zu beteiligen.

Aus der Normierung des § 4 Abs. 1 Nr. 2 VOB/A folgt, dass funktionale Ausschreibungen i. d. R. nicht für öffentliche, sondern vornehmlich für beschränkte Ausschreibungen sinnvoll sind. Diesen sollte, um ein breites Markfeld über die Ausschreibungsabsicht zu informieren, ein öffentlicher Teilnahmewettbewerb vorausgehen. Für die Bewerber, die zur Abgabe im Weiteren aufgefordert werden gilt, dass wegen der umfangreichen Vorarbeiten deren Zahl möglichst eingeschränkt werden sollte. Damit dürften mehr als acht Bewerber, trotz der entfallenden maximalen Beschränkung von 8, der § 3b Abs. 2 VOB/A sieht keine Obergrenze mehr vor, nicht mehr sinnvoll sein.[52] Diese Bewerber müssen sodann die in § 6b Abs. 4 VOB/A geforderten Voraussetzungen einer gewerbsmäßigen Ausführung von wesentlichen Teilen der Bauausführung erfüllen[53] und auf die Ausführung von Bauleistungen ausgerichtet sein, sowie die Leistung grundsätzlich im eigenen Betrieb ausführen.

Im Falle einer schlüsselfertigen Beauftragung werden die betreffenden Bieter in ihrer Kalkulation im Übrigen einen „GU-Zuschlag" aufnehmen. Die Praxis zeigte, dass für diesen Zuschlag zwischen 5 und 15 % angenommen werden dürfen.[54]

Insofern gilt, dass aufgrund der vom ÖAG zu tragenden Kostenanteile bei der Ausschreibung mit Leistungsprogramm und des GU-Aufschlags sowie der 1/3-Regelung eine „schlüsselfertige Vergabe" i. d. R. nicht infrage kommt.

---

[51] Vergabeüberwachungsausschuss (VÜA) Thüringen vom 02.01.1997 1 VÜ 6/96 u. a.

[52] I/K § 8 VOB/A Rdn. 33 ff.

[53] Schranner in I/K-, § 8 VOB/A, Rdn. 17.

[54] Seifert, Vygen in Korbion/Mantscheff/Vygen, HOAI | HOAI § 10 Rdn. 28b | 6. Auflage 2004 ab 10 %.

Sollte eine Ausschreibung als Leistungsbeschreibung mit Leistungsverzeichnis durchgeführt werden, so müssen vor Ausschreibung der zusammengefassten Fachlose alle detaillierten Angaben genauestens feststehen. Insofern wird die mittlerweile allgemeingültige Bearbeitungspraxis der baubegleitenden Planung oft nicht möglich sein. Zusätzlich würde eine solche Ausschreibung zu einem Detail-Pauschalvertrag führen.

2.2.3.3 Regievertrag (Stundenlohnvertrag)

Die Vergütung erfolgt aufgrund vereinbarter Sätze für den tatsächlichen Aufwand an Personal- und Maschinenstunden sowie Material. (Ein Vertrag kann sowohl ausschließlich Regiearbeiten umfassen, wie auch Regiearbeiten (angehängte) in Kombination mit anderen Vergütungssystemen.)

2.3   Ermitteln und Zusammenstellen von Mengen

Regeln der Mengenermittlung
Hier sind die Regeln der VOB/C maßgeblich und in den nachfolgenden DIN-Normen geregelt:

DIN 18 299   Allgemeine Regelungen für Bauarbeiten jeder Art,
DIN 18 300   Erdarbeiten,
DIN 18 301   Bohrarbeiten,
DIN 18 302   Arbeiten zum Ausbau von Bohrungen,
DIN 18 303   Verbauarbeiten,
DIN 18 304   Ramm-, Rüttel- und Pressarbeiten,
DIN 18 305   Wasserhaltungsarbeiten,
DIN 18 306   Entwässerungskanalarbeiten,
DIN 18 307   Druckrohrleitungsarbeiten außerhalb von Gebäuden,
DIN 18 308   Dränarbeiten,
DIN 18 309   Einpressarbeiten,
DIN 18 310   Sicherungsarbeiten an Gewässern, Deichen und Küstendünen,
DIN 18 311   Nassbaggerarbeiten,
DIN 18 312   Untertagebauarbeiten,
DIN 18 313   Schlitzwandarbeiten mit stützenden Flüssigkeiten,
DIN 18 314   Spritzbetonarbeiten,
DIN 18 315   Verkehrswegebauarbeiten – Oberbauschichten ohne Bindemittel,
DIN 18 316   Verkehrswegebauarbeiten – Oberbauschichten mit hydraulischen Bindemitteln,
DIN 18 317   Verkehrswegebauarbeiten – Oberbauschichten aus Asphalt,
DIN 18 318   Verkehrswegebauarbeiten – Pflasterdecken und Plattenbeläge in ungebundener Ausführung, Einfassungen,
DIN 18 319   Rohrvortriebsarbeiten,
DIN 18 320   Landschaftsbauarbeiten,

DIN 18 321   Düsenstrahlarbeiten,

DIN 18 322   Kabelleitungstiefbauarbeiten,

DIN 18 325   Gleisbauarbeiten,

DIN 18 330   Mauerarbeiten,

DIN 18 331   Betonarbeiten,

DIN 18 332   Naturwerksteinarbeiten,

DIN 18 333   Betonwerksteinarbeiten,

DIN 18 334   Zimmer- und Holzbauarbeiten,

DIN 18 335   Stahlbauarbeiten,

DIN 18 336   Abdichtungsarbeiten,

DIN 18 338   Dachdeckungs- und Dachabdichtungsarbeiten,

DIN 18 339   Klempnerarbeiten,

DIN 18 340   Trockenbauarbeiten,

DIN 18 345   Wärmedämm-Verbundsysteme,

DIN 18 349   Betonerhaltungsarbeiten,

DIN 18 350   Putz- und Stuckarbeiten,

DIN 18 351   Vorgehängte hinterlüftete Fassaden,

DIN 18 352   Fliesen- und Plattenarbeiten,

DIN 18 353   Estricharbeiten,

DIN 18 354   Gussasphaltarbeiten,

DIN 18 355   Tischlerarbeiten,

DIN 18 356   Parkettarbeiten,

DIN 18 357   Beschlagarbeiten,

DIN 18 358   Rollladenarbeiten,

DIN 18 360   Metallbauarbeiten,

DIN 18 361   Verglasungsarbeiten,

DIN 18 363   Maler- und Lackiererarbeiten – Beschichtungen,

DIN 18 364   Korrosionsschutzarbeiten an Stahlbauten,

DIN 18 365   Bodenbelagsarbeiten,

DIN 18 366   Tapezierarbeiten,

DIN 18 367   Holzpflasterarbeiten,

DIN 18 379   Raumlufttechnische Anlagen,

DIN 18 380   Heizanlagen und zentrale Wassererwärmungsanlagen,

DIN 18 381   Gas-, Wasser- und Entwässerungsanlagen innerhalb von Gebäuden,

DIN 18 382   Nieder- und Mittelspannungsanlagen mit Nennspannungen bis 36 kV,

DIN 18 384   Blitzschutzanlagen,

DIN 18 385   Förderanlagen, Aufzugsanlagen, Fahrtreppen und Fahrsteige,

DIN 18 386   Gebäudeautomation,

DIN 18 421   Dämmarbeiten an technischen Anlagen,

DIN 18 451   Gerüstarbeiten,

DIN 18 459   Abbruch- und Rückbauarbeiten.

2.4   Aufstellen von Leistungsbeschreibungen

Das Aufstellen von Leistungsbeschreibungen mit Leistungsverzeichnissen nach Leistungs-
bereichen wird in der HOAI als Grundleistung definiert. Die in den besonderen Leistungen
genannte Leistung „Aufstellen der Leistungsbeschreibungen mit Leistungsprogramm" wird
auch zur Grundleistung – soweit danach verfahren wird, da die eigentliche Grundleistung
dann nicht mehr zur Anwendung kommt. Ist das nicht vollständig der Fall, wenn der Planer ggf. lediglich ein Leistungsprogramm für ein Musterleistungsverzeichnis aufgestellt,
kommt der Austausch der Besonderen Leistung gegen Grundleistung nicht in Betracht.

Damit der ÖAG möglichst vertragssicher ausschreibt, sollte die Bauleistung nach folgenden Grundsätzen beschrieben werden:[55]

- **V**ollständig – erschöpfend den Leistungsumfang beschreiben,
- **E**indeutig – AG und AN (Bieter) verstehen sie im gleichen Sinne,
- **N**eutral – Grundlage des Wettbewerbes,
- **T**echnisch richtig – anerkannte Regeln der Technik, z. B. nach DIN,
- **O**bjektindividuell – passgenau zur Baustelle und zur baulichen Anlage.

Die Regeln zur Aufstellung der Leistungsbeschreibungen sind in § 7 VOB/A und einigen
wenigen anderen §§ der VOB/A normiert. Die maßgeblichen Vorgaben sind im § 7, 7a–c
VOB/A in vier Abschnitte gegliedert.

1. § 7 Allgemeines
2. § 7a Technische Spezifikationen
3. § 7b Leistungsbeschreibung mit Leistungsverzeichnis
4. § 7c Leistungsbeschreibung mit Leistungsprogramm

Durch individuell aufgestellte Regelungen, die die Erbringung der Leistungen definieren,
zeichnet sich eine Leistungsbeschreibung aus. Diese Regeln beinhalten, wie die Bauausführung, die Verwendung und der Einbau von Materialien und Stoffen zu erfolgen hat. Der
Bewerber kalkuliert somit nur das, was objektiv beschrieben wurde. Die Bewerber und
Bieter dürfen einer objektiven erstellten Leistungsbeschreibung trauen. Verletzt der Planer
bei der Erstellung der Leistungsbeschreibung seine Sorgfaltspflicht und schreibt unvollständig aus, so hat der ÖAG später für den Nachteil des Bieters, der hieraus entstanden ist,
zu haften. Diese Haftung drückt sich dadurch aus, dass dem Bieter Nachtragsleistungen
i. S. d. § 2 Nr. 5 VOB/B beauftragt werden müssen oder Schadensersatzansprüche geltend
gemacht werden können.[56]

---

[55] Die Bau- und Leistungsbeschreibung – Grundsätze à la VENTO (italienische Windstärke) von Dr.
rer. oec. habil. Klaus Schiller in Schillers Blog am 10.04.2007 unter www.Baupreislexikon.de.

[56] OLG Stuttgart, Urteil vom 09.03.1992 – 5 U 164/91; BauR 1992, 639 | IBR 1992 487.

Reduziert der ÖAG während des laufenden Vergabeverfahrens den ausgeschriebenen Leistungsumfang – etwa indem er schon vor Zuschlag Teile dieser Leistung schon von anderen ausführen lässt, muss er allen Bietern Gelegenheit geben, auf diese Veränderung durch Änderung oder Anpassung ihrer Angebote zu reagieren. Andernfalls verstößt er gegen das in § 7 Abs. 1 Nr. 2 und § 2 VOB/A geregelte Gebot, den Bietern eine einwandfreie Preisermittlung zu ermöglichen, und verletzt damit die Grundsätze der Transparenz und Gleichbehandlung.[57] Dieses muss jedoch zwingend vor dem Eröffnungstermin erfolgen, andernfalls würde es durch die bereits bekannten Submissionsergebnisse zu einem rein spekulativen Preiskampf kommen.

Neben den hier im Weiteren beschriebenen Regeln ist es eine unerlässliche Voraussetzung für die Aufstellung der Leistungsbeschreibungen, Kenntnisse über Begriffe, Einteilungen und Anforderungen der VOB/C zu haben.

Grundsätzlich muss so konkret aufgestellt werden, dass alle Bewerber die Leistungsbeschreibung im gleichen Sinne verstehen und die Angebote miteinander verglichen werden können. Die Leistungsbeschreibung ist dann nicht eindeutig, wenn unterschiedliche Auslegungsmöglichkeiten in Betracht kommen, die den Bieter im Unklaren lassen, welche Leistung von ihm in welcher Form und unter welchen Bedingungen angeboten werden sollen.[58]

2.4.1 Allgemeine Regeln

2.4.1.1 Grundlegende Voraussetzungen

Als grundlegende Voraussetzung werden in § 2 Abs. 5 VOB/A für ein optimales Vergabeverfahren die Fertigstellung der Vergabeunterlagen und eine realisierbare Terminkette genannt. Hierbei ist zu berücksichtigen, dass dies eine Konjunktivvorschrift ist. Der Planer muss nach seiner Einschätzung zu dem Ergebnis gelangen, dass diese Voraussetzungen gegeben sind. Als normkonträr wird lediglich eine völlig unrealistische Einschätzung anzusehen sein.[59]

Der ÖAG muss jedoch dafür sorgen, dass mindestens alle nötigen privatrechtlichen und öffentlich-rechtlichen Voraussetzungen erfüllt sind, um die Verfahrensfristen einhalten zu können.[60]

Bewerbungs- und Angebotsbearbeitungsfrist

In der VOB/A ist zu nationalen Vergaben lediglich in § 10 Abs. 1 VOB/A eine Frist zur Bearbeitung und Einreichung der Angebote von 10 Kalendertagen festgehalten. Doch ist zur erforderlichen – in § 12 VOB/A geforderten – Veröffentlichungspflicht für Vergabever-

---

[57] OLG Düsseldorf, Beschluss vom 26.10.2010 – Verg 46/10.

[58] VK Nordbayern, Beschluss vom 20.10.2016 – 21.VK-3194-33/16.

[59] VK Thüringen, Beschluss vom 20.03.2001 – 216-4003.20-001/01-SHL-S | IBR 2001 506.

[60] OLG Düsseldorf: Verg 35/04 vom 08.09.2004 | IBRRS 52658.

fahren, die sicherstellen soll, dass ein weitverbreiteter Vergabewettbewerb initiiert wird,[61] die Definition von angemessenen Fristen unumgänglich.

Die Angemessenheit wird dadurch geprägt, dass ein möglicher Bewerber von der Vergabeabsicht erfahren muss. Wird die Vergabeabsicht in Medien veröffentlicht, die nur wöchentlich erscheinen, so wird der Bewerber im ungünstigsten Fall erst nach sechs Tagen hiervon Kenntnis erlangen.

Hat er nun den Beschaffungswunsch zur Kenntnis genommen, so muss er überprüfen, ob er diese Leistungen ggf. auch mit Hilfe von Nachunternehmern ausführen kann. Hierzu sollte ihm eine angemessene Frist von ca. fünf Arbeitstagen zugestanden werden.

Insofern wird eine Frist von 14 Kalendertagen zur Wahrnehmung der Ausschreibungsabsicht als Mindestfrist zu bezeichnen sein.

Um dem Bewerber die o. g. Mindestbearbeitungszeit zu ermöglichen, sind die 10 Kalendertage anzusetzen. Nach Differenzierung der Ausschreibungsarten öffentlich oder beschränkt ergeben sich unterschiedliche Definitionen des Beginns. Bei der öffentlichen Ausschreibung beginnt die Frist mit dem Tag nach Absendung der Bekanntmachung.[62] Damit ist klar, dass der Bewerber oftmals mit zehn Tagen keine ausreichende Zeit haben wird.

Durch diese Ermessensregel haben Bewerber, die frühzeitig um Zusendung der Vergabeunterlagen gebeten bzw. die frühzeitig in einem Vergabeportal auf die Unterlagen zugegriffen haben, eine längere Bearbeitungsfrist.

Für die beschränkte Ausschreibung gilt das Gebot des § 11 Abs. 4 Nr. 2 VOB/A, dass die Vergabeunterlagen am selben Tag abzusenden sind.

Die Mindestfrist von 10 Kalendertagen ist jedoch keinesfalls ausreichend bei einer Ausschreibung mit Leistungsprogramm. Hier sind unbedingt wesentlich großzügigere Bearbeitungsfristen zu berücksichtigen.

▶ **Tipp**
   Generell gilt, dass viele Bewerber sich bei zu kurzen Bearbeitungsfristen nicht
   mehr an der Ausschreibung beteiligen werden, sodass dies ggf. zu nicht
   marktgerechten Preisen führt. Insofern ist eine längere Frist sinnvoll.

Veröffentlichung auf einem Vergabeportal	≥ 14 Tage	
Bearbeitung der Angebote	≥ 10 Tage	
Abgabe der Angebote		

---

[61] Kratzenberg in I/K 14. Aufl. § 17 VOB/A Rdn. 1.
[62] Planker in K/M, § 18 Rdn. 4.

Bindefrist

Nach dem Eröffnungstermin beginnt die gemäß § 10 Abs. 4 VOB/A mit i. d. R. 30 Kalendertagen definierte Bindefrist. Innerhalb dieser Frist, die früher auch Zuschlagsfrist genannt wurde, soll der Zuschlag erteilt werden. Damit ist es möglich, dass der Beginn der Arbeiten innerhalb der Zuschlagsfrist erfolgt. Die Zuschlagsfrist kann nur unter triftigen Gründen über die 30 Kalendertage hinaus verlängert werden.[63]

▶ **Tipp**
   Als ein Grund für eine längere Zuschlagsfrist können einzuholende Zustimmungen aus politischen Gremien herangezogen werden. Wenn die Ausschusssitzung erst in 45 Tagen nach der Angebotsöffnung ist, dann kann die Bindefrist entsprechend verlängert werden.[64]

Es ist jedoch Vorsicht geboten, denn verlängert sich die Zuschlagsfrist und weigert sich eine ursprünglich als Nachunternehmer benannte Firma die Zuschlagsfrist zu verlängern, so kann daraus ein Mehrvergütungsanspruch entstehen.[65]

Ein Baubeginn innerhalb der Zuschlagsfrist darf nun jedoch nicht so kurz bemessen sein, dass der Bieter keine Zeit mehr hat, seine Arbeitsvorbereitung zu initiieren. Auch wenn die Zeit innerhalb der Zuschlagsfrist als Erwartungszeit des Bieters auf den potenziellen Auftrag angesehen werden muss, sind doch baubetrieblich realistische Termine (14 Tage) anzusetzen.

In dem Beziehungsdreieck Bieter → Planer → ÖAG wird ein geplanter Baubeginn zehn Tage nach Angebotsöffnung unrealistisch sein. Unrealistisch ist er unumstößlich, wenn politische Gremien der Zuschlagserteilung noch zustimmen müssen.

Eröffnungstermin	
Bindefrist	10–30 Tage
Auftragserteilung	
Vorbereitungszeit des AN	≥ 14 Tage
Baubeginn	

▶ **Tipp**
   Die Fristen der Ausschreibungen sind in der Planung der Bauzeiten zu berücksichtigen, damit das Ausschreibungsverfahren rechtzeitig eingeleitet wird.

---

[63] OLG Düsseldorf, Urteil vom 09.07.1999 | IBR 1999 520, siehe auch Ziff. 3.5.2.
[64] BGH, Urteil vom 21.11.1991 – VII ZR 203/90 | NJW 1992, 827.
[65] BGH VII ZR 202/09 Urteil vom 08.03.2012.

2.4.1.2 Vollständigkeitsgebot

Die Norm definiert hier die Grundprinzipien des Vergaberechts. Da sich der Bieter mit der Angebotsöffnung[66] dem Willen des ÖAG unterwirft, muss er vor dessen „Willkür" geschützt werden, und der Planer muss damit seine Ausschreibung zwingend nach den Regeln des § 7 bis 7cVOB/A aufstellen.

Bei allen Verstößen gegen § 7 VOB/A ff unterliegt der ÖAG dem Risiko, dass ein unterlegener Bieter Schadensersatz geltend machen könnte, wenn er beweisen kann, dass er bei normgerechter Ausschreibung den Zuschlag erhalten hätte.[67] Andererseits steht einem Bieter, der den Zuschlag auf eine ungenaue Leistungsbeschreibung erhalten hat, meist kein Anspruch auf eine Mehrvergütung i. S. d. § 2 Nr. 5 VOB/B zu.[68] Die Missachtung der vergaberechtlichen Regeln lässt die Wirksamkeit des späteren Bauvertrages unberührt.

Dennoch muss für das Vollständigkeitsgebot festgehalten werden, dass entgegen der ansonsten teilweise konjunktiven Vorschriften der VOB/A, die des § 7 VOB/A zwingend zu beachten sind.

▶ **Tipp**
Erkennt der Planer, dass die bereits versandte Leistungsbeschreibung ergänzt werden muss, da z. B. eine Leistungsverzeichnisposition vergessen wurde, so kann er den Bewerbern dieses per Telefax, E-Mail oder Hochladen in einem Vergabeportal rechtzeitig vor Ablauf der Angebotsfrist zustellen.

▶ **Tipp**
Ist der Fehler in den Vergabeunterlagen so gravierend, dass der ÖAG nicht mehr daran festhalten kann, kann eine Aufhebung der Ausschreibung abgewendet werden. Das Verfahren muss dazu in das Angebotsstadium zurückgeführt werden, die Unklarheit beseitigt und die Bieter zur kurzfristigen eventuellen Ergänzung der Angebote aufgefordert werden. Ergibt sich hieraus eine Rangfolgenänderung, wird der vormals erstrangige Bieter weder Zuschlag noch Schadensersatz verlangen können, denn er hat gegen die Obliegenheit i. S. d. § 12 Abs. 7 VOB/A verstoßen, rechtzeitig – vor dem Eröffnungstermin – auf die Unklarheit hinzuweisen.[69]

Umfassende Leistungsbeschreibung

Die Beschreibung der Leistung ist nach § 7 Abs. 1 Nr. 1 VOB/A so eindeutig und erschöpfend vorzunehmen, dass alle Bewerber diese im gleichen Sinn verstehen müssen. Weiterhin normiert dieser Abschnitt, dass zudem sichergestellt sein muss, dass der Bewerber seine Preise sicher und ohne umfangreiche Vorarbeiten ermitteln können muss.

---

[66] Vor der 2006er VOB/A-Novellierung: Submissionstermin.

[67] OLG Schleswig, Urteil vom 25.09.2009 – 1 U 42/08 | IBR 2010 3583.

[68] OLG Koblenz, Urteil vom 17.04.2002 – Az: 1 U 829/99 | IBR 2003, 181.

[69] Wittchen | IBR 2010 3583.

Die Leistungsbeschreibung muss unter Berücksichtigung des objektiven Empfängerhorizontes der potenziellen Bieter, also dem technischen Verständnis der Bieter, verfasst werden. Dem Text der Leistungsbeschreibung kommt nach § 7 VOB/A eine Richtigkeits und Vollständigkeitsvermutung zugute. Hierdurch entsteht ein Vertrauensschutz zugunsten des Bieters.[70] Deshalb darf dem Bieter auch keine umfangreiche Vorarbeit und Recherche, die eine Angebotskalkulation erst ermöglichen, abverlangt werden.[71]

Da § 7 VOB/A sich jedoch nicht nur auf das klassische LV bezieht, sondern auch die Funktionalausschreibung (Leistungsbeschreibung mit Leistungsprogramm) berücksichtigt, ist der Umfang der „Eindeutigkeit" nach diesen zwei Ausschreibungsarten zu differenzieren. Dies bedeutet, dass bei einem LV in der branchenüblichen Art detailliert beschrieben werden muss. Die Funktionalausschreibung muss dem Bieter so viel Informationen geben, dass er erkennen kann, welche Details er selbst erarbeiten muss, um den Preis sicher bilden zu können.

Beeinflussende Umstände

Damit der Bewerber kalkulieren kann, muss der Planer alle den Preis beeinflussenden Umstände gemäß § 7 Abs. 1 Nr. 2 VOB/A angeben.

Der Planer muss dabei nach objektiven Gesichtspunkten das ermitteln, was für den konkreten Ausschreibungsgegenstand notwendig ist, um dem Bieter die einwandfreie Kalkulation zu ermöglichen. Hier wird bei einer Ausschreibung zur Haustechnik mehr anzugeben sein als beispielsweise bei den Pflasterarbeiten der Außenanlagen. Hierzu ist es erforderlich, eigene Untersuchungen vorzunehmen. Dazu zählen die Statik, der Schall und Wärmeschutznachweis, die Wärmebedarfsberechnung, das Brandschutzgutachten u. a. Ein LV über die Demontage von Abflussrohren muss auf etwaig erforderliche besondere Schutz- und Entsorgungsmaßnahmen aus der Behandlung und Beseitigung von Asbestzementmaterial ausdrücklich hinweisen.[72]

Die Erkenntnisse aus diesen Untersuchungen müssen der Ausschreibung nicht beigelegt, sondern lediglich die für den konkreten Ausschreibungsgegenstand relevanten Angaben müssen angegeben werden. So wird für die Ausschreibung der Zimmerarbeiten nicht der statische Nachweis der Fundamente benötigt.

► **Tipp**
Ausschreibungen, die mit überflüssigen Unterlagen aufgebläht werden, schrecken manche Bewerber ab, da diese den Aufwand scheuen, sich mit zu umfangreichen Unterlagen auseinanderzusetzen. Insofern ist die Beschränkung auf das wirklich Notwendige empfehlenswert.

---

[70]OLG Koblenz, Urteil vom 24.02.2011 – 2 U 777/09 | IBR 2011 2564 (LAGA Z 1.1 nicht ausgeschrieben).

[71]VK Mecklenburg-Vorpommern, Beschluss vom 21.02.2012 – 1 VK 07/11.

[72]OLG Celle, Urteil vom 03.05.2001 – 13 U 186/00 | IBR 2002 Heft 10 538.

Kein ungewöhnliches Wagnis

Mit dem in § 7 Abs. 1 Nr. 3 VOB/A genannten Wagnis, das dem Bewerber nicht aufgebürdet werden darf, ist nicht das Wagnis-Risiko, das sich in der Kalkulation mit dem Gewinn zu Wagnis und Gewinn zusammensetzt, gemeint. Das in der Norm genannte Wagnis beinhaltet zeitliche und finanzielle, nicht kalkulatorisch zu erfassende Umstände und Ereignisse, die eine deutlich unausgewogene Risikoverteilung zwischen dem ÖAG und dem AN darstellen.

Entscheidend für ein ungewöhnliches Wagnis ist, dass die potenziellen Folgen „schwerwiegend" sein müssen.[73] Ein ungewöhnliches Wagnis i. S. d. Vergaberechts liegt nur vor, wenn die für den jeweiligen Vertragstyp (LV oder Funktional) rechtlich, wirtschaftlich bzw. technisch branchenübliche Risikoverteilung einseitig und nicht nur unerheblich zu Ungunsten des Auftragnehmers verändert vorgegeben werden.[74]

Bedarfspositionen

In § 9 Nr. 1 Satz 2 VOB/A i.d. F. 2006 durften Bedarfspositionen (Eventualpositionen) nur ausnahmsweise in die Leistungsbeschreibung aufgenommen werden. Hier wurde die VOB/A 2009 grundlegend novelliert.

Nach der aktuellen Fassung des § 7 Abs. 1 Nr. 4 VOB/A dürfen Bedarfspositionen grundsätzlich nicht in die Leistungsbeschreibung aufgenommen werden. Auch wenn „Grundsatz" juristisch gesehen bedeutet „Regel mit Ausnahmevorbehalt", so hat hier der DVA zur Vermeidung von Wettbewerbsverzerrungen die Regeln verschärft und eben vorgesehen, dass Bedarfspositionen grundsätzlich nicht, also eben nicht ausnahmsweise, vorzusehen sind. Zudem ist nach § 7 Abs. 1 Nr. 1 VOB/A davon auszugehen, dass die Bewerber die Leistungsbeschreibung alle im gleichen Sinne zu verstehen haben. Somit ist von dem – nicht juristischen – normalen Empfängerhorizont auszugehen, der die Strengen eines Vergabeverfahrens und die Konsequenzen kennt, wenn davon abgewichen wird.[75]

Eine Ausnahme von diesem Vergabegrundsatz kann nur unter strengen objektiven Gründen möglich werden. Wird bei einer Gebäudesanierung eine aufwändige Innendämmung als Bedarfsposition vorgesehen, weil keine ausreichenden Untersuchungen der Gebäudesubstanz vorgenommen wurden, so ist ein objektiver Grund nicht gegeben. Damit ist eindeutig klar, dass Bedarfspositionen nicht dazu herangezogen werden dürfen, um Planungsdiskrepanzen auszugleichen.[76]

Mit dem grundsätzlichen Verzicht von Bedarfspositionen ist im Weiteren deutlich gemacht worden, dass es Bedarfspositionen ohne Vordersätze nicht geben darf. Hierzu zählen dann auch die oft verwendeten „1" Mengen. Denn die Bedarfsposition mit der Menge „1" ist eine Marktabfrage und diese ist nach der Normierung der VOB/A § 2 Abs. 4 VOB/A nicht erlaubt. Denn zusätzliche Leistungen, die nicht im LV enthalten waren, sind nach § 2 Abs. 6 VOB/B zu bepreisen. Der Preis ist dann nach den Grundlagen der Preisermittlung für die vertragliche Leistung (Urkalkulation) und den besonderen Kosten der geforderten Leistung zu ermitteln.

---

[73] Weyand, Ziff. 81.11.2 Rdn. 4147.

[74] OLG Naumburg: Beschluss vom 05.12.2008 – 1 Verg 9/08, Leitsatz 6 | BeckRS 2009 02589.

[75] VK Sachsen, „Soll"-Beschluss vom 20.04.2010 – 1/SVK/008-10 | IBR 2010 3179.

[76] OLG Saarbrücken, Beschluss vom 13. 11. 2002 – 5 Verg 1/02 | NZBau 2003, 625.

Diese Bestimmung ist deutlich Bieter schützend, denn dadurch erhält der Bewerber eine klare Kalkulationsgrundlage. Er kann seine Sekundärkosten auf alle anderen, nicht als Bedarfspositionen vorgesehenen Positionen verteilen, zu denen er einen Auftrag erhalten könnte. Dem Bewerber wird damit eine nach § 7 Abs. 1 Nr. 2 VOB/A geforderte einwandfreie Preisermittlung ermöglicht. Da somit in den Bedarfspositionen keine Gemeinkosten eingerechnet sein sollten, steht dem späteren AN auch kein Ersatz i. S. d. § 649 BGB zu.[77]

Damit dürfen in der Leistungsbeschreibung im Wesentlichen nachfolgende Positionsarten aufgenommen werden:

- Normalpositionen. Hiermit sind alle Teilleistungen zu beschreiben, die ausgeführt werden sollen. Sie werden nicht besonders gekennzeichnet.
- Grundpositionen beschreiben Teilleistungen, die durch „Wahlpositionen" ersetzt werden können. Grund- und Wahlpositionen werden z. B. durch ein „G" bzw. „W" gekennzeichnet.
- Wahlpositionen (Alternativpositionen) beschreiben Leistungen, bei denen sich der ÖAG noch nicht sicher ist, ob er diese alternativ zu einer Grundposition ausführen kann. Zur Ausführung dürfen diese nur anstelle der alternativ im Leistungsverzeichnis aufgeführten Grundposition kommen.[78] Dies ermöglicht dem Bewerber eine sichere Verteilung der kalkulierten Umlagen wie Allgemeine Geschäftskosten, Baustellengemeinkosten und Wagnis + Gewinn.

Als eine weitere Positionsart wird häufiger die „Zulageposition" verwand. Eine als solche im LV gekennzeichnete Position, die eine Bau-/Mehrleistung ergänzend zu einer zugehörigen LV-Grundposition beschreibt (zum Beispiel besondere Erschwernisse, Qualitätsmerkmale oder Arbeitsweisen, Mehrdicken usw.). Wird die Zulageposition nicht als Bedarfsposition ausgeschrieben, so ergibt sich kein vergaberechtliches Problem.[79]

Vorgesehene Beanspruchung

Nur wenn es erforderlich ist, müssen nach § 7 Abs. 1 Nr. 5 VOB/A der Zweck und die vorgesehene Beanspruchung der fertigen Leistung im LV angegeben werden. Die Norm dient erst zweitrangig dem Bieterschutz. In erster Linie soll dadurch verhindert werden, dass sich für den ÖAG im Nachhinein keine Gewährleistungsmängel offenbaren. Dem Parkettleger wird deshalb mitgeteilt werden müssen, dass er seine Leistungen auf einem Estrich mit Fußbodenheizung aufbaut. Bei einer funktionalen Ausschreibung muss der Bewerber aus der Leistungsbeschreibung erkennen können, ob eine Kellerdecke mit LKW befahren werden soll.

---

[77] KG Beschluss vom 05.12.2016 – Az.: 27 U 30/12 – (Nichtzulassungsbeschwerde vom BGH am 29.06.2016 – Az.: ZR 20/14 – zurückgewiesen).

[78] OLG München, B. v. 27.01.2006 – Az.: Verg 1/06.

[79] Unnötige Zulagepositionen in Leistungsverzeichnissen, Langaufsatz von Verwaltungsdirektor Roland Seufert, Gemeindeprüfungsanstalt BW | IBR 2010.

Wesentliche Verhältnisse der Baustelle

Der Bewerber muss gemäß § 7 Abs. 1 Nr. 6 VOB/A nach den Angaben in der Leistungsbeschreibung die wesentlichen Verhältnisse der Baustelle hinreichend beurteilen können.
Der § führt als Beispiel die Boden- und Wasserverhältnisse eines Grundstücks an. Weiterhin
wird explizit erwähnt, dass diese Angaben zu beschreiben sind. Damit muss der Planer
beschreiben, mit welcher Last eine evtl. in der Zufahrt zur Baustelle liegende Brücke befahren werden darf. Insgesamt verlangt diese Normierung die Benennung aller Sachverhalte
der DIN 18 299 „0.1 Allgemeine Regelungen für Bauarbeiten jeder Art" Abschnitt „0.2
Angaben zur Baustelle" und „Angaben zur Ausführung".

Hinweise für das Aufstellen

Da die Berücksichtigung der Abschnitte 0.1 und 0.2 der DIN 18 299 bereits vorgeschrieben ist,
wird in § 7 Abs. 1 Nr. 7 VOB/A die Beachtung der übrigen DIN-Normen der VOB/C vorgegeben. Der Grad der Genauigkeit ist, wie in § 7 Abs. 1 Nr. 6 VOB/A angegeben, vorzunehmen.

Verkehrsübliche Bezeichnungen

Die Verpflichtung zur Verwendung von verkehrsüblichen Bezeichnungen gemäß § 7 Abs. 2
VOB/A richtet sich an den Empfängerhorizont der Leistungsbeschreibung. Hier muss der
Planer mit dem in DIN-Normen und nach den anerkannten Regeln der Technik gebräuch-
lichen Vokabular, das branchenüblich ist, sein LV aufstellen.

2.4.2   Technische Spezifikationen

Nach Anhang Technische Spezifikationen (TS) Nr. 1 sind „technische Spezifikationen"
sämtliche in den Vergabeunterlagen enthaltene technische Anforderungen, die an eine Bauleistung, ein Material, ein Erzeugnis oder eine Lieferung, mit deren Hilfe die Bauleistung,
das Material, das Erzeugnis oder die Lieferung so bezeichnet werden können, dass sie ihren
durch den Auftraggeber festgelegten Verwendungszweck erfüllen.

2.4.2.1   Gleiche Informationen

Die Vergabeunterlagen müssen gemäß § 7a Abs. 1 VOB/A so abgefasst werden, dass es
für alle Bewerber gleichermaßen möglich ist, sich über die technischen Anforderungen
(Spezifikationen) zu informieren. Der frühere Hinweis auf das Verbot der Wettbewerbsbeschränkung ist nicht mehr erforderlich, denn durch die Regelung, dass grundsätzlich bei
der Bezugnahme auf z. B. nationalen Normen auch auf immer gleichwertige technische
Spezifikationen Bezug genommen wird, ist eine Beschränkung nicht möglich. Hierzu hat
sich der Planer vor Festlegung der Ausschreibungsbedingungen einen möglichst breiten
Überblick über die in Betracht kommenden technischen Lösungen zu verschaffen und
einzelne Lösungswege nicht von vornherein auszublenden.[80]

---

[80] OLG Jena, Beschluss vom 26.06.2006 – 9 Verg 2/06 | IBR 2006 Heft 9 517.

2.4.2.2 Formulierungsmöglichkeiten der TS

In den Vergabeunterlagen können die TS gemäß § 7a Abs. 2 VOB/A auf drei Arten formuliert werden. Die primäre Formulierung richtet sich nach dem Anhang TS zur VOB/A. Hierbei ist jede Bezugnahme mit dem Zusatz **„oder gleichwertig"** zu versehen. Sekundär wird
darauf verwiesen, dass die Leistungs- und Funktionsanforderungen so genau zu verfassen
sind, dass sich jeder Bewerber ein klares Bild vom Auftragsgegenstand machen kann.
Hiermit wird das Gebot der „eindeutigen Leistungsbeschreibung" nochmals herausgestellt.

Die tertiäre Formulierungsmöglichkeit ist eine Kombination aus den beiden vorherge-
henden.

Entscheidend ist jedoch, dass der Planer in dem LV die Kriterien zur Beurteilung der
Gleichwertigkeit im Leistungsverzeichnis vorgibt.[81] Dies erfordert zwar eine sehr ausge-
prägte Darstellung der technisch erforderlichen Inhalte der einzelnen Positionen im LV, gibt
jedoch nur so den genauen Maßstab zur Beurteilung der Gleichwertigkeit wieder.[82] Nur so
kann eine spätere Wertung der eingereichten Angebote, die eben vermeidlich gleichwertige
Produkte beinhalten, erfolgen.

2.4.2.3 Nachweis der Gleichwertigkeit

Weist ein Bieter in seinem Angebot nach, dass das von ihm angebotene Produkt gleichwertig zu den ausgeschriebenen ist, so darf das Angebot eben nicht wegen Abweichung von
den TS automatisch ausgeschlossen werden (§ 7a VOB/A). Der Bieter kann zum Nachweis
der Gleichwertigkeit gemäß § 13 Abs. 2 Satz 3 VOB/A einen Prüfbericht einer anerkannten
Stelle, z. B. durch das Deutsche Institut für Bautechnik, heranziehen.

2.4.2.4 Produktneutralität als Primärgebot

Die Produktneutralität resultiert aus dem Grundprinzip des freien Wettbewerbs und aus
der Tatsache, dass sich die öffentlichen Investitionen immer aus Steuergeldern finanzieren,
die von der Allgemeinheit aufgebracht werden. Danach soll der Wettbewerb nicht auf bestimmte Produkte/Erzeugnisse beschränkt werden, da dies Vorteile für einzelne Bieter bedeuten könnte. Daher muss auch jeder Hersteller solcher Erzeugnisse oder Verfahren – als
Teil der „Allgemeinheit" – in gleicher Weise eine Chance erhalten, dass sein Produkt zum
Einsatz kommen kann.[83] Insofern wurde in § 7a VOB/A normiert, dass die technischen Anforderungen (Spezifikationen) für alle Bieter gleiche Rahmenkriterien beschreiben. Hierbei
ist zu berücksichtigen, dass dieses Prinzip auch auf Bewerber zutrifft.[84]

Weiterhin ist die produktneutrale Beschreibung der Leistung durch den Grundsatz des freien
Wettbewerbs in § 2 Abs. 2 VOB/A verankert. Da der Wettbewerb die Regel sein soll und kont-
räre Verhaltensweisen gemäß § 2 Abs. 1 VOB/A zu bekämpfen sind, darf ein Bieter nicht durch
konkrete Vorgaben auf Marken, Patente, Typen u. Ä. von vornherein festgelegt werden. Ihm

---

[81] VK Nordbayern, Beschluss vom 06.07.2016 – 21.VK-3194-04/16.

[82] IBR-Online (23.08.2016) RA Karl Karbe, Berlin.

[83] Geltung des Grundsatzes der Gleichbehandlung auch im Zivilrecht (Drittwirkung von Grundrechten).

[84] Siehe Ziff. 1.3.3 Bewerber und Bieter.

```
Pos. 1        Kellerlichtschacht                        EP          GP

              Lichtschacht 80x80x50 cm aus weißen re-
              cyclingfähigem Polypropylen (PP) oder
              gleichwertigem Material mit Lichtschach-
              tabdeckung .. liefern und einbauen.

              Angebotenes Material:                      _____

              (Ohne diese Angabe wird das Angebot vom
              Vergabeverfahren in der ersten Wertungs-
              stufe ausgeschlossen)¹⁴⁸

              2 Stk                                      _____  _____
```

Abb. 2.6 Beispiel Position „Kellerlichtschacht"

steht vielmehr, unter Berücksichtigung des geforderten, ein Auswahlrecht zu, um die optimale Lösung der Bauaufgabe zu bewerkstelligen.[85] Abweichungen vom geforderten Leistungsumfang, die nicht im Rahmen der Angebotsprüfung auffielen, werden nach Zuschlagerteilung durch den VOB/B-Vertrag – Mängelansprüche vor und nach der Bauabnahme – geregelt.

Insoweit ist die Anforderung an eine ausgeschriebene Leistung gemäß § 7a VOB/A einmal durch die in Anhang TS zur VOB/A definierten technischen Spezifikationen und/oder durch genau beschriebene Leistungs- oder Funktionsanforderungen festzulegen. Hierbei gilt jedoch, dass jede Bezugnahme mit dem Zusatz „oder gleichwertig" zu versehen ist, vgl. Abb. 2.6.

▶ **Tipp**
   Die vergaberechtlichen Grenzen der Bestimmungsfreiheit sind eingehalten, sofern die Bestimmung durch den Auftragsgegenstand sachlich gerechtfertigt ist,
   vom ÖAG dafür nachvollziehbare objektive und auftragsbezogene Gründe angegeben worden sind und die Bestimmung folglich willkürfrei getroffen wurde,
   solche Gründe tatsächlich vorhanden sind und die Bestimmung andere Wirtschaftsteilnehmer nicht diskriminiert.[86] Diese Gründe sind zu dokumentieren.

2.4.2.5 Produktvorgaben (Leitprodukte)

Produktvorgaben sind generell nicht zulässig.[87] Produktvorgaben sind gemäß § 7 Abs. 2 VOB/A lediglich in zwei Ausnahmen möglich:

- **Wenn dies durch den Auftragsgegenstand gerechtfertigt ist.** Bei gesetzlichen oder behördlichen Zwängen, denen der ÖAG unterliegt, könnte dies der Fall sein. Eine Produktvorgabe wird auch aus Kompatibilitätsgründen denkbar sein, wenn etwa eine bereits bestehende Anlage repariert oder saniert wird.[88] Gleiches gilt, wenn dadurch

---

[85] OLG Jena, Beschluss vom 26.06.2006 – 9 Verg 2/06 | IBR 2006 517.

[86] VK Bund, Beschluss vom 09.02.2016 – VK 1-130/15.

[87] VK Berlin, Beschluss vom 05.11.2009 – VK-B2-35/09 | IBR 2010 2315.

[88] OLG Saarbrücken, Beschluss vom 29.10.2003 – 1 Verg 2/03 | IBR 2004 89.

ein sog. Schnittstellenrisiko vermieden werden kann[89] oder wenn an dem bestehenden Gebäude noch Mängelansprüche[90] geltend gemacht werden könnten, weil die Fristen nicht abgelaufen sind, und dadurch diese Ansprüche in ihrer Durchsetzung gefährdet würden. Im weitesten Sinne könnten auch Urheberansprüche zu einer Abweichung von dem Grundsatz der Produktneutralität führen.

- **Wenn der Auftragsgegenstand nicht hinreichend genau und allgemein verständlich beschrieben werden kann.** Dieses wird im Einzelfall zu entscheiden sein. Prinzipiell kann jedoch festgehalten werden, dass es mit der steigenden Komplexität des Gewerks schwieriger wird, eine genaue und dennoch neutral gehaltene Beschreibung zu erstellen. Bei den Rohbaugewerken entsteht diese Schwierigkeit seltener, bei den Ausbaugewerken, insbesondere bei der Haustechnik,[91] besteht dagegen häufiger das Problem, dass nicht hinreichend genau und allgemein verständlich beschrieben werden kann, weil schon die Planung auf ein bestimmtes Produkt ausgerichtet sein muss und dadurch die Auswahl stark reduziert wird.[92] Diese Leistungsbeschreibung ist dann mit dem Zusatz **„oder gleichwertig"** zu versehen. Generell gilt, dass der Umstand der schwierigen Beschreibbarkeit der auszuschreibenden Leistung nicht auf simple Leistungen (z. B. Pollerleuchten) übertragen werden darf. In diesem Fall wäre ein Leitfabrikat ein klarer Verstoß gegen die Vorgabe der VOB/A und würde auch nicht durch den Zusatz „oder gleichwertig" geheilt.[93]

Der Planer muss, auch wenn diese Voraussetzungen gegeben sind, die genaue Angabe noch mit dem Zusatz „oder gleichwertig" versehen und den Text so gestalten, dass der Bieter ein anderes Fabrikat einsetzen kann. Hierbei darf die TS nicht so eng am Leitprodukt sein, dass der Bieter gar keine andere Möglichkeit mehr hat, als das Leitprodukt anzubieten. Damit wird wenigstens ein eingeschränkter Wettbewerb zugelassen.

▶ **Tipp**
Anstelle von frei verfügbaren Hersteller-Ausschreibungstexten eignen sich zur produktneutralen Ausschreibung eher selbst verfasste (ggf. auch funktionalbeschreibende) Texte oder Texte von externen neutralen Verfassern. Das VHB-Bund normiert deshalb, dass die Beschreibung i. d. R. mit dem Standardleistungsbuch des GAEB[94] zu verfassen ist.

---

[89] OLG Frankfurt, Beschluss vom 28.10.2003 – 11 Verg 9/03 | IBR 2004, 90.

[90] § 13 VOB/B kennt seit der Neufassung 2002 nicht mehr den Begriff der „Gewährleistung".

[91] VOB/C DIN 18 379 Raumlufttechnische Anlagen, DIN 18 380 Heizanlagen und zentrale Wassererwärmungsanlagen, DIN 18 381 Gas-, Wasser-, Entwässerungsanlagen in Gebäuden.

[92] H/R/R, § 9 VOB/A, Rdn. 119 unter Hinweis auf Lampe-Helbig/Wörmann, Handbuch der Bauvergabe, Aufl. 1995, Rdn. 96.

[93] OLG Düsseldorf, Beschluss vom 14.10.2009 – Verg 9/09 | IBR 2010 2058.

[94] Die Schwerpunkte der GAEB-Arbeit liegen in der Erstellung und Überarbeitung von standardisierten Texten zur Beschreibung von Bauleistungen: http://www.gaeb.de.

Eine weitere Abweichungsmöglichkeit von diesem Primärprinzip wurde durch eine Entscheidung des OLG Düsseldorf geschaffen. Danach soll es zukünftig nicht mehr erforderlich sein, dass sich der Planer eine umfassende Marktübersicht verschafft, um Alternativen zulassen zu können. Es soll genügen, wenn sich die Beschaffungsentscheidung für ein bestimmtes Produkt aus der Sache selbst ergibt. Ein solcher Fall wird vorliegen, wenn der ÖAG Fernübertragung von Messwerten per ISM-Funk ausschreibt.[95] Da aber jede produkt-, verfahrens- oder technikspezifische Ausschreibung per se wettbewerbsfeindlich ist, muss eine entsprechende Festlegung durch die Art der zu vergebenden Leistung bzw. den Auftragsgegenstand gerechtfertigt sein. Diese Rechtfertigung wird bei einer öffentlichen Ausschreibung von Standardbauleistungen wie z. B. Fliesenarbeiten oder Aluminiumfenstern eben nicht vorliegen. Denn Standardbauleistungen können sich unterscheiden, haben jedoch regelmäßig eine grundsätzliche Gleichartigkeit.

Die Voraussetzungen, ob ein bestimmtes Produkt vorgeschrieben werden darf, muss der Planer vor der Ausschreibung prüfen und zweckmäßigerweise auch im Vergabevermerk dokumentieren.[96] Änderungen am Vergabevermerk sind nicht nachträglich möglich.

Ebenso kann die Beschränkung auf nur regionale Produkte die Produktneutralität verletzen.[97] Eine Wettbewerbsbeschränkung wird auch dann vorliegen, wenn die Leistungsbeschreibung derart spezifisch ist, dass eben nur ein bestimmtes Produkt infrage kommen kann.

Die Formulierung in den BWB des ÖAG, die besagt, dass wenn der Bieter kein Produkt angibt, automatisch das Leitprodukt gilt, ist nach Zuschlagserteilung eine AGB und verstößt sodann gegen §§ 307 ff. BGB.[98] Insofern ist vom Bieter immer das von ihm angebotene Fabrikat einzutragen, ansonsten kann es zum Ausschluss kommen.[99]

▶ **Tipp**
Ein allgemeingültiger Hinweis an die Bewerber zur Beachtung der zwingenden Notwendigkeit zur Abgabe der Erklärung über Hersteller, Typenangaben oder Ähnliches in den allgemeinen (technischen) Vorbemerkungen wird übersehen. Deshalb ist ein Hinweis bei jeder Position, zu der sich der Bewerber erklären muss, angeraten. Alternativ können auch alle benötigten Produktangaben auf wenigen Seiten gebündelt werden.

Abb. 2.7 zeigt ein Beispiel für eine detaillierte Positionsbeschreibung.

---

[95] OLG Düsseldorf, Beschluss vom 17.02.2010 – Verg 42/09 | IBR 2010 2559.

[96] Thüringer OLG, Beschluss vom 26.07.2006, 9 Verg 2/06, VergabeR 2007, 220; siehe auch Ziff. 2.1 „Der Vergabevermerk".

[97] Stickler in K/M, VOB/A § 4 Rdn. 5–8 | 2. Auflage 2007.

[98] OLG Dresden, Urteil vom 06.12.2005 – 14 U 1523/05 | IBR 2007 Heft 8 413.

[99] Siehe Ziff. 3.3.2.6 „Fehlende Produktangaben".

```
Pos. 1        Druckerhöhungsanlage Enddruckbehälter    EP        GP
              3001 Kreiselpumpe[163]

              Druckerhöhungsanlage DIN 1988-5, mit
              Anschluss an die öffentliche Trinkwas-
              serversorgung,

              Volumenstrom in m3/h bis 700 m³/h

              ...

              Verrohrung innerhalb der Anlage, aus
              nicht rostendem Stahl, Armaturen inner-
              halb der Anlage, aus Messing, für auto-
              matischen Betrieb in Kompaktbauweise,
              standfest und schwingungsarm aufge-
              stellt, Pumpenbauart normal ansaugend,
              auf der Enddruckseite Druckbehälter ent-
              sprechend Druckbehälterverordnung, Ge-
              samtinhalt 300 l, zul. Überdruck an der
              Enddruckseite PN 10,

              ...

              Behälter aus nicht rostendem Stahl, mit
              Gewindeanschluss, R 1 1/4, mit Schau-
              glas, Sicherheitsventil, Kreiselpumpe,
              normal saugend, Fördermedium Trinkwas-
              ser, max. Betriebstemperatur 25 Grad C,
              einschl. Funktionsprüfung, Außer- und
              Wiederinbetriebnahme gemäß VDI 6023
              Blatt 1, ... mit Wahlschalter zur Schal-
              tung der Antriebe, von außen bedienbar,
              für Hand-, 0- und Automatikbetrieb, mit
              optischen Betriebs- und Störmeldeanzei-
              gen, Druckregelung mit Druckschalter,
              durch Schaltung der Pumpenantriebsmoto-
              ren, Trockenlaufsicherung durch Druck-
              schalter, mit Wiedereinschaltautomatik,
              komplett verdrahtet und geschaltet.

              Angebotenes Fabrikat:                    _____

              (Ohne diese Angabe wird das Angebot vom
              Vergabeverfahren in der ersten Wertungs-
              stufe ausgeschlossen)

              1 Stk                                    ____     ____
```

Abb. 2.7 Detaillierte Positionsbeschreibung

2.4.2.6 Generelle Produktangabe

Aus dem Leistungsverzeichnis heraus kann der Planer nicht ersehen, mit welchen konkreten Produkten der oder die Bieter den Vertrag erfüllen könnten.[100] Somit werden bei vielen Positionen Produktangaben abgefragt. Durch die geforderten Angaben soll gewährleistet werden, dass die abstrakten Anforderungen des Leistungsverzeichnisses erfüllt werden. Mit der Hersteller- und/oder Fabrikatsangabe hat der Bewerber einzutragen, von welcher Firma das Erzeugnis bezogen wird, vgl. Abb. 2.8. Die Produktbezeichnung oder Typenangabe bezeichnet ein bestimmtes Erzeugnis aus dem Produktportfolio des Herstellers. Auf

---

[100]Weyand, Ziff. 107.5.1.2.3.3.4.7.

```
Pos. 1         Dachrinne - halbrund



               Nach DIN EN 612 mit Wulstausklinkung,
               hergestellt aus Titanzink DIN EN 988,
               liefern und montieren.

               Angebotenes Fabrikat:                        _____

               Angebotenes Produkt:                         _____

               (Ohne diese Angabe wird das Angebot vom
               Vergabeverfahren in der ersten Wertungs-
               stufe ausgeschlossen)

               80 m                                    _____  _____
```

Abb. 2.8 Beispiel „Dachrinne"

eine tiefer gehende Produktbezeichnung oder Typenangabe sollte verzichtet werden, wenn potenzielle Hersteller zu dem angefragten Erzeugnis lediglich ein Produkt anbieten. Bietet kein Hersteller das verlangte Produkt oder den Typ an, oder ist die Leistungsbeschreibung zu undetailliert, als dass die erforderlichen Angaben vorgenommen werden könnten, muss die geforderte Angabe vom Bieter gerügt werden.[101]

▶ **Tipp**

Wird in den Vergabeunterlagen ein zentraler Raum für Bieterangaben vorgese-
hen, so verringert sich die Gefahr der Nichtausfüllung für den Bieter deutlich.
In einem Bieterangabenverzeichnis werden dann Fabrikats- und Produktangabe sowie Datenblätter, Zulassungen und dgl. gebündelt. Die verlangten
Angaben sollten deutlich benannt werden. Das Verzeichnis kann mit dem
Satz: „Wird das Bieterangabenverzeichnis zusammen mit den notwendigen
Unterlagen, nicht als Anlage des Angebotes zurückgegeben, gilt das Angebot
als nicht abgegeben" enden, damit der Bieter deutlich erkennt, dass er hier
seine Unterlagen beisteuern muss.[102]

▶ **Tipp**

Der ideale Weg zur Klärung der konkret angebotenen Produkte ist jedoch
nicht die Abfrage im Leistungsverzeichnis, sondern im Wege der Aufklärung
nach § 15 Abs. 1 Nr. 1 VOB/A. Danach darf der Planer Aufklärung u. a. über
etwaige Ursprungsorte oder Bezugsquellen von Stoffen oder Bauteilen
verlangen.

---

[101]OLG Frankfurt, Beschluss vom 26.05.2009 – 11 Verg 2/09 | IBR 2009 3284.
[102]Vgl. OLG Celle: 13 Verg 18/09 vom 10.06.2010 | IBRRS 75386, insbesondere Ziff. aa) der Ur-
teilsbegründung.

2.4.3   Mit Leistungsverzeichnis

Die § 7 und 7a VOB/A sind für beide Arten der Leistungsbeschreibung normierend. Mit § 7b VOB/A folgt eine explizite Vorschrift für die Ausschreibung mit Leistungsverzeichnis (LV).

2.4.3.1   Baubeschreibung

In früheren Fassungen der VOB/A sollte die Baubeschreibung „in der Regel" dem LV vorangestellt werden. Um zu verdeutlichen, dass die Baubeschreibung Bestandteil des Bauvertrags wird, wurde aus der Konjunktiv- eine Imperativbedingung. Nach § 7b Abs. 1 VOB/A „ist in der Regel" mit einer vorangestellten Baubeschreibung die Leistungsbeschreibung zu verdeutlichen.

Eine Baubeschreibung stellt eine detaillierte Beschreibung des zu errichtenden Gebäudes dar. Hierbei sind neben der Art der Bauausführung auch die zum Einbau gelangenden Materialien aufzulisten und zu beschreiben.

Inhalte der Baubeschreibung:

1. Allgemeine Beschreibung der Bauleistung,
2. Qualitäten, ggf. Fabrikate,
3. Beschreibung der örtlichen Sachverhalte am Erfüllungsort sowie der Umgebung,
4. Festlegungen zur Ausführung der Bauleistung,
5. Beschreibungen konstruktiver od. sonstiger Merkmale der Bauleistung.

Die Baubeschreibung darf nicht im Widerspruch zum LV stehen. Denn bauvertraglich ist nicht geregelt, welche Beschreibung vorrangig zu beachten ist.[103] Diese höchstrichterliche Auslegung ist jedoch nicht zu dogmatisieren, denn nach dem allgemeinen Verständnis, dass spezielle vor generellen Angaben gelten, ist den einzelnen Positionsbeschreibungen des LV ein höherer Stellenwert zuzuschreiben. Die Baubeschreibung dient zum allgemeinen Verständnis der ausgeschriebenen Leistung und ist parallel zum LV zu verwenden.

2.4.3.2   Andere Beschreibungen

Ist eine Beschreibung der Leistungen durch die Baubeschreibung und das LV nicht möglich oder ausreichend, so schreibt § 7b Abs. 2 VOB/A vor, dass die Leistung dann zeichnerisch oder durch Probestücke darzustellen oder anders zu erklären ist. Diese Angabe ist zusätzlich zu der ansonsten üblichen Leistungsbeschreibung beizufügen.

Nachfolgende andere Beschreibungsmöglichkeiten werden explizit erwähnt:

• Hinweise auf ähnliche Leistungen: Dieser Ansatz erscheint für viele Bewerber kaum hilfreich zur Kalkulation des Angebotes zu sein, denn wie soll ein Bewerber eine „Ähnlichkeit" kalkulatorisch berücksichtigen? Insofern wird von dieser Beschreibungsoption abgeraten.[104]

---

[103]BGH, Urteil vom 11.03.1999 – VII ZR 179/98 | IBR 1999 300.
[104]Kapellmann und K/M, VOB/A § 9 Rdn. 66 | 2. Auflage 2007.

- Mengen- oder statische Berechnungen. Hinweise zur Mengenberechnung sind, da der Umfang der Mengen im LV angegeben wird, nur dann sinnvoll, wenn ein Detail-Pauschalvertrag abgeschlossen werden soll und der Bieter zuvor die Möglichkeit erhalten hat, die Mengen zu überprüfen. Die Beifügung der statischen Berechnungen allein ist aufgrund der Normierung zu § 7 Abs. 1 Nr. 1 VOB/A nicht ausreichend.[105] Zum Verständnis der Berechnung sind, bei einer Rohbauausschreibung, die Schal- und Bewehrungspläne beizufügen.
- Erforderliche Zeichnungen sind lediglich nur dann beizufügen, wenn der dargestellte Sachverhalt über die ansonsten übliche zeichnerische Darstellung der Baubeschreibung hinausgeht.[106]
- Mit Proben sind nicht die Materialien gemeint, die der Bieter zum Aufklärungsgespräch oder zur Bemusterung vorlegt, sondern vielmehr Proben und Muster, über die der ÖAG selbst verfügt.

2.4.3.3 Entbehrliche Beschreibungen

Um Missverständnissen und Widersprüchen vorzubeugen, sollen Angaben, die nach den Vertragsbedingungen, den Technischen Vertragsbedingungen oder der gewerblichen Verkehrssitte zu der geforderten Leistung gehören, gemäß § 7b Abs. 3 VOB/A nicht gesondert aufgeführt werden. Weiterhin zielt dieser Verzicht darauf ab, dass Bewerbern mit dem üblichen Fachwissen keine Selbstverständlichkeiten – Nebenleistung i. S. d. VOB/C – mitgeteilt werden müssen. So muss jeder Betonbauer ohne explizite Erwähnung wissen, dass er bei einer C35/45 Baustelle eine Eigenüberwachung als Nebenleistung mit in der Kalkulation zu berücksichtigen hat.

In Ausnahmefällen ist jedoch die Abgrenzung zu den Besonderen Leistungen notwendig, die eben keine Nebenleistungen sind und nur dann zu den Vertragsleistungen gehören, wenn sie in der Leistungsbeschreibung enthalten sind.

2.4.3.4 Aufgliederung der Leistungen

Das Gebot in § 7b Abs. 4 VOB/A, die Leistung so aufzugliedern, dass unter einer Position nur Leistungen aufgenommen werden dürfen, die nach ihrer technischen Beschaffenheit und für die Preisbildung als in sich gleichartig anzusehen sind, beruht auf dem Primärgrundsatz, dass die Leistung „eindeutig und so erschöpfend zu beschreiben" ist.

Bieterschützend ist der zweite Satz auszulegen. Durch das Verbot, ungleichartige Leistungen unter einer Sammelposition zusammenzufassen, soll das Verständnis für die ausgeschriebene Leistung erleichtert und das Kalkulationsrisiko gemindert werden. Weiterhin wird dadurch die Gefahr von sog. Spekulationspreisen entgegen gewirkt.

---

[105] Siehe Ziff. 2.4.1.2 „Beeinflussende Umstände".

[106] BayObLG, Beschluss vom 17.11.2004 – Verg 16/04 | NJOZ 2005 Heft 12 1341.

2.4.4 Mit Leistungsprogramm

Mit der Leistungsbeschreibung mit Leistungsprogramm erfolgt eine funktionale Beschreibung des Bauwerks. Der Bewerber erarbeitet dabei den eigentlichen Bauentwurf im Zuge der Angebotsbearbeitung. Mit der funktionalen Beschreibung definiert der Planer nonverbal die Anforderungen an den ausgeschriebenen Leistungsumfang. Aufgrund der Normierung in § 7c Abs. 1 VOB/A wird mit der Ausschreibung auch der Entwurf der Leistung (i. d. R. wird dies ein Bauwerk oder ein Teil eines Bauwerks, z. B. Dach, sein) gefordert. Diese Ausschreibung ist lediglich bei beschränkten Ausschreibungen sinnvoll, da den Bietern aufgrund des wesentlich höheren Aufwands für die Angebotserarbeitung gemäß § 8b Abs. 2 Nr. 1 VOB/A (zumindest theoretisch) eine Kostenerstattung zusteht.

Ohne die Forderung des Bauentwurfs durch den Bieter ist die Voraussetzung für eine Ausschreibung mit Leistungsprogramm nicht gegeben. Falls der Entwurf bereits vorliegt und der Bieter sein Angebot unter Zuhilfenahme von selbst entwickelten Detaillösungen (Ausführungsplanung) anbietet, liegt eine Form der teilfunktionalen Ausschreibung vor. Diese Ausschreibungsart ist in der VOB/A nicht eindeutig geregelt, kommt jedoch weitaus häufiger vor, als die geregelte funktionale Ausschreibung.

2.4.4.1 Zweckmäßigkeit

Die Bestimmung des § 7c Abs. 1 VOB/A, die besagt, dass die Beschreibung mit Leistungsprogramm nur vorzunehmen ist, wenn es nach Abwägung aller Umstände zweckmäßig erscheint, unterliegt dem subjektiven Entscheidungsspielraum des ÖAG.

Im VHB-Bund findet sich dazu folgende Abwägungshilfe:

- Wenn sie wegen der fertigungsgerechten Planung in Fällen notwendig ist, in denen es beispielsweise bei Fertigteilbauten wegen der Verschiedenartigkeit von Systemen den Bietern freigestellt sein muss, die Leistung so anzubieten, wie es ihrem System entspricht,
- wenn mehrere technische Lösungen möglich sind, die nicht im Einzelnen neutral beschrieben werden können, und der Auftraggeber seine Entscheidung unter dem Gesichtspunkt der Wirtschaftlichkeit und Funktionsgerechtigkeit erst aufgrund der Angebote treffen will.

Weiterhin sollte diese Art der Ausschreibung zweckmäßig sein, wenn der ÖAG nicht über die notwendige Fachkenntnis verfügt, um eine Detailplanung und damit die Leistungsbeschreibung im Detail zu erarbeiten.

2.4.4.2 Funktionale Beschreibung

Die funktionale Beschreibung ist, da alle Forderungen des ÖAG verbal abgefasst sind, unter den Gesichtspunkten der allgemeinen Normierung des §§ 7, 7b und 7c VOB/A zu verfassen. Da der Bewerber in die Lage versetzt werden muss, den Entwurf zu bearbeiten, kommt der Baubeschreibung eine größere Bedeutung zu als bei der Leistungsbeschreibung mit LV.

Somit kann die Baubeschreibung Unterlagen wie z. B. ein Raumprogramm, Erläuterungsberichte, Baugrundgutachten, Richtlinien des ÖAG beinhalten.

In der Beschreibung muss festgehalten werden, wie die Detailvorgaben des Planers das vom Bieter mit seinem Angebot zu erfüllende Bausoll definieren soll. Zur Bestimmung des Bausolls sind im Weiteren auch Definitionen über den Umfang zu den Planungsleistungen, die der AN erbringen muss, notwendig.[107] Je dürftiger die Baubeschreibung, desto schwieriger wird der spätere Angebotsvergleich.

Angaben des ÖAG für die Ausführung

- Beschreibung des Bauwerks/der Teile des Bauwerks,
- allgemeine Beschreibung des Gegenstandes der Leistung nach Art, Zweck und Lage,
- Beschreibung der örtlichen Sachverhalte wie z. B. Klimazone, Baugrund, Zufahrtswege, Anschlüsse, Versorgungseinrichtungen,
- Beschreibung der Anforderungen an die Leistung,
- Flächen- und Raumprogramm, z. B. Größenangaben, Nutz- und Nebenflächen, Zuordnungen, Orientierung,
- Art der Nutzung, z. B. Funktion, Betriebsabläufe, Beanspruchung,
- Konstruktion: Gegebenenfalls bestimmte grundsätzliche Forderungen, z. B. Stahl oder Stahlbeton, statisches System,
- Einzelangaben zur Ausführung, z. B.
  - Rastermaße, zulässige Toleranzen, Flexibilität,
  - Tragfähigkeit, Belastbarkeit,
  - Akustik (Schallerzeugung, -dämmung, -dämpfung),
  - Klima (Wärmedämmung, Heizung, Lüftungs- und Klimatechnik),
  - Licht- und Installationstechnik, Aufzüge,
  - hygienische Anforderungen,
  - besondere physikalische Anforderungen (Elastizität, Rutschfestigkeit, elektrostatisches Verhalten),
  - sonstige Eigenschaften und Qualitätsmerkmale,
  - vorgeschriebene Baustoffe und Bauteile,
  - Anforderungen an die Gestaltung (Dachform, Fassadengestaltung, Farbgebung, Formgebung),
- Abgrenzung zu Vor- und Folgeleistungen,
- Normen oder etwaige Richtlinien der nutzenden Verwaltung, die zusätzlich zu beachten sind,
- öffentlich-rechtliche Anforderungen, z. B. spezielle planungsrechtliche, bauordnungsrechtliche, wasser- oder gewerberechtliche Bestimmungen oder Auflagen (Anhang 9 – Leistungsbeschreibung mit Leistungsprogramm – Ziffer 1).

---

[107]OLG Brandenburg, Beschluss vom 28.11.2002 – Verg W 8/02 | IBR 2003 1145.

Zur Verfügung gestellte Unterlagen

Dem Leistungsprogramm sind als Anlage beizufügen z. B. das Raumprogramm, Pläne, Erläuterungsberichte, Baugrundgutachten, besondere Richtlinien der nutzenden Verwaltung.

Die mit der Ausführung von Vor- und Folgeleistungen beauftragten Unternehmer sind zu benennen.

Die Einzelheiten über deren Leistungen sind anzugeben, soweit sie für die Angebotsbearbeitung und die Ausführung von Bedeutung sind, z. B.:

- Belastbarkeit der vorhandenen Konstruktionen,
- Baufristen,
- Vorhaltung von Gerüsten und Versorgungseinrichtungen.

Ergänzende Angaben des Bieters:

Soweit im Einzelfall erforderlich, kann der Bieter z. B. zur Abgabe folgender Erklärungen oder zur Einreichung folgender Unterlagen aufgefordert werden:

- Angaben zur Baustelleneinrichtung, z. B. Platzbedarf, Art der Fertigung,
- Angaben über eine für die Bauausführung erforderliche Mitwirkung oder Zustimmung des Auftraggebers,
- Baufristenplan, u. U. auch weitere Pläne, abweichend von der vorgeschriebenen Bauzeit,
- Zahlungsplan, wenn die Bestimmung der Zahlungsbedingungen dem Bieter überlassen werden soll,
- Erklärung, dass und wie die nach dem öffentlichen Recht erforderlichen Genehmigungen usw. beigebracht werden können,
- Wirtschaftlichkeitsberechnung unter Einbeziehung der Folgekosten, unterteilt in Betriebskosten und Unterhaltungskosten, soweit im Einzelfall erforderlich.

2.4.4.3 Notwendige Angaben im Angebot

Zusätzlich zu § 13 VOB/A definiert § 7c Abs. 3 VOB/A konkret, welche Angaben im Angebot des Bieters enthalten sein müssen. Hierdurch soll die Vergleichbarkeit der Angebote gewährleistet werden. Widersprüchlich zum Ausschreibungsziel, einen pauschalen Angebotspreis zu erhalten, ist die optionale Einschränkung des Bieters, den pauschalen Preis bezüglich evtl. Mengentoleranz wieder variabel zu gestalten.

2.4.5 Nebenangebote

Der Sinn von Nebenangeboten besteht darin, das unternehmerische Potenzial der für die Deckung des Vergabebedarfs geeigneten Bieter dadurch auszuschöpfen, dass der ÖAG Vorschläge für alternative Lösungen erhält, auf die sein Planer gerade deshalb nicht kommen konnte, weil dieser nicht über dieselbe Fachkunde wie die Bieter verfügt.

Um die Nebenangebote mit den ausgeschriebenen Leistungen vergleichen zu können, ist es erforderlich, die Anforderungen an diese zu definieren. Hierbei sind im Unterschwellen-bereich geringere Anforderungen gestellt als im Oberschwellenreich. Deshalb wird es ausreichen, das gefordert wird, dass Ausführungsvarianten eindeutig und erschöpfend beschrieben werden und alle Leistungen umfassen müssen, die zu einer einwandfreien Ausführung der Bauleistung erforderlich sind, und dass bei nicht in Allgemeinen Technischen Vertragsbedingungen oder in den Vergabeunterlagen geregelten Leistungen im Angebot entsprechende Angaben über Ausführung und Beschaffenheit dieser Leistungen zu machen sind.[108]

2.5   E-Vergabe

Elektronische Vergabe (kurz E-Vergabe) bezeichnet die elektronische Durchführung von Vergabeverfahren.

Die wesentlichen Phasen einer Ausschreibung, also die Zusammenstellung der Vergabe-unterlagen, die Bekanntmachung inklusive der Bereitstellung der Vergabeunterlagen zur Angebotslegung, die Abgabe eines Angebots, erfolgen elektronisch unterstützt.

Mit der Vergaberechtsreform 2016 wurde für Vergaben oberhalb der Schwelle vorge-geben, dass diese spätestens ab 18. Oktober 2018 mittels elektronischen Datenaustauschs zwischen Vergabestelle und Bewerber bzw. Bieter bis hin zur elektronischen Angebotsab-gabe verpflichtend durchzuführen sind (23 EU/VOB/A).

Im nationalen Bereich sieht die aktuelle VOB/A künftig die Wahl vor, welche Kom-munikationsmittel im Vergabeverfahren einsetzt werden (§§ 11 ff. VOB/A). In der aktuel-len VOB Abschnitt 1 wurde bewusst nicht der vorgenannte Grundsatz der elektronischen Kommunikation eingeführt.

Nicht alle ÖAG und Unternehmen sind bereits auf eine durchgehende elektronische Kom-munikation und Vergabe eingerichtet. § 13 VOB/A sah bislang vor, dass der ÖAG schriftliche Angebote immer zulassen musste, also nicht vollständig auf die E-Vergabe umstellen konnte.

Dies gilt jetzt nur noch bis zum v. g. Stichtag, also dem Zeitpunkt, ab dem im Ober-schwellenbereich die E-Vergabe spätestens verpflichtend wird. Nach diesem Zeitpunkt kann der Auftraggeber im Unterschwellenbereich die Form der einzureichenden Angebote bestimmen. Er kann wählen, ob er weiterhin schriftliche Angebote zulässt oder ausschließ-lich elektronisch eingereichte.

Entschließt sich der Auftraggeber nach dem 18. Oktober 2018, Angebote auch in schrift-licher Form zuzulassen, führt er weiterhin einen herkömmlichen Eröffnungstermin unter An-wesenheit der Bieter durch. Lässt er nur elektronische Angebote zu, führt er einen Öffnungs-termin nach dem Vorbild von § 14 EU VOB/A durch, bei dem zwar die Anwesenheit der Bieter entfällt, diese aber die maßgeblichen Informationen des Öffnungstermins unverzüglich nach seiner Durchführung elektronisch mitgeteilt bekommen (vgl. die §§ 14, 14a VOB/A).[109]

---

[108]BGH, Urteil vom 30.08.2011 – X ZR 55/10 vorhergehend: OLG Koblenz, 22.03.2010 – 12 U 354/07.

[109]Vergabe- und Vertragsordnung für Bauleistungen Teil A (VOB/A) Hinweise für den überarbeiteten Abschnitt 1 VOB/A 2016 (BAnz AT 01.07.2016 B4).

2.5.1 Vergabeplattformen

In der Bundesrepublik haben sich etliche Vergabeplattformen im Internet etabliert. Diese E-Vergabeplattformen (EVP) dienen dazu, die elektronische Kommunikation zwischen Vergabestelle und Bieter im Rahmen förmlicher Vergabeverfahren zu unterstützen. Häufig unterstützt werden Funktionen für die Veröffentlichung von Bekanntmachungen über die Bereitstellung von Vergabeunterlagen, die Bieterkommunikation bis hin zur elektronischen Angebotsabgabe.

Wenn mittlerweile auch schon Bekanntmachungen zwischen den unterschiedlichen EVP ausgetauscht werden, so müssen die Unternehmen zum Zugriff auf die Vergabeunterlagen und insbesondere zur Kommunikation und elektronischen Angebotsabgabe sich auf vielen dieser EVP registrieren.

2.5.1.1 Grundprinzip

Die Nutzung des ÖAG erfolgt i. d. R. auf nur einer EVP. Hierbei unterscheiden sich diese in ihren grundsätzlichen Funktionen nur unwesentlich. Der ÖAG legt die Vergabe auf der EVP an und hinterlegt Daten zur Bekanntmachung und die eigentlichen Vergabeunterlagen und definiert die Vergabefristen. Wenn die EVP es unterstützt, definiert er, ob die elektronische Abgabe von Angeboten zugelassen wird.

Der Bieter gibt, wenn es möglich ist, sein Angebot elektronisch ab. Hierzu bedient er sich einer webbasierte Lösung zur Angebotsabgabe oder eines lokal auf dem Rechner des Bieters installierten Programms. Diese Applikationen werden i. d. R. „Bietertool" genannt. Aktuell gibt es unter den Bietertools noch keine Kompatibilität, so dass der Bieter von allen EVP das jeweilige Bietertool benutzen muss, um seine Angebote elektronisch abzugeben.

Die grobe Ablauffolge sieht danach wie folgt aus:

1. Bekanntmachung: Die Bekanntmachung ist bei europaweiten Vergaben im Supplement zum Amtsblatt der Europäischen Union (TED) zu veröffentlichen bei nationalen auf unterschiedlichen Veröffentlichungsorganen, wie z. B. www.bund.de.
2. Bereitstellung Vergabeunterlagen: Die Vergabe- bzw. Teilnahmeunterlagen sind an Bewerber zu übermitteln oder diesen (uneingeschränkt) bereitzustellen, die ihr Interesse an der Ausschreibung bekunden.
3. Bewerberkommunikation: Bei vielen Vergabeverfahren ergeben sich Aufklärungsfragen der Bewerber, die von Seiten der Vergabestellen (diskriminierungsfrei) beantwortet werden müssen sowie die Benachrichtigung über nicht berücksichtigte Bewerbungen.
4. Angebotsabgabe: Der zentrale Kommunikationsschritt im Vertragsanbahnungsprozess (§ 145 BGB).
5. Bieterkommunikation: Sowohl im Rahmen der Prüfung und Wertung als auch nach der Angebotswertung ergeben sich Kommunikationsbedarfe zwischen Vergabestelle und Bieter, seien es Aufklärungsfragen der Vergabestelle an die Bieter oder die Nachforderung von Nachweisen, bis hin zur Übermittlung der Mitteilungen von Zusage- oder Absagemitteilungen wie z. B. die Benachrichtigung über nicht berücksichtigte Angebote und natürlich die Übersendung des Zuschlags.

2.5.1.2 Bekanntmachungsplattform

Als eine reine Informationsplattform sind sog. Bekanntmachungsplattformen zu klassifi-
zieren. Diese dienen ausschließlich der Bekanntmachungen im Rahmen von Vergabeverfahren. Zu diesen gehören auch die offiziellen Plattformen TED (Tenders electronic daily),
dem ehemaligen Amtsblatt S der EU, in der alle Bekanntmachungen von Ausschreibungen
oberhalb der Schwelle EU-weit veröffentlicht werden müssen. Das nationale Pendant in
Deutschland ist die Plattform bund.de.

2.5.1.3 Vergabemanagementsysteme

Vergabemanagementsysteme (VMS) unterstützen die internen Abläufe des ÖAG und übernehmen insbesondere auch die revisionssichere Dokumentation der Vergabe im Rahmen
einer digitalen Vergabeakte (diVA). Solche VMS können ergänzend zu einer EVP zum
Einsatz kommen und gehören zu dem Bereich der E-Vergabe im weiteren Sinne.

2.6   Bekanntmachung

Eine Bekanntmachung der Ausschreibungsabsicht ist in zwei Fällen **zwingend** notwendig.
Einmal bei der Öffentlichen Ausschreibung nach § 12 Abs. 1 VOB/A und zum anderen
gemäß § 12 Abs. 2 VOB/A bei dem, einer Beschränkten Ausschreibung vorgelagerten,
Öffentlichen Teilnahmewettbewerb. Inhaltlich unterscheidet sich der Umfang der bekannt
zu machenden Informationen jedoch nicht. Die Bekanntmachung nach Abs. 2 hat lediglich
zum Ziel, dass die Unternehmen ihre Teilnahme am Wettbewerb beantragen müssen. Bei
der Bekanntmachung nach Abs. 1 erhält jedes Unternehmen, das sich gewerbsmäßig mit
den ausgeschriebenen Leistungen befasst (§ 6 VOB/A), die Vergabeunterlagen. Abb. 2.9
zeigt einen Ausschnitt aus einer Bekanntmachung.

> ▶ **Tipp**
> Bei einem nationalen Vergabeverfahren besteht kein Zwang, wo die betref-
> fende Ausschreibung bekannt gemacht wird. Wichtig ist, dass durch die Be-
> kanntmachung ein ausreichend großer Markt erreicht wird, damit ein ideeller
> Wettbewerb erreicht wird.

Das eigentliche Ziel der Bekanntmachung ist es, Bewerber für das Ausschreibungsverfahren zu erhalten, die Regeln dieser Norm dienen hierbei zum einen dem Prinzip der
Gleichbehandlung und Transparenz, zum anderen sollen möglichst viele Unternehmen
erreicht werden.

   Die Bekanntmachung hat in einer geeigneten Kombination aus Vergabeportalen und
z. B. in Tageszeitungen und/oder amtlichen Veröffentlichungsblättern und Internetportalen
zu erfolgen. Die Beschränkung der Bekanntmachung nur auf regionale Tageszeitungen
würde einen Verstoß gegen § 6 Abs. 1 VOB/A darstellen, da der Wettbewerb regional
eingeschränkt würde.

A. Gliederung und Erläuterung	B. Bekanntmachungstext
m) Sprache, in der die Angebote abgefasst sein müssen:	m) Sie sind in deutscher Sprache abzufassen
n) Personen, die bei der Eröffnung der Angebote anwesend sein dürfen:	n) Bieter und ihre Bevollmächtigten
o) Datum, Uhrzeit und Ort der Eröffnung der Angebote:	o) 04.03.2010 10:00, siehe a)
p) Gegebenenfalls geforderte Sicherheiten:	p) Für Vertragserfüllung in Höhe von 5 v. H. der Auftragssumme; für Mängelansprüche in Höhe von 2 v. H. der Abrechnungs- summe
q) Wesentliche Zahlungsbedingungen und/oder Verweisung auf die Vorschriften, in denen sie enthalten sind:	q) Abschlagszahlungen und Schlusszahlung nach VOB/B und ZVB/E-StB
r) Gegebenenfalls Rechtsform, die die Bietergemeinschaft, an die der Auftrag vergeben wird, haben muss:	r) Gesamtschuldnerisch haftende Arbeitsgemeinschaft mit bevollmächtigtem Vertreter
s) Verlangte Nachweise für die Beurteilung der Eignung des Bie-	s) Der Bieter hat zum Nachweis seiner Fachkunde,

Abb. 2.9 Ausschnitt aus einer Bekanntmachung

2.6.1 Inhalt der Bekanntmachung

Mit dem Inhalt sollen die interessierten Unternehmen in die Lage versetzt werden, entscheiden zu können, ob die auszuschreibende Leistung mit deren Leistungsspektrum übereinstimmt. Die in § 12 Abs. 1 Nr. 2 VOB/A aufgeführte Liste an Informationen, die publiziert werden soll, kann reduziert oder umfassender gestaltet werden. Entscheidend ist, wie die Branche, die angesprochen werden soll, den Inhalt verstehen kann.

a) Name, Anschrift, Telefon-, Telefaxnummer sowie E-Mail-Adresse des Auftraggebers (Vergabestelle),
b) gewähltes Vergabeverfahren,
c) gegebenenfalls Auftragsvergabe auf elektronischem Wege und Verfahren zu ihrer Ver- und Entschlüsselung,
d) Art des Auftrags,
e) Ort der Ausführung,
f) Art und Umfang der Leistung,
g) Angaben über den Zweck der baulichen Anlage oder des Auftrags, wenn auch Planungsleistungen gefordert werden,
h) falls die bauliche Anlage oder der Auftrag in mehrere Lose aufgeteilt ist, Art und Umfang der einzelnen Lose und Möglichkeit, Angebote für eines, mehrere oder alle Lose einzureichen,
i) Zeitpunkt, bis zu dem die Bauleistungen beendet werden sollen oder Dauer des Bauleistungsauftrags; sofern möglich, Zeitpunkt, zu dem die Bauleistungen begonnen werden sollen,

j)   gegebenenfalls Angaben nach § 8 Abs. 2 Nr. 3 zur Zulässigkeit von Nebenangeboten,

k)   Name und Anschrift, Telefon- und Faxnummer, E-Mail-Adresse der Stelle, bei der die Vergabeunterlagen und zusätzliche Unterlagen angefordert und eingesehen werden können,

l)   gegebenenfalls Höhe und Bedingungen für die Zahlung des Betrags, der für die Unterlagen zu entrichten ist,

m) bei Teilnahmeantrag: Frist für den Eingang der Anträge auf Teilnahme, Anschrift, an die diese Anträge zu richten sind, Tag, an dem die Aufforderungen zur Angebotsabgabe spätestens abgesandt werden,

n)   Frist für den Eingang der Angebote,

o)   Anschrift, an die die Angebote zu richten sind, gegebenenfalls auch Anschrift, an die Angebote elektronisch zu übermitteln sind,

p)   Sprache, in der die Angebote abgefasst sein müssen,

q)   Datum, Uhrzeit und Ort des Eröffnungstermins sowie Angabe, welche Personen bei der Eröffnung der Angebote anwesend sein dürfen,

r)   gegebenenfalls geforderte Sicherheiten,

s)   wesentliche Finanzierungs- und/oder Zahlungsbedingungen und/oder Hinweise auf die maßgeblichen Vorschriften, in denen sie enthalten sind,

t)   gegebenenfalls Rechtsform, die die Bietergemeinschaft nach der Auftragsvergabe haben muss,

u)   verlangte Nachweise für die Beurteilung der Eignung des Bewerbers oder Bieters,

v)   Zuschlagsfrist,

w) Name und Anschrift der Stelle, an die sich der Bewerber oder Bieter zur Nachprüfung behaupteter Verstöße gegen Vergabebestimmungen wenden kann.

Bei der Veröffentlichung zum Teilnahmewettbewerb können die Buchstaben l) bis n) entfallen.

▶   **Tipp**
Um tatsächlich nur Angebote geeigneter Unternehmer zu erhalten, ist es ratsam, die Nachweise für die Eignung der Bieter genau zu definieren. Bei der Sanierung einer historischen Mauerwerksfassade wird der Bieter diesbezügliche Referenzen vorweisen müssen und nicht nur einfach Referenzen aus dem Mauerwerksbau. Fehlen diese Angaben in der Bekanntmachung, kann sich der ÖAG später schlecht auf mangelnde Eignung berufen.

2.6.2 Information bei Beschränkter Ausschreibung

Ein wichtiger Aspekt zur deutlichen Transparenz der öffentlichen Beschaffung ist in der VOB/A sehr weit hinten zu finden. In § 19 Abs. 5 VOB/A wurde normiert, dass auch bei Beschränkten Ausschreibungen Informationen für den entsprechenden Markt zu veröffentlichen sind. Danach sind Unternehmen fortlaufend über beabsichtigte Beschränkte Ausschreibungen nach § 3a Abs. 2 Nr. 1 VOB/A zu informieren.

Übersteigt der voraussichtliche Auftragswert 25.000 EUR/netto, so sind nachfolgende Informationen auf Internetportalen oder in dem Beschafferprofil des ÖAG zu veröffentlichen:

- Name, Anschrift, Telefon-, Faxnummer und E-Mail-Adresse des Auftraggebers,
- Auftragsgegenstand,
- Ort der Ausführung,
- Art und voraussichtlicher Umfang der Leistung,
- voraussichtlicher Zeitraum der Ausführung.

Die Inhaltstiefe der Informationen wird hier mit denen der in § 12 Abs. 1 Nr. 2 VOB/A genannten übereinstimmen müssen. Die Vorschrift ist jedoch keine Bekanntmachung, sondern lediglich eine reine Information des Marktes.

▶ **Tipp**
Unternehmen, die sich auf eine solche Information hin bewerben, haben keinen Rechtsanspruch auf eine Beteiligung am Wettbewerb. Es liegt im Ermessen des ÖAG, zu entscheiden, welche geeigneten Unternehmen beteiligt werden sollen.

▶ **Tipp**
Es wird hier hilfreich sein, wenn der ÖAG in diesen Bekanntmachungen auf den fehlenden Rechtsanspruch hinweist.
„Der AG begrenzt die Anzahl der zusätzlichen Bewerber auf 3. Interessenbekundungen werden in der Reihenfolge Ihrer Eingänge berücksichtigt und führen zu keinem verbindlichen Anspruch zur Beteiligung am Vergabeverfahren."

2.7   Abstimmen und Koordinieren der Leistungsbeschreibungen

Neben der Verpflichtung, Ergebnisse anderer Planer in den eigenen Leistungsbeschreibungen mit zu berücksichtigen, kommt auf den Planer die Aufgabe zu, die von Fachplanern eigenständig erstellten Leistungsbeschreibungen abzustimmen und die Mengen- und Leistungsansätze dahin gehend zu überprüfen, dass keine Überschneidungen vorliegen.

Literatur

Beck-Komm.   Motzke/Pietzcker/Prieß, Beck'scher VOB-Kommentar, VOB Teil A, 1. Auflage 2001

H/R/R   Heiermann/Riedl/Rusam, Handkommentar zur VOB, 13. Auflage 2013, Springer Vieweg

I/K   Ingenstau/Korbion – VOB Teile A und B – Kommentar, Hrsg. Horst Locher, Klaus Vygen unterschiedliche Auflagen

IBR	Zeitschrift Immobilien- und Baurecht, Herausgeber: RA Dr. Alfons Schulze-Hagen, Mannheim, FA für Bau- und Architektenrecht, Mannheim
K/M bzw. K/M3	Kapellmann/Messerschmidt, VOB Teile A und B, herausgegeben von RA Prof. Dr. Klaus Kapellmann und RA Dr. Burkhard Messerschmidt, Beck'scher Kurzkommentar, 2. Auflage 2007 und 3. Auflage 2010
NJW	Neue Juristische Wochenschrift, herausgegeben von Prof. Dr. Wolfgang Ewer, Rechtsanwalt in Kiel u. a.
NVwZ	Neue Zeitschrift für Verwaltungsrecht, C.H. Beck, herausgegeben von Prof. Dr. Rüdiger Breuer u. a.
NZBau	Privates Baurecht – Recht der Architekten, Ingenieure und Projektsteuerer – Vergabewesen, herausgegeben von Rechtsanwalt Prof. Dr. Klaus D. Kapellmann, Mönchengladbach (geschäftsführender Herausgeber) u. a.
VHB	Vergabe- und Vertragshandbuch für Baumaßnahmen des Bundes (VHB), VHB 2008 – Stand August 2016
Weyand	Rudolf Weyand, ibr-online-Kommentar Vergaberecht, Stand 14.09.2015

Mitwirkung bei der Vergabe

3

Andreas Belke

Die Grundleistung umfasst die Zusammenstellung aller Vergabeunterlagen und das anschließende Einholen von Angeboten. Dabei empfiehlt es sich, die Auswahl der Bieter im Einklang mit dem Bauherrn vorzunehmen, zumindest durch Vorlage einer Auflistung der einzuladenden Firmen, und seine Zustimmung zu erwirken.

3.1 Zusammenstellen der Vergabeunterlagen

Inhaltlich sind unter dem Begriff Vergabeunterlagen nach § 8 Abs. 1 Nr. 1 VOB/A das Anschreiben an die Bewerber und soweit notwendig die Bewerbungsbedingungen (BWB), die Vertragsunterlagen (Nr. 2), die Leistungsbeschreibung nach § 7 VOB/A sowie die Allgemeinen und Besonderen Vertragsbedingungen zusammengefasst.[1]

Notwendige Vergabeunterlagen sind danach

- das Anschreiben,
- die Leistungsbeschreibung (§§ 7 bis 7c VOB/A) und
- die Allgemeinen Vertragsbedingungen bestehend aus VOB Teil B und C.

Weiterhin können als Vergabeunterlagen hinzugefügt werden

- Zusätzliche Vertragsbedingungen (ZVB),
- Besondere Vertragsbedingungen (BVB),

---

[1] Siehe auch Ziff 1.2.3.2.

© Springer Fachmedien Wiesbaden GmbH 2017
A. Belke, *Vergabepraxis für Auftraggeber*, DOI 10.1007/978-3-658-17049-3_3

- Zusätzliche Technische Vertragsbedingungen (ZTVB) und
- Besondere Technische Vertragsbedingungen als Teil (Vorbemerkung) der Leistungs-
beschreibung.
- Dass die Leistungsbeschreibung doppelt versandt werden soll, wurde mit der 2009er
Novellierung abgeschafft. Mit der digitalen Abgabe der Unterlagen erübrigt sich
dieses ohnehin.

3.1.1 Anschreiben

An die Aufforderung zur Abgabe eines Angebotes werden nach § 8 Abs. 2 VOB/A spezielle Anforderungen gestellt. Diese sind in den Mustern der Vergabehandbücher enthalten,
können jedoch auch unter Berücksichtigung der Normierung frei formuliert werden und
müssen alle notwendigen Angaben nach § 12 Abs. 1 Nr. 2 VOB/A enthalten, sofern diese
nicht bereits veröffentlicht wurden.

Im Einzelnen handelt es sich hier um:

- Name, Anschrift, Telefon-, Telefaxnummer sowie E-Mail-Adresse des Auftraggebers
(Vergabestelle),
- gewähltes Vergabeverfahren,
- gegebenenfalls Auftragsvergabe auf elektronischem Wege und Verfahren zu ihrer Ver-
und Entschlüsselung,
- Art des Auftrags,
- Ort der Ausführung,
- Art und Umfang der Leistung,
- Angaben über den Zweck der baulichen Anlage oder des Auftrags, wenn auch Planungsleistungen gefordert werden,
- falls die bauliche Anlage oder der Auftrag in mehrere Lose aufgeteilt ist, Art und
Umfang der einzelnen Lose und Möglichkeit, Angebote für eines, mehrere oder alle
Lose einzureichen,
- Zeitpunkt, bis zu dem die Bauleistungen beendet werden sollen oder Dauer des
Bauleistungsauftrags; sofern möglich, Zeitpunkt, zu dem die Bauleistungen begonnen
werden sollen,
- gegebenenfalls Angaben nach § 8 Abs. 2 Nr. 3 VOB/A zur Zulässigkeit von Nebenan-
geboten,
- gegebenenfalls geforderte Kalkulationsnachweise, wie Urkalkulation oder EFB-
Preisblätter,
- Name und Anschrift, Telefon- und Faxnummer, E-Mail-Adresse der Stelle, bei der die
Vergabeunterlagen und zusätzliche Unterlagen angefordert und eingesehen werden
können,
- Frist für den Eingang der Angebote,

- Anschrift, an die die Angebote zu richten sind, gegebenenfalls auch Anschrift, an die Angebote elektronisch zu übermitteln sind,
- Sprache, in der die Angebote abgefasst sein müssen,
- Datum, Uhrzeit und Ort des Eröffnungstermins sowie Angabe, welche Personen bei der Eröffnung der Angebote anwesend sein dürfen,
- gegebenenfalls geforderte Sicherheiten,
- wesentliche Finanzierungs- und/oder Zahlungsbedingungen und/oder Hinweise auf die maßgeblichen Vorschriften, in denen sie enthalten sind,
- gegebenenfalls Rechtsform, die die Bietergemeinschaft nach der Auftragsvergabe, haben muss,
- verlangte Nachweise für die Beurteilung der Eignung des Bewerbers oder Bieters,
- Zuschlagsfrist,
- Name und Anschrift der Stelle, an die sich der Bewerber oder Bieter zur Nachprüfung behaupteter Verstöße gegen die Vergabebestimmungen wenden kann (§ 21 VOB/A).

In den Mustern des VHB sind diese Angaben teilweise in den BVB enthalten. Diese Art der Angaben erscheint unbedenklich, da den Bewerbern zusammen mit dem Anschreiben alle Vergabeunterlagen zur Verfügung gestellt werden. § 12 Abs. 1 Nr. 2 lit l) und m) VOB/A sind entbehrlich, da diese Angaben immer in der Bekanntmachung enthalten sein müssen oder eben nicht zur Anwendung kommen können.

Abb. 3.1 zeigt einen Mustertext.

3.1.2 Nebenangebote

Nebenangebote sind Angebote, die eine Abweichung von der vorgesehenen Leistungsausführung darstellen. Das Nebenangebot ist ein vom Bieter unabhängig erstelltes Angebot, sodass bereits ein angebotener Pauschalfestpreis, der Bedingungen enthält, als ein Nebenangebot zu betrachten ist.[2] Somit ist neben der Abweichung von der vorgesehenen technischen Art und Bauzeit auch eine Abweichung von der vorgesehenen Zahlungsmodalität ein Nebenangebot.

Prinzipiell ist es notwendig, in den Vergabeunterlagen anzugeben, ob Nebenangebote gemäß § 10 Abs. 2 Nr. 3 VOB/A zugelassen werden. Dann ist es auch notwendig anzugeben, dass das wirtschaftlich günstigste Angebot bezuschlagt wird, nicht der Preis ist einziges Zuschlagskriterium.[3]

Auch wenn in § 13 VOB/A die Verpflichtung des Bieters zum Gleichwertigkeitsnachweis normiert wird, ergibt sich für den Planer die teils schwierige Aufgabe, aus den vorge-

---

[2] VK Brandenburg, Beschluss vom 01.03.2005 – VK 8/05 | IBR 2006 1343, die Wertung des Nebenangebotes wurde hier abgelehnt.

[3] OLG Düsseldorf, Beschluss vom 07.01.2010 – Verg 61/09 | IBR 2010, 585.

Aufforderung zur Abgabe eines Angebotes

Sehr geehrter Bewerber,

wir führen unter der Nr. _____ für die Baumaßnahme _____ und das Gewerk _____ eine Öffentliche (Beschränkte) Ausschreibung (Freihändige Vergabe) durch.

Der Termin zur Abgabe bzw. Eröffnungstermin des Angebotes ist auf den _____ um _____ Uhr festgelegt. Die Zuschlagsfrist beträgt 30 Kalendertage und endet damit am _____. Als Ausführungsfristen gelten die verbindlichen Termine Baubeginn am _____ und Fertigstellung am _____.

Mit diesem Schreiben erhalten Sie nachfolgend aufgelistete Anlagen:

....

Die oben aufgeführten Anlagen BWB verbleiben bei Ihnen und müssen nicht zurückgegeben werden.

Wir beabsichtigen, die in der beiliegenden Leistungsbeschreibung bezeichneten Leistungen im Namen und für Rechnung _____ zu vergeben.

Auskünfte erhalten Sie auf Anfrage über das Vergabeportal auf elektronischem Wege. Telefonische Auskünfte werden nicht erteilt.

Nachfolgende Nachweise und Erklärungen sind mit dem Angebot abzugeben:

....

Für Ihre Angebotsabgabe sind die Vergabeunterlagen an _____ Stellen zu unterzeichnen und in einem verschlossenen Umschlag bis zum o. g. Eröffnungstermin an (Planer oder den ÖAG)_____ zurückzusenden. Der Umschlag ist mit einer deutlichen Kennung zu dieser Ausschreibung zu versehen, sodass eine versehentliche Öffnung vermieden wird. Zudem können Sie die Angebote auf diesem Vergabeportal elektronisch in Textform abgeben.

Zur Nachprüfung behaupteter Verstöße gegen die Vergabebestimmungen (§ 21 VOB/A) können Sie sich an _____ wenden.

Mit freundlichen Grüßen

Planer

n Seiten Anlagen

Abb. 3.1 Mustertext Aufforderung zur Abgabe eines Angebotes

legten Nachweisen erkennen zu können, ob die Ausführung des Nebenangebotes tatsächlich eine vergleichbare Leistung zur ursprünglich geforderten ist. Deshalb sollte der Planer in den Vergabeunterlagen angeben, welche Anforderungen er an die Gleichwertigkeit der Nebenangebote stellt. Bei der Prüfung der Gleichwertigkeit gilt nicht der Maßstab des § 7 Abs. 8 VOB/A. Sinn und Zweck eines leistungsbezogenen Nebenangebots ist es, gerade eine Variante anzubieten, die von der Leistungsbeschreibung abweicht bzw. außerhalb des Spielraums liegt, der hinsichtlich des Hauptangebots durch den Zusatz „oder gleichwertig" eröffnet wird.[4]

3.1.3   Vertragsbedingungen

Der Planer muss gemäß § 8a Abs. 1 VOB/A als Vertragsbedingung die VOB Teil B und Teil C einbinden.

Die VOB/B darf dabei nach § 8a Abs. 2 Nr. 14 VOB/A nicht geändert werden. Der ÖAG darf evtl. von ihm vorgesehene Änderungsnotwendigkeiten zur VOB/B in den ZVB festlegen. Die BVB enthalten für die einzelne Baumaßnahme individuell notwendige Angaben gemäß § 8a Abs. 4 VOB/A, wie die Definition der Ausführungsfristen, der Vertragsstrafe, der Sicherheitsleistungen und weiterer. Ebenso wie Teil B darf auch der Teil C der VOB, als TVB hinzugefügt, nicht verändert werden. Änderungen zur VOB/C werden in den ZTVB (z. B. ZTV Asphalt-StB, ZTV-ING, ZTV/E-StB) definiert.

3.1.3.1   Ausführungsfristen

Bei der Bemessung der Ausführungsfristen nach § 9 Abs. 1 Nr. 1 VOB/A **muss** der Planer einen objektiven Bemessungshorizont zugrunde legen. Besonderheiten wie Jahreszeit, Arbeitsbedingungen und etwaige besondere Schwierigkeiten sind zu berücksichtigen. Auch die Zeit zur Vorbereitung des späteren AN vor dem Baubeginn ist zu berücksichtigen. Hier wird der Planer subjektive Bemessungsansätze heranziehen müssen, denn er kann lediglich branchenübliche Vorbereitungszeiten berücksichtigen. So wird der Tischler, der Einrichtungsgegenstände einbauen muss, einen längeren Vorlauf benötigen als der Estrichleger. Zu kurz bemessene Fristen könnten zu einem späteren Verlust der Vertragsstrafe führen.[5] Wenn auch andere zu einem gegenteiligen Ergebnis gekommen sind,[6] ist der Planer gut beraten, eine sachgerechte Terminplanung durchzuführen.

Ausführungsfristen müssen in den Vergabeunterlagen nicht unbedingt angegeben werden. Der Planer kann auch vorsehen, dass der AN „nach Aufforderung" beginnen muss (§ 9 Abs. 1 Nr. 3 VOB/A). In diesem Fall hat der AN dann aber innerhalb von 12 Werktagen (§ 5 Abs. 2 Satz 2 VOB/B) zu beginnen.

---

[4] OLG Koblenz: Beschluss vom 26.07.2010 – 1 Verg 6/10 | IBRRS 76131.

[5] OLG Jena, Urteil vom 22.10.1996 – 8 U 474/96 (133).

[6] Langen in K/M.

Für die übrigen Termine gilt, dass diese als verbindliche Termine gemäß § 9 Abs. 2 Nr. 2 VOB/B gekennzeichnet werden müssen. Für den Baubeginn und den Fertigstellungstermin gilt, wenn diese konkret angegeben sind, immer die Verbindlichkeit. Unkonkrete Termine, Formulierungen wie „ca.", „ungefähr" oder „spätestens bis zum", können zu Streitigkeiten führen. Hier kann der Auftraggeber einen Zeitraum innerhalb der Definitionsgrenze einfordern.[7]

Sind zusätzlich zu den Unterlagen der Leistungsbeschreibung weitere, wie z. B. Zeichnungen, zu übergeben, so sind auch hierfür gemäß § 9 Abs. 3 VOB/A Fristen vorzusehen.

Wurde die Ausschreibung mit zwischenzeitlich überholten Terminen durchgeführt, hat dies keine Auswirkungen auf den Zuschlag: Dieser kann dennoch erfolgen. Hiervon unberührt bleibt der Anspruch des AN auf Anpassung der Leistungszeit und der Vergütung.[8]

3.1.3.2 Vertragsstrafen

Diese Bonus-Malus-Regelung darf nur dann vereinbart werden, wenn gemäß § 9a VOB/A erhebliche Gründe dafür sprechen. Erhebliche Gründe für eine Vertragsstrafe liegen vor, wenn die Überschreitung von Vertragsfristen zu erheblichen Nachteilen führt. Das kann z. B. dann sein, wenn mit nicht fristgerechter Fertigstellung der Verlust von Fördermitteln einhergeht[9]. Damit reduziert sich eine mögliche Vertragsstrafe auf den Fall, dass die vereinbarten Termine überschritten werden. Eine Missachtung dieser Regelung, insbesondere des Tatbestandes, dass erhebliche Gründe vorliegen müssen, bedeutet nicht, dass das spätere Vertragsstrafenversprechen ungültig ist.[10] Eine Sanktion des ÖAG erfolgt bei nationalen Vergaben nicht. Hier hat dieser ggf. mit innerdienstlichen Konsequenzen zu rechnen.

Die Höhe der Vertragsstrafe wird mit „angemessen" bezeichnet. Damit liegt der Vertragsstrafenwert der Gesamtauftragssumme für die kalendermäßige Überschreitung zwischen 0,20 und 0,30 %[11] je Arbeitstag bei längerfristigen[12] Aufträgen. Die Obergrenze muss dabei auf 5 % der Brutto-Auftragssumme beschränkt werden.[13] Wird die Vertragsstrafe an Baubeginn und Fertigstellung gebunden, so ist bereits eine über 0,2 % hinausgehende Strafe unwirksam, dies ergibt sich aus der Kumulation der Vertragsstrafe für Verzögerungen bei Beginn und Fertigstellung.[14]

▶ **Tipp**
Die Gründe für die Verwendung einer Vertragsstrafenregelung sollten im Vergabevermerk hinreichend sachgerecht dokumentiert werden.

---

[7] KG, Urteil vom 15.07.2008 – 21 U 40/07 | IBR 2009 317.

[8] BayObLG, Beschluss vom 15.07.2002 – Verg 15/02 | IBR 2002 Heft 9 500.

[9] OLG Naumburg, Urteil v. 8.1.2001 – Az.: 4 U 152/00.

[10] BGH, Urteil vom 30.03.2006 – VII ZR 44/05 | IBR 2006 Heft 7 385.

[11] Kniffka in Kniffka/Koeble, Kompendium des Baurechts 3. Auflage 2008, 7. Teil, Rdn. 55.

[12] mehr als 6 Wochen.

[13] BGH, Urteil vom 23.01.2003 – VII ZR 210/01 | IBR 2003 Heft 6 291.

[14] OLG Nürnberg: 13 U 201/10 vom 24.03.2010 | IBRRS 75069.

3.1.3.3 Beschleunigungsvergütung

Auch die Beschleunigungsvergütung darf gemäß Satz 2 vergaberechtlich nur dann vorgesehen werden, wenn erhebliche Vorteile daraus resultieren. An die Höhe der Prämien werden keine Forderungen gestellt.

3.1.3.4 Geforderte Sicherheiten

Mit der 2009er Novellierung wurde die bisher oftmals wenig beachtete Regelung, dass auf Sicherheitsleistung ganz oder teilweise verzichtet werden soll, mit einer Wertgrenzenregelung konkretisiert (§ 9a Abs. 1 VOB/A), da der definierte Ausnahmefall „wenn Mängel der Leistung nach voraussichtlich nicht eintreten" eine bautechnische unmögliche Einschätzung voraussetzte. Nunmehr dürfen Vertragserfüllungssicherheiten nur **nicht mehr vereinbart werden**, wenn die (geschätzte) **Auftragssumme 250.000 EUR/ netto unterschreitet**. Dieser Verzicht gilt auch regelmäßig bei Sicherheitsleistung für die Mängelansprüche.

Der zu beachtende regelmäßige Verzicht auf die Sicherheiten bei Beschränkten Ausschreibungen und Freihändigen Vergaben beruht auf der theoretischen Erkenntnis des ÖAG, dass dieser sich zusammen mit dem Planer über die Eignung der Bieter bereits mit Aufforderung zur Angebotsabgabe ein klares Bild machen konnte und ihm somit eine Risikominimierung möglich ist.

Damit muss bei der Überlegung, ob eine Beschränkte Ausschreibung der öffentlichen vorgezogen werden soll, abgewogen werden, ob auf Sicherheitsleistungen verzichtet werden kann.[15]

Die Höhe der Sicherheit für die Vertragserfüllungssicherheit soll nicht höher bemessen werden als nötig. Eine Obergrenze wurde bisher noch nicht juristisch ermittelt. Per Definition sind 5 % der Auftragssumme angegeben. Das VHB nennt für den Fall, dass ein ungewöhnlich hohes Risiko erwartet wird, 10 % als Obergrenze. Die Sicherheit für Mängelansprüche soll nicht mehr als 3 % der Abrechnungssumme betragen.

3.1.3.5 Preisanpassungsoption

Die in § 9d VOB/A genannte Option ist nicht zu verwechseln mit den Preisanpassungsinstrumenten des § 2 VOB/B bzw. § 22 VOB/A. Hier soll vielmehr auf zukünftige Ereignisse, die eine Änderung der Preisermittlungsgrundlagen erwarten lassen, vorsorglich Einfluss genommen werden. Läuft die ausgeschriebene Maßnahme über eine längere Zeit, so sind Kostensteigerungen wahrscheinlich, aber kalkulatorisch kaum zu erfassen. Hierzu sollen somit Anpassungsinstrumente vorgesehen werden. Das VHB definiert als „längere Zeit" einen über 10 Monate hinausgehenden Zeitraum. Bei Pauschalpreisvereinbarungen ist dieser Zeitraum geringer anzusetzen.

---

[15] Siehe auch Ziff. 2.2.2.

3.1.4   Kostenerstattung

3.1.4.1 Für die Vergabeunterlagen

Nach § 8b Abs. 1 Nr. 1 VOB/A kann der ÖAG nur bei einer öffentlichen Ausschreibung die Erstattung der Vervielfältigungs- und der Versandkosten für die Vergabeunterlagen verlangen. Wobei diese Forderung nur noch theoretischer Natur sein wird, denn gemäß § 11 Abs. 2 VOB/A sind die Vergabeunterlagen elektronisch und nach Abs. 3 unentgeltlich zur Verfügung zu stellen.

3.1.4.2   Für das Angebot

Dem Bieter steht nach § 8b Abs. 2 Nr. 1 Satz 1 VOB/A keine Entschädigung für die Bearbeitung seines Angebotes zu.

Dies wird jedoch durch Satz 2 aufgehoben, wenn der Bieter Entwürfe, Pläne, Zeichnungen, statische Berechnungen, Mengenberechnungen oder andere Unterlagen ausarbeiten musste. Eine Erstattung ist unzweifelhaft in den Fällen einer Leistungsbeschreibung mit Leistungsprogramm zu gewähren. Den Bietern steht eine angemessene Entschädigung zu. Diese könnte sich an den Bemessungsregen der HOAI orientieren. Mit dieser Regelung soll der Bieter im Weiteren davor geschützt werden, dass Planungsleistungen zum Zeitpunkt der Angebotsbearbeitung auf ihn abgeschoben werden.

Werden die Kosten nicht erstattet, so stehen den Bietern Schadensersatzansprüche zu.[16]

3.1.5   Die Bietercheckliste

Um die Fehler bei der Bearbeitung der Vergabeunterlagen zu verringern, sollte dem Bieter eine Checkliste (Tab. 3.1) zur Verfügung gestellt werden, anhand derer er überprüft, ob alle Forderungen erfüllt wurden.

3.1.6   Urkalkulation und Formblätter Preis

Bei größeren oder komplizierten Bauvorhaben macht es Sinn, dass von den Bewerbern genaue Unterlagen zur Preisermittlung gefordert werden. Hierzu eignet sich die Anforderung der Urkalkulation nach der Angebotsöffnung, jedoch vor Zuschlagserteilung, oder die Verwendung der Formblätter Preis des VHB.

3.1.6.1   Urkalkulation

Als Urkalkulation wird die dem ÖAG überlassene versiegelte Fassung einer Angebotskalkulation des Bieters bezeichnet. Zu Form und Inhalt einer Urkalkulation sind keine Normen verfasst. Es bleibt dem Bieter überlassen, ob er eine detaillierte Angebotskalkulation

---

[16] Weyand, § 20 VOB/A, Ziff. 101.4.6.6.

Tab. 3.1 Beispiel einer Checkliste

Haben Sie alle Ausschreibungsunterlagen aufmerksam durchgelesen? Dies sollten Sie tun, **bevor** Sie mit der Bearbeitung der Ausschreibung beginnen!
Haben Sie alle Angebotsunterlagen vollständig zusammengestellt und übersichtlich aufbereitet?
Haben Sie Ihre Firmenbezeichnung, den Namen und die Postanschrift angegeben?
Haben Sie alle einzureichenden Unterlagen und Formblätter vollständig ausgefüllt und falls nötig mit Datum und Unterschrift versehen?
Haben Sie alle geforderten Unterlagen beigelegt, mit denen Sie Ihre Leistungsfähigkeit und Zuverlässigkeit nachweisen müssen?
Haben sie Unterlagen beigelegt, die in den Vergabeunterlagen im Anschreiben nicht gefordert wurden? Verzichten Sie auf diese lieber, wenn sie keinen direkten Bezug zum Auftrag haben.
Haben Sie **alle Einheitspreise** und Gesamtpreise angegeben?
Haben Sie das Angebot mit einem Datum versehen und rechtsgültig unterzeichnet?
Wollen Sie irgendetwas an den Ausschreibungsunterlagen, zum Beispiel am Leistungsverzeichnis, ändern? **Vorsicht!** Dies ist **NICHT** zulässig!
Haben Sie Alternativangebote vorgelegt? Überprüfen Sie, ob diese laut Ausschreibungstext zulässig sind und in welcher Form diese eingereicht werden müssen!
Haben Sie nur für einen Teil der Ausschreibung geboten? Überprüfen Sie ebenfalls, ob dies laut Ausschreibungstext zulässig ist!
Geben Sie Leistungen an Subunternehmer weiter? Eventuell müssen Sie dies dem Auftraggeber mitteilen, sofern es in den Ausschreibungsunterlagen verlangt ist!
Wollen Sie dem Angebot Ihre Allgemeinen Geschäftsbedingungen beifügen? **Vorsicht!** Dies ist fast nie erlaubt.
Haben Sie Ihr Angebot in einem verschlossenen Umschlag eingereicht und entsprechend den Bestimmungen der Ausschreibungsunterlagen versiegelt und gekennzeichnet?
Prüfen Sie bei elektronischer Angebotsabgabe, ob ggf. eine spezielle Signatur verlangt wird.
Haben Sie auf die Einhaltung der Angebotsfrist geachtet?
Wollen Sie Änderungen vornehmen, nachdem Sie das Angebot beim Auftraggeber eingereicht haben? Änderungen/Ergänzungen zu Ihrem Angebot können Sie vornehmen, solange die Angebotsfrist läuft. Beachten Sie, dass sich dadurch Änderungen im Preis ergeben können, die Sie ausdrücklich anzugeben haben. Änderungen müssen mit Datum und Unterschrift versehen werden.

ausweist. Jede Form der Kalkulation, die nachweislich zu dem angegebenen Preis führt, wird als Urkalkulation bezeichnet. Die Urkalkulation wird zur Preisfindung geöffnet und herangezogen, wenn neue bzw. geänderte Preise auf Grundlage des § 2 Abs. 5 und 6 VOB/B für zusätzliche oder geänderte Leistungen, nicht einvernehmlich vereinbart werden können. Neben der Preisfindung im Nachtragsfall kann die Urkalkulation auch zur Überprüfung der Preisangemessenheit herangezogen werden.[17]

---

[17] http://de.wikipedia.org/wiki/Kalkulation.

> **Tipp**
> Vor Zuschlagserteilung wird der Bieter aufgefordert, die Urkalkulation in
> einem unverschlossenen Umschlag vorzulegen. Nach Feststellung, dass sich
> tatsächlich die Urkalkulation im Umschlag befindet, wird dieser in Anwesen-
> heit des Bieters verschlossen und beim ÖAG hinterlegt.[18]

Damit ist a) sichergestellt, dass der Planer im Falle einer strittigen Nachtragsforderung auf
eine richtige Urkalkulation zurückgreifen kann und hat b) der spätere AN die Sicherheit,
dass der Inhalt der Urkalkulation keinem Unbefugten zugänglich gemacht wird.

3.1.6.2 Formblätter Preis

Um der unnormierten Urkalkulation eine allgemein verständliche Lesart zu geben, wurden
die EFB-Preisblätter von staatlichen Bauverwaltungen und Verbänden der Bauwirtschaft
gemeinsam entwickelt. Im Vergabehandbuch des Bundes (VHB) wurden diese unter dem
Namen „Formblätter Preis" mit den Nummern 221 bis 223 geführt.

Je nach ausgeschriebenem Gewerk werden unterschiedliche Formblätter vorgegeben. In
vielen Fällen werden die Formblätter 221 und 222 gleichzeitig zugesandt. Der Bewerber
kann in diesem Fall zwischen den beiden Varianten wählen. Auszufüllen ist immer eine
Variante des Formblatts „Preisermittlung bei Zuschlagskalkulation" oder 222 „Preisermittlung bei Kalkulation über die Endsumme" und das Formblatt 223 „Aufgliederung wichtiger Einheitspreise". Im 223 werden die zu erläuternden Teilleistungen vom Auftraggeber
vorgegeben (Tab. 3.2).

Die Formblätter werden nicht Vertragsbestandteil, da im Vertrag nur die Preise, nicht
aber die Art ihres Zustandekommens und insbesondere nicht die einzelnen Preisbestandteile
vereinbart werden.[19]

Wurden die Preisblätter nicht bereits (vorsorglich) mit dem Angebot angefordert, darf
der ÖAG diese nicht allein deshalb nachfordern, weil er sich dies vorbehalten hat (oder dies
in einem Vergabehandbuch oder einer Dienstanweisung so geschrieben steht). Vielmehr
braucht er dafür einen Anlass im Sinne des § 16b VOB/A.[20]

> **Tipp**
> Der ÖAG sollte zur Vermeidung eines zu großen Ausfüllaufwands vom Bieter
> nur die wichtigen/wesentlichen Positionen in 223 verlangen. Zudem ist es
> ratsam, diese mit Abgabe des Angebotes zu verlangen, damit der Bieter nicht
> später – wenn die Angaben unter Fristsetzung nachgefordert werden – aus
> dem Angebot „flüchten" kann.

---

[18] OLG München, Beschluss vom 16.01.2007 – 27 W 3/07 | IBR 2007 Heft 9, 468.
[19] Handwerkskammer Niederbayern-Oberpfalz.
[20] OLG Koblenz, Beschluss vom 19.01.2015 – Verg 6/14.

Tab. 3.2 Formblatt 223

Aufgliederung der Einheitspreise							
Bieter:						Vergabenr.	Datum
Baumaßnahme:							22.03.2010
Angebot für:							

Angaben zur Kalkulation über die Endsumme

OZ	Kurzbezeichnung der Teilleistung	Einheit	Zeitansatz	Teilkosten einschl. Zuschläge je OZ			
			h	Löhne	Stoffe	Geräte	EP
1	2	3	4	5	6	7	8
1.	Ortbeton	m³	1,3	36,50	85,36	23,14	145,00
2.	Sauberkeitsschicht	m²	5	140,40	69,60		210,00
3.	PVC-Fugenband	m	1	28,08	22,92		51,00

3.2 Einholen von Angeboten

3.2.1 Bewerberauswahl bei der Beschränkten Ausschreibung

Die Beschränkte Ausschreibung ohne Öffentlichen Teilnahmewettbewerb findet ausschließlich unterhalb der Schwellenwerte Anwendung.

Bei der Beschränkten Ausschreibung ohne Öffentlichen Teilnahmewettbewerb erfolgt die Auswahl der Bewerber auf der ersten Verfahrensstufe weitgehend formfrei. Der Planer hat i. d. R. nur ein Vorschlagsrecht und darf die Bewerber nicht selbstständig festlegen.[21]

3.2.1.1 Bewerberwechsel

Damit nicht nur dem Planer oder ÖAG bekannte Unternehmen ausgewählt werden und somit eine Marktabschottung entsteht, normiert § 6 Abs. 2 Nr. 3 VOB/A, dass unter den Bewerbern möglichst gewechselt werden soll. Weiterhin ist bei der Auswahl zu beachten, dass der Wettbewerb nicht auf einen Ort oder eine Region beschränkt werden darf (§ 6 Abs. 1 Nr. 1 VOB/A). Die Nichtbeschränkung auf einen Ort ist nicht schwierig. Für die Region existiert keine genauere räumliche Definition. Insofern wird im Bereich der nationalen Auftragsvergabe eine Beschränkung auf Bewerber innerhalb eines Landkreises z. B. eine Beschränkung auf eine bestimmte Region darstellen.

---

[21] Zum Beispiel: Gleichlautende Verwaltungsvorschrift der Landesregierung Rheinland-Pfalz zur Bekämpfung der Korruption in der öffentlichen Verwaltung vom 7. November 2000 in der Fassung vom 29. April 2003.

Tab. 3.3 Beispiel einer Bewerbermatrix

Bewerber	Ort	Kreis	Maßnahmen			Häufung
			1	2	n	
1	Gronau	Borken	X			1
2	Schöppingen	Borken		X	X	2
3	Münster	Münster			X	1
4	Billerbeck	Coesfeld		X		1
5	**Bocholt**	**Borken**	**X**	**X**	**X**	**n**
6	Wesel	Wesel		X		1

Der ÖAG wird hier Listen führen müssen, aus denen hervorgeht, welche Bewerber zu welchen Leistungen und Bauvorhaben bereits aufgefordert wurden. Generell ist für eine solche Differenzierung eine Bewerbermatrix geeignet (Tab. 3.3).

Die Häufung der Angebotsaufforderungen bei Bewerber Nr. 5 muss als kritisch angesehen werden, da hier kein Wechsel stattfand, der Bewerber wurde bei jeder Ausschreibung aufgefordert.

3.2.1.2 Eignungsprüfung

Vor Angebotsaufforderung muss der Auftraggeber die Eignung der Bewerber gemäß § 6b Abs. 4 VOB/A prüfen. Eine bestimmte Form ist hierbei nicht vorgeschrieben.

Nachdem der ÖAG die Unternehmen festlegte, die der Eignungsprüfung unterzogen werden sollen, wendet sich der Planer – idealerweise in Textform – an die Unternehmen um die erforderlichen Angaben zu erhalten.

Soweit er die Eignung nicht aufgrund von bisherigen dokumentierten Erfahrungen, die nicht älter als ein Jahr sein sollten, verlässlich beurteilen kann, muss der Planer die Bewerber zunächst auffordern, entsprechende Nachweise oder Eigenerklärungen vorzulegen. Im Anschluss erfolgt die Aufforderung zur Angebotsabgabe. Der Rückgriff auf die allgemein zugängliche Liste des Vereins für die Präqualifikation von Bauunternehmen e. V. beschleunigt diese Prüfung. Die Zahl der aufzufordernden Bewerber soll bei mindestens drei liegen (§ 6 Abs. 2 Nr. 2 Satz 1 VOB/A).

Für die Auswahl der Bewerber gelten die allgemeinen und in § 6b Abs. 4 VOB/A explizit genannten Vergabegrundsätze, dass sie die erforderliche Fachkunde, Leistungsfähigkeit und Zuverlässigkeit besitzen und über ausreichende technische und wirtschaftliche Mittel verfügen. Das weitere Verfahren ab Aufforderung zur Angebotsabgabe unterscheidet sich nicht von der öffentlichen Ausschreibung.

▶ **Tipp**

Sollte der Planer auf die Anforderung in Textform verzichten und telefonische Anfragen durchführen, so bedarf es einer genauen Dokumentation, damit

Tab. 3.4 Formlose Eignungsprüfung

Bewerber:	Kontakt:	Ergebnis:
Hochbau AG	Per Email vom:	
	Antwort am:	
	Vergleichbare Leistungen:	Gemäß Referenzliste OK
	Durchschnittsumsatz in 3 Jahren:	1.500.000,00 EUR
	Jahresdurchschnittlich Arbeitskräfte:	75 Mitarbeiter/innen
	Berufsregister:	K. A.
	Berufsgenossenschaft:	
	Kapazitäten im Zeitfenster:	Ja
Querbau GmbH	AN bei dem Anbau „Städtisches Gymnasium"	Eignung ohne Einschränkung
	Kapazitäten im Zeitfenster:	Nein
Schnellbau GmbH & Co. KG	Anruf am ___ um __	
	Antwort telefonisch	
	Jahresdurchschnittlich Arbeitskräfte:	75 Mitarbeiter/innen
	Berufsregister:	K. A.
	Berufsgenossenschaft:	K. A.
	Kapazitäten im Zeitfenster:	Ja
	Antwort per Fax am:	
	Vergleichbare Leistungen:	Gemäß Referenzliste OK
	Durchschnittsumsatz in 3 Jahren	1.500.000,00 EUR

später nicht Behauptungen wie „Aber Sie hatten mir doch gesagt," aufgestellt werden können. Zudem sollten die Bewerber ihre Daten durch Unterschrift bestätigen. Dazu erhält der Bieter die Angaben per Fax oder E-Mail, unterschreibt und faxt seine Eigenerklärung dann zurück (Vgl. Tab. 3.4).

Verspätete Eignungsprüfung und neue Erkenntnisse des Auftraggebers

Stellt sich im Verlaufe des Vergabeverfahrens heraus, dass ein als geeignet eingestufter Bewerber nunmehr als deutlich ungeeignet eingestuft werden muss, so hindert dies den Planer nicht daran, diesen Bieter im Nachhinein dennoch auszuschließen.

Dies gilt jedoch nur dann, wenn unter objektiven Gesichtspunkten erst später Umstände bekannt werden bzw. werden konnten, aus denen sich die fehlende Eignung des Bewerbers ergibt. In diesem Fall ist der ÖAG weder gezwungen, dem betroffenen Bieter den Zuschlag zu erteilen, noch macht er sich in diesem Fall schadensersatzpflichtig, weil sein

Verhalten nicht schuldhaft war. Dies gilt auch, wenn der Planer es schuldhaft versäumt hat, die erforderlichen Eignungsnachweise rechtzeitig anzufordern, und er deshalb erhebliche Umstände nicht kannte.[22]

Ist dem ÖAG nachzuweisen, dass er diese neuen Erkenntnisse auch vor Aufforderung zur Abgabe eines Angebotes hätte erlangen können, so macht er sich nach § 311 Abs. 2 BGB gegenüber dem Bieter, der nun ein Angebot erarbeitet hat und der nachträglich ausgeschlossen wird, schadensersatzpflichtig.

Korruptionsbekämpfungsgesetz

Trotz der unterschiedlichen Länderregelungen zur Korruptionsprävention ist bei allen Ländern einheitlich, dass bei beschränkten Ausschreibungen die Klärung im Rahmen der Eignungsprüfung zu erfolgen hat.

In Nordrhein-Westfalen (KorruptionsbG) kann bei einer Beschränkten Ausschreibung der Nachweis auch nach Angebotsöffnung bis zur Zuschlagserteilung eingeholt werden.[23]

▶ **Tipp**
   Verwendet der ÖAG als Grundlage für seine Vergaben das VHB, dann sind an
   die Eignungsprüfung strengere Anforderungen geknüpft. Gemäß Richtlinie zu
   111 sind nicht präqualifizierte Unternehmen bei Beschränkten Ausschreibun-
   gen/Freihändigen Vergaben nur zur Angebotsabgabe aufzufordern, wenn
   1. dies zur Sicherstellung des Wettbewerbes erforderlich ist und
   2. das ausgefüllte Formblatt 124 vorliegt und
   3. die Prüfung dieser Erklärungen eine vertragsgemäße Erfüllung erwarten lässt.

3.2.2   Abgabe der Vergabeunterlagen

3.2.2.1 Öffentliche Ausschreibung

Sobald alle Vergabeunterlagen zusammengestellt sind, werden die Unterlagen zusammen mit dem Text der Bekanntmachung elektronisch veröffentlicht bzw. gemäß § 11 VOB/A zur Verfügung gestellt. Die elektronische Veröffentlichung muss so erfolgen, dass für die Unternehmen keine Registrierung erforderlich ist.

▶ **Tipp**
   Die uneingeschränkte Veröffentlichung sollte, wenn der ÖAG über technische
   Mittel dazu verfügt, immer durch diesen vorgenommen werden.

---

[22] Glahs in K/M VOB/A § 8 Teilnehmer am Wettbewerb Rdn. 40.
[23] Kurzaufsatz von Belke | IBR Werkstattbeitrag 23.07.2009.

3.2.2.2 Beschränkte Ausschreibung und Freihändige Vergabe

Aus Gründen der Wettbewerbsgleichheit schrieb die VOB bislang zwingend vor, dass die Vergabeunterlagen am selben Tag allen ausgewählten Bewerbern zur Verfügung gestellt werden müssen. Hintergrund dieser imperativen Norm war, dass die Wettbewerbschancen nicht aus Gründen beeinträchtigt werden dürfen, die in dem Einflussbereich des Auftraggebers liegen.

Nunmehr gilt dieses gemäß § 12a Abs. 1 VOB/A lediglich für Vergabeunterlagen, die nicht elektronisch abgegeben werden.

3.2.3 Auskünfte an die Bewerber

Generell gilt, dass der Bieter sich nach dem Eröffnungstermin kaum über die Ausschreibung beklagen kann, weil er z. B. meint, dass die Ausführungsfristen unrealistisch sind. Bei solchen und ähnlichen Bedenken bleibt dem Bieter nur die Wahl, den ÖAG vor Angebotsöffnung gemäß § 12a Abs. 4 VOB/A um Aufklärung zu bitten. Die frühere Unterscheidung zwischen wichtiger Aufklärung und sachdienlichen Auskünften ist entfallen, damit muss jede Antwort zu objektiv bedingten Bieteranfragen allen anderen Bietern mitgeteilt werden. Zudem sind telefonische Auskünfte zwingend zu vermeiden. Denn eine mündliche Kommunikation ist gemäß § 11 Abs. 1 Satz 3 VOB/A nur zulässig, wenn sie nicht die Vergabeunterlagen, die Teilnahmeanträge oder die Angebote betrifft.

Ein Bieter ist aufzufordern, seine Bedenken mindestens, aus Gründen des Transparenzgebotes, in Textform zu äußern. Hierauf kann der Planer dann entsprechend der Anforderungen an die elektronischen (Kommunikations-)Mittel reagieren. Damit wird auch die Auskunfterteilung zukünftig immer über ein Vergabeportal erfolgen müssen. Die notwendige Dokumentation im Vergabevermerk erfolgt hierbei oftmals automatisch (Abb. 3.2).

Erteilung sachdienliche Auskünfte nach § 12 Abs. 7 VOB/A

Sehr geehrter Bewerber,

am _____ erreichte uns die Anfrage eines Bewerbers zu der Ausschreibung
_____ .

Die Fragestellung lautete:

1. ......

Hierzu unsere sachdienliche Auskunft:

Zu 1. ....

Mit freundlichen Grüßen

Planer

Abb. 3.2 Erteilung sachdienlicher Auskünfte

Für das Verfahren gilt vor dem Eröffnungstermin bzw. dem Zuschlag die VOB/A, danach die VOB/B. Der ÖAG ist grundsätzlich frei in der Definition dessen, was er beschaffen möchte. Der Bieter hat im Vergabeverfahren die ausgeschriebene Leistung grundsätzlich nicht infrage zu stellen. Ihn trifft insoweit keine Prüfungspflicht, insbesondere muss er keine Motivforschung betreiben. Er ist jedoch verpflichtet bei einer widersprüchlichen, unverständlichen oder in sich nicht schlüssigen Leistungsbeschreibung, die Zweifelsfragen vor Abgabe des Angebotes zu klären.[24]

▶   **Tipp**
    Der Planer sollte sichergestellt wissen, dass alle Bewerber die gegebenen
    Auskünfte erhalten, denn benutzt ein Bieter bei seinem Angebot überholte
    Vergabeunterlagen, ändert er die Verdingungsunterlagen und muss damit
    ausgeschlossen werden.[25] Viele Vergabeportale erlauben die Dokumentation
    darüber, welcher Bewerber auf die Nachricht zugegriffen hat.

3.2.4   Der Eröffnungstermin

Vor der 1992er Änderung der VOB/A wurde der Eröffnungstermin auch Submission genannt und bezeichnet den Termin zur Öffnung der Angebote. Der eigentliche Vorgang der Angebotseröffnung ist in den §§ 14 und 14a VOB/A förmlich geregelt. Mit der 2016 Novellierung ist die Abgabe elektronischer Angebote vor der Zulassung auch von schriftlichen Angeboten in den Vordergrund gerückt.

3.2.4.1   Wesentliche Handlungsanweisungen

Sowohl elektronische als auch schriftliche Angebote müssen bis zur Öffnung sicher aufbewahrt, als auch gekennzeichnet und bei elektronischen Angeboten verschlüsselt werden.

Für die Durchführung des Eröffnungstermins ist es unschädlich, wenn sich der Termin nur leicht (15 bis 30 min) verschiebt.[26] Dies berechtigt jedoch den ÖAG nicht dazu, den Termin zu verschieben, nur weil noch ein Bieter erwartet wird oder die Vergabeunterlagen auf dem Postweg verloren gegangen sind.[27]

Vor der eigentlichen Öffnung steht die Überprüfung der Unversehrtheit. Die Angebote – sowohl schriftliche als auch elektronische – dürfen vor dem Termin nicht geöffnet worden sein. Mit der Öffnung werden alle wesentlichen Teile der Angebote gekennzeichnet. Verlangte Muster und Proben müssen vorliegen.

Die eigentliche Niederschrift ist in elektronischer Form zu fertigen. Damit erübrigt sich die handschriftliche Protokollierung.

---

[24] VK Mecklenburg-Vorpommern, Beschluss vom 21.02.2012 – 1 VK 07/11.

[25] OLG Düsseldorf, B. v. 28.07.2005 – Az.: VII – Verg 45/05.

[26] VK Lüneburg (BezR): Beschluss vom 20.12.2004 – 203-VgK/54/04 | BeckRS 2005 00141.

[27] OLG Düsseldorf: Verg 75/05 vom 21.12.2005 | IBRRS 53725.

Wurde ein Angebot versehentlich vor dem Eröffnungstermin geöffnet, führt dies grundsätzlich nicht zum Ausschluss von der weiteren Behandlung oder gar zur Ausschreibungsaufhebung.[28] Denn es ist erlaubt, das geöffnete Angebot sofort wieder zu verschließen und zu verwahren. Diese Regelung hat ihren Sinn darin, dass Angebote gelegentlich nicht als solche zu erkennen sind, und weil verhindert werden soll, dass nur allein wegen einer vorzeitigen Angebotsöffnung normkonträr verfahren wird.

Den Bietern und ihren Bevollmächtigten ist die Einsicht in die Niederschrift und ihre Nachträge zu gestatten.

3.2.4.2   Bei ausschließlicher Zulassung elektronischer Angebote

Zum Termin sind keine Bieter oder deren Bevollmächtigte zugelassen. Die Öffnung erfolgt durch zwei Vertreter des ÖAG. Damit scheidet i. d. R. eine Angebotsöffnung in den Geschäftsräumen des Planers aus. Die Niederschrift wird von beiden Vertretern des ÖAG unterschrieben.

Nach der Angebotsöffnung wird den Bietern das Ergebnis der Angebotsöffnung unverzüglich – damit am Tag der Angebotsöffnung – elektronisch zur Verfügung gestellt.

3.2.4.3   Bei Zulassung schriftlicher Angebote

Die Angebotsöffnung in den Geschäftsräumen des ÖAG ist hierbei nicht prinzipiell ausgeschlossen.[29]

Es soll nach § 14a Abs. 4 Nr. 2 VOB/A ausreichen, wenn die Niederschrift vom Verhandlungsleiter und den anwesenden Bietern unterzeichnet wird. Da es jedoch durchaus vorkommt, dass kein Bieter anwesend ist, empfiehlt sich zur Einhaltung des „Vier-Augen-Prinzips" die bewährte Abwicklung und Unterzeichnung durch Verhandlungsleitung und Schriftführung. Umschläge und andere Beweismittel von verspätet eingegangenen Angeboten sind aufzubewahren.

Die VOB geht bei der Abgabe von schriftlichen Angeboten – richtigerweise – davon aus, dass die ggf. handschriftlichen Eintragungen der Preise nicht richtig gerechnet sein könnten, sodass den Bietern nach Antragstellung auch die nachgerechneten Endbeträge der Angebote nach der rechnerischen Prüfung unverzüglich mitgeteilt werden müssen.

▶ **Tipp**
Führt der Planer den Eröffnungstermin in seinen Geschäftsräumen durch und kann er hier keinen Dritten und Schriftführer mit der Angebotsöffnung betrauen, so ist die Hinzuziehung eines Mitarbeiters des ÖAG anzuraten.

3.2.4.4   Teilnahmeberechtigte

Teilnahmeberechtigt sind nur **bei der Zulassung von schriftlichen Angeboten** die Bieter oder deren Bevollmächtigte. Bevollmächtigte werden durch eine Handelsgesellschaft oder juristische Personen des Privatrechts entsandt, weil diese nur durch einen Vertreter handeln

---

[28] OB-Stelle Sachsen-Anhalt IBR 1995, 501.

[29] In einigen Bundesländern wird dies durch § 15 Abs. 2 Nr. 7 HOAI i. a. F. (neue HOAI Anlage 11 zu den §§ 33 und 38 Absatz 2) LP 7 Grundleistung „Einholen von Angeboten" legitimiert.

können. Bieter und/oder Bevollmächtigte müssen auf Verlangen ihre Legitimation nachweisen; andernfalls können sie von der Teilnahme am Eröffnungstermin ausgeschlossen werden.

Weitere Teilnehmer sind laut § 14a Abs. 1 VOB/A die zwei Vertreter des ÖAG und nach § 14a Abs. 4 Nr. 2 VOB/A der Verhandlungsleiter. Die frühere Mitwirkung des Schriftführers wird nicht mehr erwähnt, erscheint jedoch wie oben ausgeführt sinnvoll.

Es ist in der VOB/A nicht geregelt, ob der mit Vergabe betraute Sachbearbeiter bei dem Termin anwesend sein darf. Gegen seine Anwesenheit spricht jedoch auch nichts, wenn er als stiller Beobachter anwesend ist. Für den externen Planer gilt, das dieser allein schon zum Zwecke der Kostenreduktion[30] zum Termin nicht eingeladen werde sollte. Zudem hat er keinen Nachteil, wenn er das Ergebnis erst kurz nach Beginn mitgeteilt bekommt.

▶ **Tipp**
Eine strikte Umsetzung des Antikorruptionsgedankens wird immer nur die Teilnahme der Bieter und des Verhandlungsleiters und des Schriftführers ermöglichen. Dieses Prinzip wird im VHB Bund umgesetzt.

3.2.4.5 Ablauf

Der Termin beginnt damit, dass der Verhandlungsleiter, wenn Unternehmen zugelassen sind, ggf. die Legitimation der Bietervertreter überprüft, jedoch zumindest deren Namen und Firmenzugehörigkeit erfragt. Danach prüft er, ob die Verschlüsslung bzw. der Verschluss aller Angebote unversehrt ist.

Anschließend wird das erste Angebot geöffnet. Ob zuerst die elektronisch eingegangenen Angebote geöffnet werden oder die schriftlichen, wenn diese zugelassen sind, ist nicht normiert. Vermutet werden darf, das zuerst die elektronischen Angebote geöffnet werden sollen, da schriftliche eine Ausnahmeerscheinung darstellen sollen.

Mit der Öffnung des ersten Angebotes gilt, dass jetzt noch eintreffende Angebote als verspätet eingetroffen gelten.[31] Deshalb dürfen diese nicht verlesen werden und der Schriftführer hat die Gründe der Verspätung in das Protokoll aufzunehmen.[32]

Die VOB verlangt für schriftliche Angebote nunmehr ausdrücklich eine Kennzeichnung im Eröffnungstermin. Elektronische Angebote werden bei Eingang der verschlüsselten Angebote gekennzeichnet. Diesen Vorgang übernehmen i. d. R. die Vergabeportale über die der Bieter seine elektronischen Angebote einreicht. Bei schriftlichen Angeboten ist nach vorherrschender Meinung darunter die Datierung und Lochung zu verstehen. Da dieser Vorgang jedoch zu einer deutlichen Verzögerung bei umfangreichen Angeboten führt, sollte es unschädlich sein, wenn die Angebote mit der Nummer der festgelegten Reihenfolge – mittels Kugelschreiber – beschriftet werden. Damit der präventiven Forderung, dass nachträglich einzelne Bestandteile der Angebote nicht ausgetauscht oder entfernt und damit die Angebote manipuliert werden, Genüge getan wird, müssen Verhandlungsleiter

---

[30]Reduzierung des Umfangs der Leistungsphase 7 der HOAI.

[31]VÜA Baden-Württemberg IBR 1997, 319, VK Nordbayern, Beschluss vom 01.04.2008 – 21.VK-3194-09/08 und viele andere Entscheidungen.

[32]VHB Bund § 22 A Nr. 1.4, Absatz 4.

und Schriftführer im „Vieraugenprinzip"[33] diesen Vorgang später – ohne die Angebote „aus den Augen zu lassen" – durchführen.

Der Verhandlungsleiter verliest Name und Anschrift der Bieter und die Endbeträge der Angebote oder ihrer einzelnen Abschnitte, ferner andere den Preis betreffende Angaben. Bei dem Namen der Bieter sind bei Bietergemeinschaften alle beteiligten Firmennamen zu verlesen.[34] Als Endbeträge gelten die Bruttoangebotssummen ohne Abzug von Nachlass. Die Endbeträge in Abschnitten sind die Beträge aus Losen. Angaben, die den Preis betreffen, sind Nachlässe ohne Bedingung. Kann der Verhandlungsleiter einzelne Losangaben oder Nachlässe nicht ohne weiteres im Angebot erkennen, so sind diese Angaben mit der späteren Prüfung in dem Protokoll zur Verhandlung nachzutragen. Zudem sind gemäß § 14 Abs. 3 Nr. 2 Satz 3 VOB/A noch die Anzahl möglicher Nebenangebote ohne den Preis zu verlesen.[35]

Nach der Verlesung aller Angebote unterschreiben die anwesenden Bietervertreter die Niederschrift. Die Bieter müssen keine Unterschrift leisten, haben hierzu jedoch das Recht. Mit der Unterschrift verzichtet der Bieter nicht auf die Möglichkeit einer Vergabebeschwerde. Die Unterschrift dokumentiert lediglich seine Teilnahme.

Kennzeichnung

Das VHB normiert zur Kennzeichnung im Eröffnungstermin, dass im Eröffnungstermin die Angebote mit allen Anlagen auf geeignete Weise (z. B. durch Lochen oder bei digital übermittelten Angeboten durch geeignete Verschlüsselungsverfahren) so zu kennzeichnen sind, dass nachträgliche Änderungen und Ergänzungen verhindert werden.

Hierbei beschränkt sich die Kennzeichnung auf alle wesentlichen Teile des Angebotes. Wesentliche sind dabei alle Seiten, die später Vertragsinhalt werden, somit vor allem die Preise und alle sonstigen Erklärungen, die abgegeben wurden.[36]

Die unterlassene Kennzeichnung der vorgelegten Angebote stellt einen gravierenden Vergaberechtsverstoß dar, der objektiv selbst durch eine Rückversetzung des Vergabeverfahrens auf den Zeitpunkt der Angebotseröffnung ein rechtmäßiges Vergabeverfahren nicht mehr erwarten lässt, denn damit können die erforderlichen Feststellungen durch den Auftraggeber nicht mehr zweifelsfrei getroffen werden.[37]

Niederschrift

In der Niederschrift werden alle wesentlichen Vorgänge über den Eröffnungstermin notiert. Diese Angaben haben Beweisfunktion. Für Sachverhalte, die nicht dokumentiert wurden, muss der ÖAG später den Beweis führen, dass diese dennoch vorlagen.[38]

---

[33] Das „Vieraugenprinzip" besagt, dass kritische Tätigkeiten, im Rahmen der Korruptionsprävention, nicht von einer einzelnen Person durchgeführt werden sollen.

[34] BayObLG, Beschluss vom 20.08.2001 | IBR 2001 Heft 12 688.

[35] OLG Braunschweig, Urteil vom 27.07.1994 – 3 U 231/92 | IBR 1995 Heft 0 372 und kommentierend RA Dr. Christian Fedders, Kiel in IBR 2010 1010.

[36] Weyand, Stand 22.12.2009, Ziff. 104.7.5.1.

[37] VK Sachsen, Beschluss vom 24. Mai 2007 – 1/SVK/029-07 | IBRRS 61250.

[38] BGH, Urteil vom 26.10.1999 – X ZR 30/98 | IBR 2000 Heft 2 54.

Nach VHB-Bund gehören dazu folgende Angaben:

- Ort, Tag, Stunde, Minute der ersten Angebotseröffnung,
- Anwesenheitsfeststellung, einschließlich Name und Wohnort,
- Berechtigungsprüfung, Legitimation der Bieter,
- Art der zugelassenen Angebote und deren verlangte Signatur,
- Unversehrtheit der Umschläge,
- Verschlüsselung digitaler Angebote,
- Verlesene Endbeträge und ggf. Abschnittssummen,
- Verlesene sonstige preisbeeinflussende Umstände,
- Bekanntgabe von Nebenangeboten, auch nach Anzahl,
- Verspätete Angebote,
- Einwände und Beschwerden der Bieter,
- Eventuelle Stellungnahme des Eröffnungsleiters hierzu,
- Vermerk über Verlesung der Niederschrift,
- Anerkennung als richtig durch die Bieter, Unterzeichnung,
- Verhandlungsschluss (Uhrzeit),
- Unterschrift des Eröffnungsleiters,
- Fakultative Unterzeichnung durch die Bieter.

▶ **Tipp**
  Die Unterschrift der Bieter sollte mit lesbarem Firmennamen erfolgen.

Der Inhalt der Niederschrift darf gegenüber Dritten nicht veröffentlicht werden. Die Bieter haben über den Inhalt der Niederschrift nach Antragstellung ein Informationsrecht. Andere als die in § 14 Abs. 7 VOB/A genannten Angaben dürfen den Bietern nicht mitgeteilt werden. Dies gilt insbesondere für Auskünfte über:[39]

- den Inhalt der Angebote und etwaiger Nebenangebote,
- den Stand des Vergabeverfahrens, insbesondere bei der Freihändigen Vergabe und
- die in die engere Wahl gezogenen Angebote und die hierfür maßgebenden Gründe.

3.2.4.6 Information der Bieter

Bei der ausschließlichen Zulassung von elektronischen Angeboten sind die Bieter gemäß § 14 Abs. 6 Satz 1 VOB/A unverzüglich durch den öAG über das Ergebnis der Angebotsöffnung zu unterrichten. Der unbestimmte Rechtsbegriff „Unverzüglich" enthält nach § 121 Absatz 1 Satz 1 BGB eine Legaldefinition. Unverzüglich bedeutet demnach „ohne schuldhaftes Zögern". Da der ÖAG nach der Angebotsöffnung die Niederschrift elektronisch erstellt hat, diese also fertiggestellt ist, kann im Fall der Angebotsöffnung das unverzüglich nur **am selben Tag** bedeuten.

---

[39] VHB Bund, Richtlinien zu 313 – Verdingungsverhandlung Niederschrift – Ziffer 4.

Sind auch schriftliche Angebote zugelassen, dann sind auch Bieter zur Angebotsöffnung zugelassen. Diese haben also die Möglichkeit, das Ergebnis im Termin zu erfahren. Insofern verzichtet die VOB/A hier auf die unverzügliche Information. Es ist vielmehr für Bieter, die nicht anwesend waren, dabei geblieben, das diese das Ergebnis erst nach ihrer Antragstellung erhalten sollen. Eine unverständliche Regelung, die nicht für eine Transparenz im Verfahren spricht.

▶ **Tipp**
Die Differenzierung bzgl. der Benachrichtigung macht im Ergebnis keinen Sinn. Idealerweise werden alle Bieter immer nach Angebotsöffnung automatisch über das Ergebnis der Angebotsöffnung informiert.

3.2.4.7 Nicht aufgeforderte Bieter

Es ist nicht unüblich, dass Firmen bei einer beschränkten Ausschreibung ein Angebot abgeben, die nicht zuvor aufgefordert wurden.

Da für diese Firmen die nach der Submission nicht mehr durchführbare Eignungsprüfung nicht mehr stattfinden kann, denn bei der Bewerberauswahl wurden gemäß § 6b Abs. 4 VOB/A geeignete Firmen aufgefordert, können **diese Bieter und deren Angebote nicht** mehr zugelassen werden und **müssen ausgeschlossen werden**.[40] Dieses deutliche Votum, das i. d. R. nur im Zusammenhang mit einem zuvor durchgeführten Teilnahmewettbewerb erfolgt, ist notwendig, um die Grundprinzipien (Gleichbehandlungs- und Transparenzgrundsatz) des Vergabewesens nicht zu verletzen. Bei einem Bieter, der die Vergabeunterlagen nicht durch den ÖAG erhalten hat, ist zudem nicht sichergestellt, dass er ausreichend Zeit für die Bearbeitung des Angebotes hatte, sodass dieser Aspekt zudem bieterschützend ist und eine nachträgliche Anerkennung durch den ÖAG damit unmöglich wird.

Zudem stellt der Austausch der potentiellen Vertragspartei eine besonders tiefgreifende Angebotsänderung dar, weil ein Kernelement des anzubahnenden Vertragsverhältnisses – Parteien, Leistung, Gegenleistung – verändert wird.[41]

Auch aufgrund der Tatsache, dass der nachträgliche Bieter die Vertragsunterlagen nicht wie in § 12 Abs. 4 Nr. 2 VOB/A gefordert zeitgleich mit den Übrigen zugesandt haben wird, spricht gegen eine nachträgliche Zulassung.

3.2.4.8 Bietergemeinschaften

Bietergemeinschaften sind nach § 16 Abs. 1 Nr. 1 lit d) VOB/A zuzulassen, wenn ihre Bildung nicht in einer Abrede endet, die eine unzulässige Wettbewerbsbeschränkung darstellt. Angebote von Bietergemeinschaften, die hierzu konträr gebildet wurden, sind vom Vergabeverfahren im Regelfall **auszuschließen**. Eine Ausnahme kommt in Betracht, wenn die Mitglieder der Bietergemeinschaft zusammen einen nur unerheblichen Marktanteil haben,

---

[40] OLG Frankfurt, Beschluss vom 27.08.2008 – 11 Verg 12/08.
[41] OLG Düsseldorf: Verg 56/05 vom 16.11.2005.

oder wenn sie erst durch das Eingehen der Gemeinschaft in die Lage versetzt werden, ein Angebot abzugeben.[42]

3.2.4.9 Spätere Bildung von Bietergemeinschaften

Die obigen Ausführungen gelten auch für die nachträgliche Bildung oder Änderung der Zusammensetzung von Bietergemeinschaften. Denn die Aufforderung zur Abgabe eines Angebotes richtete sich bezogen auf eine konkrete Firmierung der Bewerber.[43] Als Änderung des Bieters muss auch die Änderung einer Gesellschaftsform von z. B. GmbH & Co KG auf Komplementär-GmbH beurteilt werden.[44]

Das Angebot einer nach Aufforderung zur Angebotsabgabe gebildeten Bietergemeinschaft bei einer Beschränkten Ausschreibung ist generell auszuschließen, denn diese kann kein in die Wertung einzubeziehendes Angebot abgeben.[45]

3.2.4.10 Freihändige Vergabe

Für Freihändige Vergaben gelten die Regeln des § 14 VOB/A vollständig. Bei der Zulassung von schriftlichen Angeboten, gelten diese Regeln nicht. Denn nach § 14a Abs. 1 normiert die Regeln für „Ausschreibungen". Freihändige Vergaben sind jedoch keine Ausschreibungen i. S. d. Norm und unterliegen damit bis auf die Ausnahme in § 14a Abs. 9 VOB/A nicht den Regeln des § 14a VOB/A. Aus Gründen der Vergabetransparenz ist es jedoch geboten, auch bei freihändigen Vergaben ein Abgabedatum (ohne Uhrzeit) zu definieren und die Angebote nach Ablauf der Frist im „Vier-Augen-Prinzip" zu öffnen. Zudem ist die Dokumentation auch bei Freihändigen Vergaben notwendig, sodass es sinnvoll sein wird, auch für eine solche Angebotsöffnung eine zumindest formlose Niederschrift anzufertigen.

3.3   Prüfen und Werten der Angebote

Mit dem Eröffnungstermin – früher Submission – werden alle rechtzeitig eingegangenen Angebote der Reihe nach geöffnet. Der Termin wird i. d. R. vom ÖAG selbst durchgeführt, er kann jedoch auch beim Planer stattfinden.

Wenn alle Angebote eines Gewerkes eingetroffen sind, ist ein jeweiliger ungeprüfter Preisspiegel anzufertigen, der dem Auftraggeber eine rasche Übersicht ermöglicht, dieser ist i. d. R. bereits durch die Dokumentation in der Niederschrift vorhanden. Bei dieser Zusammenstellung sind auch die Ergebnisse der Fachplanungsausschreibungen mit zu verarbeiten, wobei die Prüfung dieser Angebote den Fachplanern obliegt.

Im nächsten Schritt ist das Prüfen der Angebote in sachlicher und rechnerischer Hinsicht durchzuführen. Dabei ist darauf zu achten, dass wirklich alle Positionen des Leistungsver-

---

[42] KG, Beschluss vom 21.12.2009 – 2 Verg 11/09 | IBR 2010, 2616.

[43] Glahs in K/M VOB/A § 8 Rdn. 33.

[44] OLG Düsseldorf, Beschluss vom 16.11.2005, VII–Verg 56/05.

[45] OLG Frankfurt, Beschluss vom 27.08.2008 – 11 Verg 12/08 | IBR 2010 3120.

zeichnisses ausgefüllt sind, dass keine handschriftlichen Zusätze oder Einschränkungen vermerkt sind und dass die Einheitspreise der Üblichkeit entsprechen.

Die Nachrechnung mit eventuellen Korrekturen sollte der besseren Übersicht halber mit Farbstift erfolgen. Hier ist eine andere Farbe als die des Bieters und des Prüfers (i. d. R. grün) zu wählen.

Die Verhandlung mit den Bietern, ob mit oder ohne Mitwirkung des Auftraggebers, ist selbstverständliche Grundleistung des Architekten, der in dieser Disziplin als echter Treuhänder seines Bauherrn dessen Interessen vehement zu vertreten hat. Warum nicht immer der billigste Anbieter auch der Beste ist, muss durch fachkundige Beratung dargelegt werden. Wobei hier das Regelwerk der VOB/A oft Schranken aufzeigt.

Die einzelnen Verfahrensschritte werden im Weiteren im Detail besprochen und sind in der in der VOB/A vorgesehenen Reihenfolge angeordnet.

I.   Feststellung, ob Angebote ausgeschlossen werden müssen,
II. Eignungsprüfung bei der öffentlichen Ausschreibung,
III. Prüfung der Preise und
IV. Ermittlung des wirtschaftlichsten Angebotes.

► **Tipp**
Um den Umfang der Angebotsprüfung zu reduzieren, ist es für das Vergabeverfahren – bei dem der Preis einziges Zuschlagskriterium ist – unschädlich, wenn nach der rechnerischen Kontrolle aller Angebote (Schritt III) die übrigen Prüfungsschritte auf die Angebote ausgeweitet werden, die in die engere Wahl kommen.[46]

Müssen die ursprünglich als preislich vorrangig angesehenen Angebote ausgeschlossen werden, so kann die Prüfung auf die übrigen Angebote ausgedehnt werden.

Dem Planer stehen nach § 10 Abs. 6 VOB/A regelmäßig 30 Kalendertage zur Prüfung und Wertung zur Verfügung. Diese Frist kann in begründeten Fällen verlängert werden.[47]

► **Tipp**
Bei Beteiligung mehrerer Stellen (ÖAG, Planer, ggf. Fachplaner) sollte der Zeitraum detailliert abgestimmt werden, damit keine unnötigen Wartezeiten entstehen.

3.3.1 Aufklärung über den Angebotsinhalt

Da zu vielen ungeklärten Fragen des Angebotes Nachfragen bzw. Aufklärung notwendig sein können, ist diesem Punkt ein entsprechender Stellenwert bei der Wertung und Prüfung der Angebote einzuräumen. Denn auch wenn die Vergabeunterlagen und Angebote

---

[46]Rusam in H/R/R, § 25 VOB/A Rdn. 67 und bestätigend VK Baden-Württemberg, Beschluss vom 12.06.2014 Az.: 1 VK 24/14.
[47]Siehe Ziff. 3.4.2.

so verfasst sein sollen, dass für den Planer nach der Öffnung der Angebote keine Fragen mehr offen sein sollten, so zeigt die Praxis gleichwohl die Notwendigkeit des Aufklärungsgespräches nach § 15 VOB/A.

▶ **Tipp**
  Das Aufklärungsgespräch sollte mindesten ein Dialog sein. Hierüber ist ein Protokoll zu führen und dem Planer kann nur angeraten werden, diesen Dialog nach dem „Vieraugenprinzip" zusammen mit dem ÖAG durchzuführen.

Die Bieter erhalten kein Recht auf die Durchführung eines Aufklärungsgespräches. Es ist dem Planer in Abstimmung mit dem ÖAG vorbehalten, hierzu einzuladen.[48]

Als selbstverständlich muss erachtet werden, dass die Bieter nur in Einzelgesprächen um Aufklärung gebeten werden. Dies gebietet die Forderung nach Geheimhaltung aus § 15 Abs. 1 Nr. 2 VOB/A.

▶ **Tipp**
  Im Übrigen kann die Aufklärung auch schriftlich (in Textform) erfolgen. Die Forderung nach einem Gespräch ist in § 15 VOB/B nicht explizit erwähnt und § 15 Abs. 2 VOB/A verdeutlicht dies, denn hier wird dem Bieter eine Frist zur Beantwortung eingeräumt.

Eine **Aufklärung darf nicht zu einer Änderung des Angebotes führen**, sonst würde der Gleichbehandlungsgrundsatz gegenüber anderen Bietern verletzt, denen nicht die Chance gegeben wird, ein nicht zuschlagsfähiges Angebot zuschlagsfähig zu machen.[49]

Gleichwohl darf die Aufklärung dazu genutzt werden, offensichtliche Eintragungsfehler z. B. in Formularen aufzuklären. Denn Sinn eines Vergabeverfahrens ist es nämlich, das wirtschaftlich günstigste Angebot zu wählen und ein solches nicht aus formalistischen Gesichtspunkten scheitern zu lassen. Die Vergabestelle darf den Bieter „nicht ins Messer laufen lassen" und sein Angebot ohne Aufklärung ausschließen.[50]

3.3.1.1 Aufklärungsinhalt

Bei Ausschreibungen – ohne die freihändige Vergabe – darf der ÖAG nach Öffnung der Angebote bis zur Zuschlagserteilung von einem Bieter Aufklärung verlangen. Jede Aufklärung – offene oder verstecke – die eine Änderung der Preise bewirkt, ist gemäß § 15 Abs. 3 VOB/A nicht erlaubt.

---

[48] VK Hannover, Beschluss vom 18.03.2004 – VgK 01/2004 | IBR 2004 Heft 12 718.
[49] OLG München Beschluss 02.09.2010 – Verg 17/10 | IBR Online 07.10.2010.
[50] KG Berlin, Beschluss 07.08.2015 – Verg 1/15.

Eignung

Diese Aufklärungsart zielt auf die Ergänzung zu abgegebenen Erklärungen und Nachweisen bzgl. der Bietereignung ab. So ist in § 6b Abs. 2 VOB/A vorgesehen, dass die abgegebenen Eigenerklärungen nach Erfordernis durch entsprechende Bescheinigungen der zuständigen Stellen zu bestätigen sind. Diese Bestätigung kann der Bieter im Aufklärungsgespräch vorlegen und ggf. erläutern.

Das Angebot selbst

Hierbei sind Zweifel, die sich aus den Erklärungen des Bieters ergeben haben, auszuräumen. Denkbar ist die Aufklärung über Verbindlichkeit der Unterschrift oder den Einsatz bei geringfügigen (< 30 %) Nachunternehmerleistungen.

Jede Art der Aufklärung, die den Preis und die Wertung ändern kann, ist verboten. Hierzu zählt bereits, wenn bei einem angebotenen Skonto darüber verhandelt wird, bei welchen Zahlungen der Skonto gelten soll.[51]

Bei dieser Aufklärung können auch die Angaben zu Fabrikat und Typ abgefragt werden, wenn diese nicht in dem Angebot angegeben werden mussten.[52] Eine Änderung von gemachten Angaben ist jedoch nicht statthaft. Derartige Änderung an solchen Angaben verstößt gegen das Nachverhandlungsgebot.[53] Jede im Zuge der Aufklärung festgestellte Abweichung des Produkts von den abstrakt beschriebenen Vorgaben der Ausschreibung führt so allerdings zum zwingenden Angebotsausschluss.

▶ **Tipp**
Damit der Bieter nicht aus einem unerwünschten Auftrag durch unrichtige Angaben fliehen kann, empfiehlt sich der Zuschlag auf das wirtschaftlichste produktneutrale Angebot und erst nach Vertragsschluss Produkte abzufragen. Entsprechen die Angaben dann nicht dem LV, kann die mängelfreie Vertragserfüllung nach § 4 Abs. 7 VOB/B verlangt werden.

Nebenangebote

Vorliegende Nebenangebote sind der wohl häufigste Grund, um Aufklärung zu betreiben. Denn hier formuliert der Bieter sein Angebot ohne Vorgabe des öAG, und deshalb wird dieser ggf. Klärungsbedarf haben, damit für die Wertung (und eine ggf. mögliche Bauabwicklung) keine Auslegungsspielräume offenbleiben. Auch hier gilt das Nachverhandlungsverbot. Es sei denn, dass technische Änderungen zu höchstens geringfügigen Preisänderungen führen.

---

[51] Dähne in K/M VOB/A § 24 Rdn 6.
[52] VK Sachsen, Beschluss vom 02.05.2016 – 1/SVK/007-16.
[53] VK Lüneburg, Beschluss vom 23.01.2015 – VgK-47/2014.

Die Aufklärung darf nicht dazu genutzt werden, dass der Bieter den fehlenden Nachweis der Gleichwertigkeit seines Nebenangebotes nachschiebt.[54] Zudem darf eine Aufklärung nur im Sinne einer zusätzlichen Erläuterung im Rahmen des abgegebenen Angebots erfolgen, nicht aber der Heilung von Fehlern oder der sonstigen Nachbesserung des Angebots dienen.[55]

Art der Durchführung

Generell obliegt es dem späteren Auftragnehmer gemäß § 4 Abs. 2 Nr. 1 Satz 1 VOB/B, wie er den Erfolg des Werkvertrages erbringt. Hat der Planer jedoch aufgrund von Besonderheiten des Bauvorhabens, z. B. bei Umbau- oder Sanierungsmaßnahmen, Fragen zum Bauablauf, so ist die Aufklärung möglich, sie darf jedoch nicht zu einer Preisanpassung führen.

Ursprungsorte oder Bezugsquellen von Stoffen oder Bauteilen

Wurden in den Vergabeunterlagen bestimmte Umwelteigenschaften vorgeschrieben, so hat der Planer hier die Möglichkeit der Überprüfung, wenn der Bieter seinen Nachweis hierzu beispielsweise mit Zertifizierungsstellen, die mit den anwendbaren europäischen Normen übereinstimmen, führte.

Ferner kann Aufklärung über die Eignung der Lieferanten des Bieters verlangt werden, um z. B. die Zertifizierung des einzusetzenden Tropenholzes zu überprüfen.

Angemessenheit der Preise

Die Überprüfung der Angemessenheit der Preise wird in zwei Fällen infrage kommen, a) wenn der Zuschlag auf das nicht preisgünstigste Angebot erteilt werden muss, da die übrigen Angebote ausgeschlossen werden mussten, oder b) das preisgünstigste Angebot deutlich (> 10 %) von den übrigen Angeboten abweicht. Im Übrigen ist es geboten, da § 2 Abs. 1 Nr. 1 und § 16 Abs. 1 Nr. 1 VOB/A fordern, dass zu angemessenen Preisen vergeben wird.[56]

3.3.1.2   Verweigerung der Aufklärung

Verweigert ein Bieter die geforderten Aufklärungen und Angaben oder lässt er die ihm gesetzte angemessene Frist unbeantwortet verstreichen, so kann sein Angebot unberücksichtigt bleiben.

Eine angemessene Frist ist jede Frist bis zum Ablauf der Zuschlagsfrist, denn bis zu diesem Zeitpunkt muss der ÖAG entscheiden, wer den Zuschlag erhalten soll.

Wenn der Bieter nicht antwortete und der Planer zu den gestellten Fragen auch auf andere Weise Klärung erlangt hat, so ist kein Ausschluss notwendig. Sind nach Ablauf dieser Frist noch Fragen ungeklärt, so ist der **Ausschluss** geboten.

---

[54] Weyand Ziff. 106.6.7.8 Rdn 5253.
[55] VK Bund, Beschluss vom 23.11.2011 – VK 3-143/11.
[56] Siehe Ziff. 3.3.5.1 „Angemessenheit der Preise".

3.3.1.3 Sonderfall Freihändige Vergaben

Das Verbot der Nachverhandlung und Änderung des Angebotes ist für die freihändige Vergabe nicht so dogmatisch. § 15 Abs. 1 Nr. 1 VOB/A bezieht sich explizit auf Ausschreibungen. Eine Freihändige Vergabe ist nun eben keine formelle Ausschreibung. Die Freihändige Vergabe ist im Ergebnis ein wettbewerblicher Dialog, sodass hierbei der Inhalt des Angebotes konkret abgestimmt werden kann.

Die Nachverhandlung wird gemäß § 119 Abs. 5 GWB legitimiert: „… Verhandlungsverfahren sind Verfahren, bei denen sich der Auftraggeber mit oder ohne vorherige öffentliche Aufforderung zur Teilnahme an ausgewählte Unternehmen wendet, um mit einem oder mehreren über die Auftragsbedingungen zu verhandeln".

Bei der Nachverhandlung ist jedoch zwingend zu berücksichtigen, dass der ÖAG dabei nicht gegen die allgemeinen Vergabegrundsätze nach § 97 Abs. 1–5 GWB i. V. m. § 2 VOB/A (Wettbewerb, Transparenz und Gleichbehandlungsgebot) verstoßen darf.[57]

3.3.2 Formelle Wertung

Angebote, die nicht bereits rechtzeitig bei der Angebotsöffnung vorlagen, werden direkt gemäß § 16 Abs. 1 Nr. 1 VOB/A **ausgeschlossen.** Diese Regelung soll verhindern, dass ein Bieter nach Angebotsöffnung Informationen in sein, dann verspätet abgegebenes Angebot einfließen lässt.

Die Ausnahme der §§ 14 Abs. 5 und 14a Abs. 6 VOB/A beschreibt solche Angebote, die dem ÖAG bereits vorlagen, die aber nicht geöffnet wurden. Wenn ein Angebot beispielsweise postalisch rechtzeitig einging, aber in der Poststelle, im Postfach oder dem Briefkasten des ÖAG liegen blieb. Selbst ein rechtzeitig per E-Mail zugesandtes Angebot, falls elektronische Angebote zulässig waren, an den/die Verhandlungsleiter/in gilt als eingegangen, wenn auch der/die Verhandlungsleiter/in die E-Mail verspätet öffnet.

Die formelle Wertung gilt als erster Schritt der Angebotsprüfung und muss ohne Berücksichtigung einer Preisrangfolge erfolgen. Denn bei der formellen Wertung sind ggf. auch Angebote auszuschließen, die augenscheinlich das wirtschaftlichste Ergebnis darstellen. Eine rein formale Betrachtungsweise ist allein wegen des Umstandes der Gleichbehandlung zwingend erforderlich.[58] Das Ausfüllen des Angebots fällt in den Verantwortungsbereich des Bieters und kann nicht durch Nachsichtigkeit korrigiert werden.[59]

Eine Änderung durch Ergänzung oder Änderungen von Angaben des ÖAG in den Vergabeunterlagen ist differenziert zu betrachten. Zum einen können Ergänzungen oder Änderungen in seltenen Fällen unschädlich sein, zum anderen führten sie meist zum sofortigen Ausschluss.

---

[57] Dähne in K/M § 24 Rdn. 31.
[58] Weyand, § 25 VOB/A, Rdn. 5547/0,3.
[59] VK Rheinland-Pfalz, B. v. 07.06.2002 – Az.: VK 13/02 | NZBau 2002 463.

Ergänzung oder Änderungen können in vielfältigen Varianten vorgenommen worden sein. Die Streichung eines Satzes in den Vergabeunterlagen ist hierbei ein eindeutiges Ausschlusskriterium. Der tatsächliche Sachverhalt wird nur auf dem Wege eines Vergleiches des Inhalts des Angebots mit den Vergabeunterlagen festzustellen sein.

Der zwingende Ausschluss gemäß § 16 Abs. 1 VOB/A für Angebot ist notwendig, bei Angeboten

a) die im Eröffnungstermin dem Verhandlungsleiter bei Öffnung des ersten Angebots nicht vorgelegen haben,[60]
b) die den Bestimmungen des § 13 Abs. 1 Nr. 1, 2 und 5 nicht entsprechen,
   – nicht unterzeichnete Angebote bzw. elektronische Angebote mit der vom öAG vorgegebenen Signaturart (§ 13 Abs. 1 Nr. 1 VOB/A) (i. d. R. Textform),
   – unverschlossen eingereichte schriftliche Angebote (§ 13 Abs. 1 Nr. 2 VOB/A),
   – Änderungen an den Vergabeunterlagen bzw. Änderungen des Bieters an seinen Eintragungen, die nicht zweifelsfrei zu erkennen sind (§ 13 Abs. 1 Nr. 5 VOB/A),
c) bei denen bei mehr als einer Position ein nicht unwesentlicher Preis fehlt,
d) von Bietern, die in Bezug auf die Ausschreibung eine Abrede getroffen haben, die eine unzulässige Wettbewerbsbeschränkung darstellt,
e) mit Nebenangeboten, wenn der Auftraggeber in der Bekanntmachung oder in den Vergabeunterlagen erklärt hat, dass er diese nicht zulässt,
f) mit Nebenangeboten die nicht dem § 13 Abs. 3 Satz 2 VOB/B (eindeutige Kennzeichnung) entsprechen,
g) von Bietern, die im Vergabeverfahren vorsätzlich unzutreffende Erklärungen in Bezug auf ihre Fachkunde, Leistungsfähigkeit und Zuverlässigkeit abgegeben haben.

Der Ausschluss kann gemäß § 16 Abs. 2 VOB/A bei Angebot erfolgen, wenn

a) ein Insolvenzverfahren oder ein vergleichbares gesetzlich geregeltes Verfahren eröffnet oder die Eröffnung beantragt worden ist oder der Antrag mangels Masse abgelehnt wurde oder ein Insolvenzplan rechtskräftig bestätigt wurde,
b) sich das Unternehmen in Liquidation befindet,
c) nachweislich eine schwere Verfehlung begangen wurde, die die Zuverlässigkeit als Bewerber infrage stellt,
d) die Verpflichtung zur Zahlung von Steuern und Abgaben sowie der Beiträge zur gesetzlichen Sozialversicherung nicht ordnungsgemäß erfüllt wurde,
e) sich das Unternehmen nicht bei der Berufsgenossenschaft angemeldet hat.

---

[60] Siehe Ziff. 3.2.4.

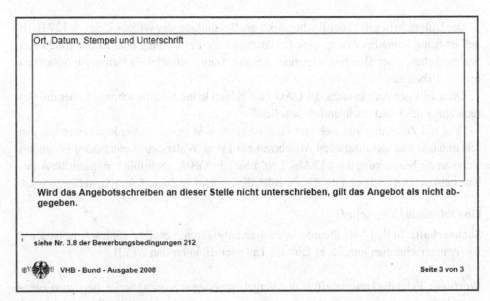

Abb. 3.3 Fehlende Unterschrift

3.3.2.1 Unterschrift der Angebote

Keine Unterschrift

Sachverhalt: In den Vergabeunterlagen war vorgesehen, dass der Bieter an drei Stellen seine Unterschrift leisten muss. Das Angebot eines Bieters ist an keiner der vorgesehenen Stellen unterschrieben (Abb. 3.3).

Wertung: Nach § 13 Abs. 1 Nr. 1 Satz 3 VOB/A ist definiert, dass die Unterzeichnung erforderlich ist. Durch den Imperativ des § 16 Abs. 1 Nr. 1 VOB/A mit dem Verweis auf § 13 Abs. 1 Nr. 1 VOB/A ist ein **Ausschluss unumgänglich**.

Die Unterschrift kann jedoch noch **im Eröffnungstermin**, unter der Voraussetzung, dass das Angebot rechtzeitig vorlag, vom Bieter **nachgeholt werden**.[61]

Die spätere Nachholung der Unterschrift, unter Berufung auf § 16b VOB/A, die Unterschrift innerhalb von 6 Tagen nachzufordern, ist nicht möglich, da 16b sich auf Erklärungen oder Nachweise bezieht.

Begründung: Ohne eine Unterschrift unter dem Angebot können die Vergabeunterlagen nicht zu einem Angebot werden.[62] Ein Angebot ohne Unterschrift hat damit den Status von nicht bearbeiteten zurückgesandten Vergabeunterlagen.

---

[61] Rusam in H/R/R § 21, VOB/A Rdn. 3.
[62] Rusam in H/R/R § 25, VOB/A Rdn. 5.

Die Unterschrift gilt in der Rechtspraxis als Bekundung des Willens i. S. v. § 127 BGB und ist damit keine Erklärung. Eine Erklärung ist die Feststellung oder Erläuterung eines Sachverhaltes, einer Situation oder einer Absicht. Damit scheidet die Heilungsmöglichkeit der Nr. 3 eben aus.

Ohne triftigen Anlass muss der ÖAG im Übrigen keine Nachforschungen über die Berechtigung des Unterzeichnenden anstellen.[63]

Dass mit Zulassung von elektronischen Angeboten in Textform hierdurch zwischen den schriftlichen und elektronischen Angeboten ein klarer Widerspruch entstanden ist, ändert nichts an der Normierung des § 13 Abs. 1 Nr. 1 Satz 3 VOB/A: „Schriftlich eingereichte Angebote müssen unterzeichnet sein." Hier werden die Gerichte in Zukunft für Klarstellung sorgen.

Eine fehlende Unterschrift

Sachverhalt: In den Vergabeunterlagen war an mehreren Stellen vorgesehen, dass der Bieter unterschreiben musste, es fehlt die Unterschrift unter den ZTVB.

Wertung: Fehlt die Unterschrift in den Vergabeunterlagen an einer Stelle, bei denen zwingend die Unterschrift gefordert war, so **erfolgt** nach § 16 Abs. 1 Nr. 1 VOB/A i. V. m. § 13 Abs. 1 Nr. 1 VOB/A **der Ausschluss.**[64]

Fehlt die Unterschrift an einer sonstig vorgesehenen Stelle, so kann das Angebot im Verfahren verbleiben. Es erfolgt **kein Ausschluss.**

Begründung: Wurde die Unterschrift an einer untergeordneten Stelle nicht geleistet und ist die geleistete Unterschrift an einer Stelle vorgenommen worden, an der auf alle Angebotsbestandteile verwiesen wird, so wurde die Willenserklärung vom Bieter gültig bekundet.[65]

War mit der Unterschrift beabsichtigt, dass der Bieter eine Verpflichtungserklärung abgeben soll, so kann diese n. h. M. nachgefordert werden.

3.3.2.2 Änderungen an den Vergabeunterlagen

Eine Änderung der Vergabeunterlagen (hierzu gehören alle in § 8 VOB/A genannten Unterlagen) kommt nur in Betracht, wenn die Vergabeunterlagen nicht eindeutig waren. Versuchte der Bieter Widersprüche durch eine Anfrage zu klären und erhielt hierauf keine Antwort, so stellt nur dann seine vorgenommene Änderung keinen Normverstoß dar.[66] Zudem kann der Bieter eine unklare Leistungsbeschreibung in vertretbarere Weise auslegen, denn Unklarheiten in den Vergabeunterlagen dürfen nicht zu Lasten der Bieter gehen.[67]

---

[63] Dähne in K/M, § 21, VOB/A Rdn. 6.
[64] Siehe auch Ziff. 3.3.2.2.
[65] OLG Celle: 13 Verg. 20/03 vom 19.08.2003 | IBRRS 42348.
[66] VK Baden-Württemberg, Beschluss vom 29.07.2005 – 1 VK 39/05 | IBR 2005 Heft 11 622.
[67] OLG Celle, Beschluss vom 03.06.2010 – 13 Verg 6/10 | IBR 2010 3081.

Die Änderungen können auch im Begleitschreiben dokumentiert sein, denn auch dieses gehört zu den Vergabeunterlagen.[68] Das Begleitschreiben des Bieters ist Bestandteil des Angebots. Durch das Begleitschreiben kann das Angebot von den Vergabeunterlagen, insbesondere dem Leistungsverzeichnis, abweichen. Werden die Änderungen übersehen, so ist neben dem Wertungsfehler auch zu berücksichtigen, dass der vom AN geschuldete Leistungsumfang gegebenenfalls eingeschränkt sein kann.[69] Eine im Text des Begleitschreibens „verstecke" Änderung kann jedoch zu einem Schadensersatzanspruch aus Verschulden bei Vertragsschluss führen.[70]

Eine Änderung kann in der Ergänzung und in Streichungen bestehen, sie kann sich aber auch auf den (technischen) Inhalt der Leistungen beziehen. Daher liegt eine Änderung vor, wenn der Bieter die zu erbringende Leistung abändert und damit eine andere als die ausgeschriebene Leistung anbietet.[71] Die Änderung wird durch die Streichungen und/oder Ergänzungen des Bieters dokumentiert.[72] Zudem ist es unerheblich, ob die Änderungen zentrale oder eher unwesentliche und untergeordnete Leistungen betreffen.

Will ein Bieter dennoch seinen Willen in die Vergabe einfließen lassen, so kann er Änderungen und Ergänzungen als Nebenangebot einreichen.

Der Ausschluss eines Angebots kommt jedoch trotz einer Abweichung von den Vorgaben der Ausschreibung nicht in Betracht, wenn die Leistungsbeschreibung nicht eindeutig und sogar widersprüchlich war.[73]

Änderung in der Positionsbeschreibung

Sachverhalt: Der Bieter veränderte die Werte einer Position oder nahm im Positionstext oder an anderer Stelle Streichungen vor (Abb. 3.4).

Wertung: Hier liegt eine Änderung vor, das Angebot ist **auszuschließen**, da hier eine andere Leistung als ausgeschrieben angeboten wird.

Begründung: Gemäß § 13 Abs. 1 Nr. 5 VOB/A sind Änderungen an den Vergabeunterlagen durch den Bieter unzulässig, damit der Beschaffungswille des ÖAG auch erfüllt wird und die Angebote aller Bieter vergleichbar bleiben. Änderungen haben nach § 16 Abs. 1 VOB/A zur Folge, dass das Angebot, welches nicht der Leistungsbeschreibung des Auftraggebers entspricht, von der Wertung ausgeschlossen werden muss.

---

[68] OLG München, Beschluss vom 21.02.2008 – Verg 1/08 | IBR 2008 Heft 4 232.

[69] OLG Stuttgart, Urteil vom 09.02.2010 – 10 U 76/09 | IBR 2010 Heft 7 379.

[70] OLG Stuttgart, Urteil vom 09.02.2010 – 10 U 76/09 | IBR 2010 Heft 7 380.

[71] VK Baden-Württemberg: 1 VK 69/08 vom 20.01.2009 | IBRRS 69427.

[72] OLG Düsseldorf: Verg. 49/08 vom 17.11.2008 | IBRRS 72334.

[73] VK Bund, Beschluss vom 23.09.2015 – VK 2-89/15 | IBR 2015, 681.

```
Pos. 1      WDVS Wand EPS 0,04W/mK D 100mm²⁴⁷            EP          GP

            Wärmedämm-Verbundsystem (WDVS) gemäß bauauf-
            sichtlicher Zulassung, an Wand, Untergrund
            Beton, Dämmstoff aus Polystyrol-Hartschaum      0,05 W/mK
            EPS DIN EN 13 163, Bemessungswert der Wärme-
            leitfähigkeit max. 0,04 W/(mK) DIN V 4108-4,
            ..., Armierungsputz aus mineralischem Werk-
            trockenmörtel, Armierungsputz Dicke 3 bis 5
            mm, einschl. Armierungsgewebe, Oberputz
            Kunstharzputz, als Streichputz, Körnung 3
            mm.


            523,50 m²
                                                        30        15705
```

Abb. 3.4 Änderung in der Positionsbeschreibung. (STLB-Bau 2009-10 023, DIN-bauportal)

Änderung des Vordersatzes

Sachverhalt: Der Bieter hat im Original-LV bei einer oder einigen Positionen einen anderen Mengenansatz eingetragen (Abb. 3.5).

Wertung: Hier liegt eine Änderung vor, das Angebot ist **auszuschließen**, da die Gleichwertigkeit nicht mehr gegeben ist und der Wille des Bieters nicht korrigiert werden darf.

Begründung: Auch wenn hier der Versuch unternommen werden könnte, den Normverstoß des Bieters durch richtige Multiplikation zu ändern, gilt der Imperativ des § 13 Abs. 1 Nr. 5 Satz 1 VOB/A, wonach Änderungen an den Vergabeunterlagen durch den Bieter immer unzulässig sind, da andernfalls die Gleichwertigkeit der Angebote nicht mehr gegeben ist.[74] Sie haben nach § 16 Abs. 1 VOB/A zur Folge, dass das Angebot, welches nicht der Leistungsbeschreibung des Auftraggebers entspricht, von der Wertung ausgeschlossen werden muss.

   Zudem ist eine Korrektur des Vordersatzes auf den ursprünglichen unzulässig, da § 16c Abs. 2 Nr. 1 VOB/A definiert, dass bei der Multiplikation der Einheitspreis maßgebend ist, da dieser der einzig vom Bieter anzugebende Wert ist.

Bietereigene AGB

Sachverhalt: Der Bieter hat zu dem Angebot seine eigene AGB als gesonderte Beilage auf der Rückseite der selbst gefertigten Abschrift oder an anderer Stelle hinzugefügt (Abb. 3.6).

   Zu den AGB können auch scheinbar unbedeutende Erklärungen, wie z. B. „Zahlbar innerhalb 8 Tagen ohne Abzug" abgedruckt auf der selbst gefertigten Abschrift zählen.[75]

Wertung: Die Beifügung der AGB ist als Ergänzung und damit als Änderung der Vergabeunterlagen anzusehen. Insofern liegt mit der Abgabe der bietereigenen AGBs ein Ver-

---

[74]Hierzu vergleichbar VK Südbayern, Beschluss vom 09.09.2003 – 38-08/03 | IBR 2004 Heft 1 40.
[75]VK Nordbayern, B. v. 21.09.2001 – Az.: 320.VK-3194-32/01.

```
Pos. 101  Bauzaun                                              EP          GP

          Verlängerung der Vorhaltung des Bauzauns
          über die in Pos. 100 hinausgehende Vorhalte-
          zeit.

          4 Woche  8 Wochen                                    625         5000
```

Abb. 3.5 Änderung des Vordersatzes

gabeverstoß i. S. d. § 16 Abs. 1 Nr. 1 VOB/A i. V m. § 13 Abs. 1 Nr. 5 VOB/A vor. **Das Angebot** des Bieters **ist auszuschließen,** insbesondere dann, wenn der ÖAG in seinen Vorbemerkungen die Beifügung der AGB explizit untersagte.[76]

Begründung: Die Stellung von AGBs durch den Bieter ist für den ÖAG nicht akzeptabel, da dieser eben durch seine eigenen Vergabeunterlagen selber AGBs formulierte, und diesen hat sich der Bieter zu unterwerfen. Andernfalls wäre mit einer Zuschlagserteilung auf zwei unterschiedliche Vertragswerke – AGB des ÖAG und des Bieters – keine übereinstimmende Willenserklärung möglich und die Vertragsausführung würde ungeregelt erfolgen, sodass durch die Ablehnung der bietereigenen AGB verhindert wird, dass über die Geltung von Vertragsbedingungen nachträglich Streit entsteht.[77]

Auch wenn der ÖAG diese Ausschlusskriterien nicht explizit formulierte, bleibt es bei dem Vergabeverstoß. Hieran ändert auch die Art der Beifügung i. d. R. nichts. Denn es kann davon ausgegangen werden, dass der Bieter seine Unterlagen sorgfältig und gewissenhaft zusammengestellt hat und damit allein schon zum Ausdruck bringt, dass die AGB verwendet werden sollen.[78]

Die inhaltliche Auseinandersetzung, mit den AGBs kann dem ÖAG bzw. dem Planer nicht zugemutet werden. Denn dieser wird i. d. R. nicht die juristischen Kenntnisse haben, um entscheiden zu können, ob die bietereigenen den eigenen AGBs ggf. nicht widersprechen. Zusätzlich führt diese Überprüfung zu einer Verzögerung des Vergabeverfahrens, was dem Ziel der schnellen und reibungslosen Realisierung von Bauvorhaben entgegensteht.[79]

Nicht zum Ausschluss sollen auf der Rückseite des Begleitschreibens, nicht zu verwechseln mit der selbst gefertigten Abschrift zum Angebot, abgedruckte AGBs führen, wenn nicht ausdrücklich die Beifügung der AGB untersagte wurde. Ein solches Anschreiben enthält keine Bestandteile/Informationen, die auf das Angebot wirken. Es ist nach Aufmachung und Inhalt („… hiermit übersende ich Ihnen mein Angebot.") ein reines Übersendungsschreiben. Der Hinweis im Übersendungsschreiben, „Mein Angebot wurde unter der Voraussetzung … kalkuliert …" ist schon kein Übersendungsschreiben mehr. Dies setzt jedoch voraus, dass das Angebot selbst so verfasst wurde, wie der ÖAG es vorsah, und nicht davon Gebrauch gemacht wurde, die AGBs zum Vertragsbestandteil zu erklären,

---

[76] OLG München, Beschluss vom 21.02.2008 – Verg 1/08 | IBRRS 63785.

[77] 3. VK Bund, B. v. 18.09.2008 –Az.: VK 3-122/08.

[78] Weyand, § 25 VOB/A, Rdn. 5555/1.

[79] Weyand, § 25 VOB/A, Rdn. 5563.

Allgemeine Verkaufsbedingungen

Wir danken für Ihre Bestellung, die wir unter ausschließlicher Geltung der auf der Rückseite dieses Auftrags abgedruckten Liefer- und Zahlungsbedingungen annehmen.

§ 1   Geltungsbereich

(1) Diese Verkaufsbedingungen gelten ausschließlich gegenüber Unternehmern, juristischen Personen des öffentlichen Rechts oder öffentlich-rechtlichen Sondervermögen im Sinne von § 310 Absatz 1 BGB. Entgegenstehende oder von unseren Verkaufsbedingungen abweichende Bedingungen des Bestellers erkennen wir nur an, wenn wir ausdrücklich schriftlich der Geltung zustimmen.

(2) Diese Verkaufsbedingungen gelten auch für alle zukünftigen Geschäfte mit dem Besteller, soweit es sich um Rechtsgeschäfte verwandter Art handelt (vorsorglich sollten die Verkaufsbedingungen in jedem Fall der Auftragsbestätigung beigefügt werden).

§ 2   Angebot und Vertragsabschluss

Sofern eine Bestellung als Angebot gemäß § 145 BGB anzusehen ist, können wir diese innerhalb von zwei Wochen annehmen.

§ 3   Überlassene Unterlagen

An allen in Zusammenhang mit der Auftragserteilung dem Besteller überlassenen Unterlagen, wie z. B. Kalkulationen, Zeichnungen etc., behalten wir uns Eigentums- und Urheberrechte vor. Diese Unterlagen dürfen Dritten nicht zugänglich gemacht werden, es sei denn, wir erteilen dazu dem Besteller unsere ausdrückliche schriftliche Zustimmung. Soweit wir das Angebot des Bestellers nicht innerhalb der Frist von § 2 annehmen, sind diese Unterlagen uns unverzüglich zurückzusenden.

§ 4   Preise und Zahlung

...

(4) Sofern keine Festpreisabrede getroffen wurde, bleiben angemessene Preisänderungen wegen veränderter Lohn-, Material- und Vertriebskosten für Lieferungen, die 3 Monate oder später nach Vertragsabschluss erfolgen, vorbehalten.

§ 5   Aufrechnung und Zurückbehaltungsrechte

.....

§ 6   Lieferzeit

(4) Weitere gesetzliche Ansprüche und Rechte des Bestellers wegen eines Lieferverzuges bleiben unberührt.

§ 7   Gefahrübergang bei Versendung

Wird die Ware auf Wunsch des Bestellers an diesen versandt, so geht mit der Absendung an den Besteller, spätestens mit Verlassen des Werks/Lagers, die Gefahr des zufälligen Untergangs oder der zufälligen Verschlechterung der Ware auf den Besteller über. Dies gilt unabhängig davon, ob die Versendung der Ware vom Erfüllungsort erfolgt oder wer die Frachtkosten trägt.

§ 8   Eigentumsvorbehalt

(1) Wir behalten uns das Eigentum an der gelieferten Sache bis zur vollständigen Zahlung sämtlicher Forderungen aus dem Liefervertrag vor. Dies gilt auch für alle zukünftigen Lieferungen, auch wenn wir uns nicht stets ausdrücklich hierauf berufen. Wir sind berechtigt, die Kaufsache zurückzunehmen, wenn der Besteller sich vertragswidrig verhält.

(2) Der Besteller ist verpflichtet, solange das Eigentum noch nicht auf ihn übergegangen ist, die Kaufsache pfleglich zu behandeln. Insbesondere ist er verpflichtet, diese auf eigene Kosten gegen Diebstahl-, Feuer- und Wasserschäden ausreichend zum Neuwert zu versichern (Hinweis: nur zulässig bei Verkauf hochwertiger Güter). Müssen Wartungs- und Inspektionsarbeiten durchgeführt werden, hat der Besteller diese auf eigene Kosten rechtzeitig auszuführen. Solange das Eigentum noch nicht übergegangen ist, hat uns der Besteller unverzüglich schriftlich zu benachrichtigen, wenn der gelieferte Gegenstand gepfändet oder sonstigen Eingriffen Dritter ausgesetzt ist. Soweit der Dritte nicht in der Lage ist, uns die gerichtlichen und außergerichtlichen Kosten einer Klage gemäß § 771 ZPO zu erstatten, haftet der Besteller für den uns entstandenen Ausfall.

(3) Der Besteller ist zur Weiterveräußerung der Vorbehaltsware im normalen Geschäftsverkehr berechtigt. ....

(4) Die Be- und Verarbeitung oder Umbildung der Kaufsache durch den Besteller erfolgt stets namens und im Auftrag für uns. In diesem Fall setzt sich das Anwartschaftsrecht des Bestellers an der Kaufsache an der umgebildeten Sache fort. Sofern die Kaufsache mit anderen, uns nicht gehörenden Gegenständen verarbeitet wird, erwerben wir das Miteigentum an der neuen Sache im Verhältnis des objektiven Wertes unserer Kaufsache zu den anderen bearbeiteten Gegenständen zur Zeit der Verarbeitung. Dasselbe gilt für den Fall der Vermischung. Sofern die Vermischung in der Weise erfolgt, dass die Sache des Bestellers als Hauptsache anzusehen ist, gilt als vereinbart, dass der Besteller uns anteilmäßig Miteigentum überträgt und das so entstandene Alleineigentum oder Miteigentum für uns verwahrt. Zur Sicherung unserer Forderungen gegen den Besteller tritt der Besteller auch solche Forderungen an uns ab, die ihm durch die Verbindung der Vorbehaltsware mit einem Grundstück gegen einen Dritten erwachsen; wir nehmen diese Abtretung schon jetzt an.

(5) Wir verpflichten uns, die uns zustehenden Sicherheiten auf Verlangen des Bestellers freizugeben, soweit ihr Wert die zu sichernden Forderungen um mehr als 20 % übersteigt.

§ 9   Gewährleistung und Mängelrüge sowie Rückgriff/Herstellerregress

(1) Gewährleistungsrechte des Bestellers setzen voraus, dass dieser seinen nach § 377 HGB geschuldeten Untersuchungs- und Rügeobliegenheiten ordnungsgemäß nachgekommen ist.

(2) Mängelansprüche verjähren in 12 Monaten nach erfolgter Ablieferung der von uns gelieferten Ware bei unserem Besteller (Hinweis: bei dem Verkauf gebrauchter Güter kann die Gewährleistungsfrist ganz ausgeschlossen werden).

§ 10   Sonstiges

....

Abb. 3.6 Allgemeine Verkaufsbedingungen. (Ausschnitte Muster AGB der Industrie- und Handelskammer Nordschwarzwald, http://www.nordschwarzwald.ihk24.de/produktmarken/recht/recht/Mustervertraege/AGB.jsp)

sodass danach die AGB auf der Rückseite des Übersendungsschreibens nicht als Änderung an den Vergabeunterlagen zu betrachten sind.[80]

Ebenfalls **nicht zum Ausschluss** führen Verweise auf ABGs, wenn diese nicht wie in § 305 Abs. 2 BGB beigefügt sind. So stellt der Satz „Unseren Lieferungen und Leistungen liegen die Liefer- und Zahlungsbedingungen des Elektro-Handwerks zugrunde" lediglich einen Verweis dar. Hätte der Bieter die AGBs des Elektro-Handwerks zum Vertragsbestandteil werden lassen wollen, so wäre zumindest die Nennung einer Quelle der Liefer- und Zahlungsbedingungen des Elektro-Handwerks, z. B. in Form eines Internetlinks oder durch den Abdruck auf der Rückseite des Angebotes, notwendig gewesen. Dies hätte dann zum Ausschluss geführt. Damit liegen in einem solchen Fall keine beigefügten AGBs vor, die überhaupt rechtlich wirksamer Bestandteil des Angebots geworden sein könnten.[81]

---

[80] VK Brandenburg, B. v. 16.12.2004 – Az.: VK 70/04 | IBRRS 52162.

[81] 2. VK Bund, B. v. 29.03.2006 – Az.: VK 2-11/06.

▶   **Tipp**

Sollte der Planer bei der Prüfung feststellen, dass zwei und mehrere Bieter
AGBs abgegeben haben, so sollte die Tolerierung der AGBs auf der Rückseite
der/des Anschreibens, immer schon aus Gründen der Gleichberechtigung,
keinesfalls erfolgen.

Auch können Nebenangebote nicht nur in fachlicher Hinsicht, sondern auch hinsichtlich ihrer Vertragsbedingungen vom Hauptangebot abweichen, also bietereigene AGB enthalten.
Doch gilt auch hier, dass die inhaltliche Prüfung nicht den zumutbaren Prüfungsaufwand
überschreiten darf.[82]

Ergänzende Angaben
„Präzisierung" der Ausführungsfristen

Sachverhalt: In seinem Angebot gibt der Bieter an, dass er die Ausführungsfristen
aufgrund des kurzfristigen Baubeginnes verschieben wird, wenn er den Auftrag erhält
(Abb. 3.7).

Wertung: Das **Angebot ist** aufgrund der Änderung der Vergabeunterlagen gemäß § 16
Abs. 1 Nr. 2 VOB/A i. V. m. § 13 Abs. 1 Nr. 1 VOB/A **auszuschließen.**

Begründung: Neben dem Änderungsaspekt ist dieses Angebot unverbindlich. Denn werk-
vertraglich behält sich der Bieter für seine Ausführungsfrist diesen Punkt gemäß § 154
Abs. 1 Satz 1 BGB offen.

Zu Gunsten des Auftraggebers

Sachverhalt: In dem vom Bieter ausgefüllten LV ergänzte dieser, dass er eine Leistung
zusätzlich mit weiteren Leistungen anbieten würde. Ausgeschrieben waren Asphaltarbeiten.
Der Bieter bot an „incl. Markierung". Die Markierung war nicht Gegenstand der Ausschreibung.

Wertung: Gemäß § 16 Abs. 1 Nr. 2 VOB/A **ist das Angebot auszuschließen**, da mit
Verweis auf § 13 Abs. 1 Nr. 5 Satz 1 VOB/A klargestellt ist, dass Änderungen an den Vergabeunterlagen unzulässig sind.

Begründung: Der vermeintliche Vorteil für den ÖAG kann und darf keine Berücksichtigung finden. In § 13 Abs. 1 Nr. 5 Satz 1 VOB/A wird die einfache Normierung aufgestellt, dass Änderungen nicht zulässig sind. Hierbei sind keine materiellen Kriterien zur
Wertung heranzuziehen. Es geht hier lediglich um die rein formale Betrachtungsweise,
weshalb nicht bei einer für den ÖAG ungünstigen Auslegung ausgeschlossen werden

---

[82] VK Lüneburg, B. v. 11.03.2008 – Az.: VgK-05/2008 | BeckRS 2008 09131.

BESONDERE VERTRAGSBEDINGUNGEN

1   Ausführungsfristen (§ 5 VOB/B)

1.1   Fristen für Beginn und Vollendung der Leistung (=Ausführungsfristen):

Mit der Ausführung ist zu beginnen
☒ am ~~05.10.2010~~ *12.10.2010*

☐ spätestens _____ Werktage nach Zugang des Auftragsschreibens.

☐ in der _____ KW _____ ,spätestens am letzten Werktag dieser KW.

☐ innerhalb von 12 Werktagen nach Zugang der Aufforderung durch den Auftraggeber (§ 5 Nr. 2 Satz 2 VOB/B); die Aufforderung wird Ihnen voraussichtlich bis zum _____ zugehen.

☐ nach der im beigefügten Bauzeitenplan ausgewiesenen Frist für den Ausführungsbeginn.

Die Leistung ist zu vollenden (abnahmereif fertig zu stellen)
☒ am ~~05.12.2010~~ *23.12.2010*

☐ innerhalb von _____ Werktagen nach vorstehend angekreuzter Frist für den Ausführungsbeginn.

Abb. 3.7 Besondere Vertragsbedingungen

kann und bei einer günstigen nicht. Damit würde das Grundprinzip des Vergaberechts die Gleichbehandlung konterkarieren.[83]

Tolerierbare Änderungen

Sachverhalt: In einem Begleitschreiben zu einem Angebot gab der Bieter zu verstehen, dass er mit seinem Angebot die „VOB in der neuesten Fassung" als vereinbart betrachtet.

Wertung: Hier liegt keine Änderung vor, wenn absehbar ist, dass die VOB nicht innerhalb weniger Wochen geändert wird. Damit ist diese Formulierung lediglich als Wiederholung zu den Vergabeunterlagen anzusehen. Das Angebot ist **nicht auszuschließen**.

Begründung: Durch die Wiederholung werden am Wortlaut der Vergabeunterlagen keine Änderungen vorgenommen. Eine allgemein gehaltene Erklärung in einem Angebotsanschreiben des Bieters, wonach die VOB in der neuesten Fassung Vertragsbestandteil werden soll, stellt keine nach § 16 Abs. 1 Nr. 2 VOB/A zu sanktionierende Änderung dar.[84] Dieser Einzelfall stellt einen der wenigen Fälle dar, bei denen Änderungen toleriert werden dürfen.

---

[83] VK Bund, B. v. 20.06.2007 – Az.: VK 3-55/07.

[84] VK Thüringen, Beschluss vom 20.10.2003 – 216-4002.20-055/03-EF-S-G | IBR 2004 Heft 1 38.

200,000 m²	37,00	7 400,00

Abb. 3.8 Zweifelhafte Änderung

Zweifelhafte bietereigene Änderungen

Sachverhalt: Der Bieter hat seine eigenen Eintragungen geändert, jedoch so, dass nicht zweifelsfrei erkannt werden kann, welchen Willen er zum Ausdruck bringen wollte (Abb. 3.8).

Wertung: Es ist nicht zweifelsfrei ersichtlich, welchen EP der Bieter eingetragen hat. Der EP könnte 37 oder 27 EUR sein. Der GP bezieht sich auf 37 EUR. Das Angebot **ist auszuschließen**.

Begründung: Gemäß § 13 Abs. 1 Nr. 5 Satz 2 VOB/A müssen die Änderungen des Bieters an seinen eigenen Eintragungen zweifelsfrei sein. Damit ist das Angebot nach § 16 Abs. 1 Nr. 2 VOB/A auszuschließen, da es eben der Bestimmung nach § 13 widerspricht.

Selbst gefertigte Abschrift

Sachverhalt: Der Bieter füllte nicht das übersandte LV aus, sondern reichte gemäß § 13 Abs. 1 Nr. 6 VOB/A eine Abschrift vom LV ein, ohne die Alleinverbindlichkeit anzuerkennen.

Wertung: In dieser Abschrift oder einem beigefügten Begleitschreiben muss der Bieter das übersandte LV (Ur-LV) als allein verbindlich anerkennen. Um den sofortigen **Ausschluss zu vermeiden**, muss der ÖAG die allein verbindliche Anerkennung innerhalb von 6 Kalendertagen nachgefordert haben. Liegt die Anerkennung auch nach 6 Kalendertagen nicht vor, so ist das Angebot zwingend auszuschließen.

Begründung: Durch den Datenaustausch zwischen ÖAG und Bieter oder die tatsächliche Abschrift, die zu der selbst gefertigten Abschrift des LV i. S. v. § 13 Abs. 1 Nr. 6 VOB/A führt, soll dem Bieter die Kalkulation erleichtert werden. Um sicherzustellen, dass der spätere Vertrag nach den Vorgaben des ÖAG abgeschlossen wurde, muss der Bieter das Ur-LV allein verbindlich anerkennen.

Die an diese Abschrift gestellte Anforderung der allein verbindlichen Anerkennung wird gegeben sein, wenn deutlich erkennbar ist, dass der Bieter die übergebenen Daten vollständig für seine Abschrift übernommen hat.[85] Bei umfangreichen Leistungsverzeichnissen

---

[85] LG Meiningen, Beschluss vom 07.07.2000 – HK0 104/00 | IBR 2000 Heft 10 471.

```
Pos. 101  Winkel                                    EP          GP

          Winkel liefern und einbauen

          50 Stück                        je 10 Stück 52,5        262,50
```

Abb. 3.9 Einheitenfehler im EP des Kurztext-Verzeichnisses

sollte der öAG jedoch ein ausgefülltes Ur-LV innerhalb der 6-KT-Frist gemäß § 16 Abs. 1 Nr. 3 VOB/A nachfordern, da er in der Kürze der Prüfungsfrist i. d. R. nicht den Wortlaut beider Versionen vergleichen kann. Dies gilt auch für den Fall, wenn die Anerkennung bei einer Abschrift fehlt, die lediglich als Positionsbeschreibung die Kurztexte wiedergibt.

Damit liegt ohne die Anerkennung immer ein unvollständiges Angebot vor und **muss ausgeschlossen** werden.

Fehlerhafte Abschrift

Sachverhalt: Der Bieter reichte eine selbst gefertigte Abschrift ein. Jedoch sind nicht alle Positionen vollzählig angeboten worden und die Reihenfolge und die Nummern entsprechen nicht dem Ursprungs-LV.

Wertung: Entsprach das Angebot nicht den Punkten der vollzähligen Positionen und der gleichen Reihenfolge und den gleichen Nummern, so kann der Bieter diesen Mangel nicht mehr heilen. Das **Angebot ist auszuschließen**.

Begründung: Hier fehlen keine Erklärungen oder Unterlagen, sondern das Angebot wurde verändert. Damit ist das Angebot nach § 16 Abs. 1 Nr. 2 VOB/A i. V. m. § 13 Abs. 1 Nr. 5 VOB/A auszuschließen, da dieses Angebot nicht mehr eindeutig mit den Angeboten der übrigen Bieter verglichen werden kann. Das Prinzip der Vergleichbarkeit der Angebote wäre mit der Anerkennung einer fehlerhaften Abschrift verletzt.

Änderung des Vordersatzes

Sachverhalt: Der Bieter hat gegenüber dem Original-LV des Planers in seiner Abschrift bei einer oder einigen Positionen einen anderen Mengenansatz gewählt (Abb. 3.9).

Wertung: Hat der Bieter das Original-LV als allein verbindlich anerkannt, so sind diese Vordersätze maßgebend. Das Angebot ist dahin gehend zu **korrigieren und nicht auszuschließen**.

Begründung: Durch die allein verbindliche Anerkennung des Original-LV wird der Ausschluss verhindert.[86] In Fällen einer Divergenz zwischen Kurztext- und Langtext-Verzeich-

---

[86] VK Sachsen, Beschluss vom 21.04.2008 – 1/SVK/021-08 | IBR 2008 Heft 10 596.

nis eines Angebots ist vom Vorrang des Langtext-Leistungsverzeichnisses auszugehen. In vertragsrechtlicher Hinsicht bleibt es folglich bei der „Alleinverbindlichkeit" des Langtext-Leistungsverzeichnisses: sein Inhalt wird vollumfänglich zum Angebotsinhalt.[87]

Sachverhalt: In seinem Angebot hat der Bieter die Einheitspreise für je Zehnereinheit angegeben. Der Einheitspreis muss, dies bestätigt der Rückgriff auf den GP und der Hinweis „je 10 Stück" durch 10 dividiert werden, damit der Stückpreis vorliegt.

Wertung: Eine Wertung des Angebotes ist möglich, da der Einheitspreis durch die vom Bieter definierte Bedingung „je 10 Stück" klar ersichtlich ist. Der verbotene Rückgriff auf den Quotienten aus GP und Menge ist nicht notwendig.

Begründung: Das Dogma des § 16c Abs. 2 Nr. 1 VOB/A gilt unbenommen, der EP darf nicht durch einen Rückgriff auf den GP ermittelt werden. Dieser Korrekturansatz unterbleibt in diesem Fall. Hier kommt der Hinweis des Bieters zur Anwendung, sodass die 10 Stück als Divisor eingesetzt werden. Der Hinweis, der einer Bedingung gleich kommt, führt nicht zum Ausschluss, da das LV nicht verändert wird.[88] Die Vergleichbarkeit dieses Angebotes ist gegeben, da eben deutlich ist, wie sich der EP ermittelt. Der EP dürfte nicht geändert werden, wenn der Hinweis fehlte und der öAG zu erkennen glaubte, dass es sich hier nur um einen Kommafehler (Verschiebung um eine Stelle) handeln würde.[89]

Mit dem Bieter sollte noch ein Aufklärungsgespräch geführt werden, sodass zweifelsfrei dokumentiert wird, dass der Hinweis „je 10 Stück" bedeutet, das ein Stück eben mit dem zehnten Teil vergütet wird.

Erweiterte Abschrift

Sachverhalt: Ein Bieter erweitert seine nach § 13 abs. 1 Nr. 6 VOB/A selbstgefertigte Abschrift um zusätzliche Angaben, das Produkt der Leistung betreffend. In der selbstgefertigten Abschrift weist der Bieter Produktdaten und Bestellnummern aus, die nicht verlangt waren. Das Angebot enthält im Übrigen alle verlangten Angaben und das Original-Leistungsverzeichnis wurde vom Bieter als alleinverbindlich anerkannt.

Wertung: Das Angebot ist nicht auszuschließen, da eben keine Änderung i. S. d. § 13 Abs. 1 Nr. 5 VOB/A vorliegt, sondern eine Präzisierung.

Begründung: Die zusätzlichen Angaben sind keine Änderungen des Leistungsverzeichnisses, sondern entsprechen den Produktdaten und somit den Vorgaben des Auftraggebers. Änderungen an den Vergabeunterlagen *führen zwingend* zum Ausschluss des Angebots.[90]

---

[87] OLG Schleswig, Beschluss vom 08.12.2010 – 1 Verg 12/10.

[88] Siehe „Tolerierbare Änderungen".

[89] LG Köln, Urteil vom 23. 2. 2005 – 28 O (Kart) 561/04.

[90] VK Sachsen-Anhalt, Beschluss vom 23.06.2016 – 3 VK LSA 16/16.

Dies bedeutet aber nicht, dass das Leistungsverzeichnis von den Bietern nicht selbst verfasst werden kann. Maßgeblich ist allein, dass es inhaltlich den Vorgaben der Ausschreibung entspricht. In diesen Fällen sind auch zusätzliche Angaben unschädlich.

Unverbindliches Angebot

Sachverhalt: Ein Angebot wurde mit einem, wo auch immer stehenden Hinweis im Angebot eingereicht, dass das Angebot nicht verbindlich ist.

Hierzu können auch Angaben zählen wie:

- unverbindlich, ohne Gewähr, ohne Obligo, freibleibend,
- Lieferung vorbehalten,
- Preis vorbehalten, Preis freibleibend,
- solange der Vorrat reicht.

Wertung: Mit solchen Freizeichnungsklauseln gibt der Bieter zu verstehen, dass er die vom ÖAG bis zum Ablauf der Zuschlagsfrist geforderte Verbindlichkeitserklärung gemäß § 10 Abs. 7 VOB/A des Angebotes nicht anerkennt. Das **Angebot ist auszuschließen**, da es § 16 Abs. 1 Nr. 2 VOB/A i. V. m. § 13 Abs. 1 Nr. 5 VOB/A nicht entspricht.

Begründung: Der Widerspruch zu § 13 Abs. 1 Nr. 5 VOB/A resultiert daraus, dass der ÖAG mit der Definition der Bindefrist (früher auch Zuschlagsfrist) ausdrücklich verlangte, dass sich der Bieter an sein Angebot hält. Diesem hat der Bieter mit der Freizeichnungsklausel widersprochen und dadurch das Angebot – eben die Bindungsverbindlichkeit – geändert.[91]

Zudem ist ein Angebot, das unverbindlich ist, eher ein Kostenanschlag i. S. d. § 650 BGB, da als Kostenanschlag jede Erklärung über die voraussichtlichen Kosten zu verstehen ist.[92] Ein Kostenanschlag ist damit eben kein Angebot im Sinne der VOB/A.

Korrektur eines LV-Fehlers durch den Bieter

Sachverhalt: In einem LV wird eine Teilleistung mit einer Einheit in Quadratmetern ausgeschrieben. Richtig wäre jedoch die Einheit „laufende Meter" gewesen. Einige Bieter erkannten den Fehler und korrigierten die Einheit auf „lfdm".

Wertung: Die Bieter hätten die Teilleistungsposition auf Quadratmeter umrechnen müssen, so wie die Übrigen. Mit der Korrektur des offensichtlichen Fehlers haben sie die Angebotsunterlagen geändert und **müssen ausgeschlossen werden**.

---

[91] Weyand – 107.5.1.3.2.1 | 2. Auflage 2006 Stand: 08.10.2009.

[92] Rolf Kniffka ibr-online-Kommentar Bauvertragsrecht – 26.2.2 | 2. Auflage 2004 Stand: 26.05.2009.

Begründung: Mit dem Verbot von Änderungen der Vertragsunterlagen soll die Vergleichbarkeit der Angebote gewährleistet werden[93]. Dadurch, dass die Bieter, ohne ihrer Hinweispflicht nachzukommen, die Vergabeunterlagen normwidrig änderten, sind die Angebote nicht mehr vergleichbar und müssen ausgeschlossen werde.

Jede Änderung, auch die eines Fehlers, führt zu einer Nichtvergleichbarkeit und verstößt gegen das Primärprinzip der Gleichbehandlung. Insofern müssen Änderungen dogmatisch gewertet werden. Eine Umrechnung der Preise auf eine einheitliche Einheit ist weiterhin nicht statthaft, da dieses einer Preisänderung durch den Planer gleichkommen würde. Denn dieser kennt nicht die Kalkulationsgrundlagen des Bieters und kann für diesen nicht entscheiden.

Nicht vollständig zurückgegebene Vergabeunterlagen

Sachverhalt: Die Angebotsöffnung zeigt, dass ein Bieter nur einen Teil der versandten Vergabeunterlagen zurückgesandt hat. Die verlangten ZVB der Vertragsunterlagen wurden nicht zurückgegeben und fehlen.

Wertung: Das **Angebot ist auszuschließen**, da eine Nachforderung i. S. d. § 16b VOB/A nicht infrage kommt und da es sich bei den fehlenden Unterlagen um Vertragsunterlagen handelt, die nicht gleichzusetzen sind mit „Erklärungen und Nachweisen".

Begründung: Die Vertragsunterlagen sind die AGBs des ÖAG, nach deren Bedingungen der Auftrag abgewickelt werden muss. Die Begriffe „Erklärungen und Nachweise" beinhaltet alle in der Praxis gebräuchlichen Nachweise wie Unbedenklichkeitserklärungen von Berufsgenossenschaft, Finanzamt, Krankenkasse; Referenzliste des Bieters, Tariftreueerklärung, Auszüge aus Gewerbe- und Steuerregister usw. Nicht zurückgegebene Vertragsunterlagen bewirken, dass das Angebot unvollständig ist und damit ausgeschlossen werden muss.

Mehr als ein Hauptangebot (sog. „Doppelangebote")

Sachverhalt: Der Bieter hat zwei Hauptangebote abgegeben und dabei unterschiedliche Einheitspreise eigetragen. Mit einem Angebot ist der Bieter der preisgünstigste.

Wertung: Die **Angebote sind auszuschließen**, da inhaltlich identische Hauptangebote (sog. „Doppelangebote"), die sich nur im Preis unterscheiden, unzulässig sind.[94]

Begründung: Bedenken gegen die Zulassung mehrerer Hauptangebote ergeben sich insbesondere auch aus dem Transparenz- und Gleichbehandlungsgrundsatz. Inhaltlich identische

---

[93] BGH, Urteil vom 16.04.2002 – X ZR 67/00, IBR 2002, 374.
[94] OLG Düsseldorf, Beschluss vom 09.03.2011 – Verg 52/10.

Hauptangebote (sog. „Doppelangebote"), die sich hingegen nur im Preis unterscheiden, müssen ausgeschlossen werden. Dort, wo die Vorgaben der Vergabestelle eine technisch-inhaltlich unterschiedliche Leistung zulässt und dies zur Abgabe vergleichbarer Angebote führt, sind Doppelangebote möglich.[95]

„./." als Preis angegeben

Sachverhalt: Der Bieter hat bei einer oder einigen Positionen das kaufmännische Minuszeichen „./." angegeben.

Wertung: Der Bieter gibt damit keinen Null-Preis (0,0 EUR) an, sondern drückt aus, dass er die Leistungen nicht anbietet. Das Zeichen „./." ist als unzulässige Änderung der Vergabeunterlagen nach § 16 Abs. 1 Nr. 2 i. V. m. § 13 Abs. 1 Nr. 5 Satz 1 VOB/A anzusehen und führt **zum zwingenden Ausschluss**.

Begründung: Mit der Verwendung des Zeichens gibt der Bieter zu verstehen, dass er die entsprechende Leistung nicht anbietet. Mit diesem Zeichen wird bewusst von der Eintragung eines Preises abgesehen. Im Unterschied zu einer gänzlich fehlenden Angabe, die ggf. als fehlender einzelner EP angesehen werden kann, wurde die Eintragung bewusst vorgenommen. Damit ist das Angebot so zu verstehen, dass der Bieter diese Leistung nicht anbieten wollte. Insofern kann dieses auch nicht mit einem Null-Preis gleichgesetzt werden, durch den der Bieter zu verstehen geben würde, dass er keine Vergütung für die betreffende Leistung verlangt.[96]

3.3.2.3 Fehlende oder nicht eindeutige Preise

Fehlende Preise

Gemäß § 13 Abs. 1 Nr. 3 VOB/A müssen dort, wo Preise einzutragen waren, Preise eingetragen werden.

Hierbei bedeutet „geforderte Preise", dass an der Stelle, wo ein Preis eingetragen werden muss, etwas steht, dass wie ein Preis aussieht. Somit sind nicht nur Zahlen zu beurteilen, sondern auch andere Angaben wie 0 oder –, nicht aber Texte wie „enthalten" bzw. „in Position …".[97] Diese Texte deuten auf eine Mischkalkulation hin.[98]

Für das kaufmännische Minus „./." muss jedoch die Feststellung getroffen werden, dass bei einer solchen Angabe die Leistung als nicht angeboten gelten soll und damit kein

---

[95] RA Dr. Franz-Josef Hölzl, LL.M., Berlin zu OLG München, 29.10.2013 – Verg 11/13.

[96] VK Bund: Beschluss vom 23.05.2014 – Az. 1-30/14.

[97] VÜA Bayern IBR 1999, 349; wohl auch BGH | NJW 1998, 3634.

[98] Hierzu siehe Ziff. 3.3.2.4 „Mischkalkulation".

„Null-Preis" ist. Mit der Angabe eines solchen Zeichens gibt der Bieter zu verstehen, dass er diese nicht anbietet.[99]

Hat der Bieter in seinem Angebot an mehreren Stellen einen „Strich" als Preis eingetragen und wechselt nicht zwischen 0 EUR und „Strich", dann kann der „Strich" als 0 EUR gewertet werden.[100] Der Bieter verlangt dann für diese Leistungen keinen Preis. Der Bieter ist hierzu jedoch zum Aufklärungsgespräch einzuladen, damit der Mischkalkulationsverdacht ausgeschlossen werden kann.

Weicht der angegebene Preis von den zugehörigen Preisen in der – mit dem Angebot abgegebenen – Urkalkulation ab, dann ist ein solcher Preis unzutreffend und das Angebot darf nicht gewertet werden.[101]

Die Bestimmung, im Angebot „nur die Preise" anzugeben, ist weiter im Zusammenhang mit § 4 Abs. 3 VOB/A zu sehen, wonach der Bewerber seine Preise in die Leistungsbeschreibung einzusetzen hat. Im Fall einer Leistungsbeschreibung mit Leistungsverzeichnis ohne Pauschale sind alle Einheitspreise einzutragen.[102] Diese Forderung ist auch für evtl. Wahl- und Bedarfspositionen einzuhalten.[103]

Das Angebotsverfahren ist darauf abzustellen, dass der Bieter die Preise, die er für seine Leistungen fordert, in die Leistungsbeschreibung einzusetzen oder in anderer Weise im Angebot anzugeben hat.

Eine Nachforderung der Preise nach § 16b VOB/A ist nicht vorgesehen, da diese Option nur für den Fall eingeräumt wurde, dass nicht bereits nach § 16 VOB/A ausgeschlossen werden musste. Die Art der Nachforderung würde zudem der Manipulationsmöglichkeit „Tür und Tor öffnen" und ist damit gänzlich zu verneinen (Abb. 3.10).

Fehlender Preis bei nachgeforderten Unterlagen

Sachverhalt: Im Rahmen einer Ausschreibung von Bauleistungen übersandte der ÖAG nach Überstellung der Vergabeunterlagen eine Ergänzung zum Leistungsverzeichnis.[104] Diese enthielt ausschließlich eine weitere zu bepreisende Leistungsverzeichnisposition und wurde den Bietern rechtzeitig vor Ablauf der Angebotsfrist per Telefax nachweislich zugestellt. Ein Bieter reichte ein Angebot ein, in welchem die nachträglich geforderte Leistungsverzeichnisposition nicht enthalten war.

Wertung: Das Angebot muss nach § 16 Abs. 1 Nr. 2 VOB/A i. V. m. § 13 Abs. 1 Nr. 5 VOB/A zwingend ausgeschlossen werden, da es nicht die Preise und geforderten Erklärungen enthält.

---

[99] VK Bund: Beschluss vom 23.05.2014 – VK 1-30/14.

[100] VK Sachsen: Beschluss vom 16.12.2009 – 1/SVK/057-09, 1-SVK/57/09 | BeckRS 2010, 05173.

[101] OLG Düsseldorf: Beschluss vom 16.03.2016 – Verg 48/15.

[102] BGH BauR 2005, 1620; OLG Jena | IBR 2003, 629.

[103] VK Baden-Württemberg, Beschluss vom 17.05.2010.

[104] Siehe auch Abschn. 2.4.5.

Pos. 1	Oberboden BG4 abtragen lagern Abtrag-D 25cm[279]	EP	GP
	Oberboden, Bodengruppe 4 DIN 18 915, abtragen, seitlich lagern, Abtragdicke im Mittel 25 cm, Mengenermittlung nach Aufmaß an der Entnahmestelle.	*Preis in Pos. 5 enthalten*	
	523,50 m²		

Abb. 3.10 Fehlender Preis. (Fußnote 279: STLB-Bau 2009-10 002, DIN-bauportal)

Begründung: Wurde den Bietern zu den Vergabeunterlagen eine Ergänzung zum Leistungsverzeichnis vor Ablauf der Angebotsfrist per Telefax zugestellt und gab ein Bieter diese Unterlagen nicht ab, so handelt es sich **nicht** um eine fehlende Preisangabe. Denn es ist zwischen der Änderung von Vergabeunterlagen und dem Fehlen einer Preisangabe im Sinne des § 16 Abs. 1 Nr. 3 VOB/A zu differenzieren. Zwar sieht die VOB/A einen zwingenden Ausschlussgrund bei Fehlen einer unwesentlichen Preisangabe nicht mehr vor, jedoch liegt dieser Sachverhalt in diesem Fall nicht vor. Es fehle nämlich, keine „unwesentliche" Preisangabe, sondern eine ganze Leistungsverzeichnisposition, die nach § 13 Abs. 1 Nr. 1 VOB/A gefordert wurde. Auch eine Nachforderung der Preisangabe als „fehlende Erklärung" im Sinne des § 16 Abs. 1 Nr. 3 VOB/A kommt nicht in Betracht, da das Fehlen von Preisangaben nicht dem Anwendungsbereich dieser Vorschrift unterliegt.[105]

Mehrere Preise

Sachverhalt: In dem Angebot sind bei mehreren Positionen keine Preise, die als solche zu erkennen sind, eingetragen beziehungsweise ein oder mehrere Lose wurden nicht angeboten, obwohl die vollständige Abgabe des Angebotes gefordert war.

Wertung: Das Angebot muss nach § 16 Abs. 1 Nr. 3 VOB/A **zwingend ausgeschlossen** werden.

Begründung: Der Preis aller Positionen eines Angebotes bildet den Angebotspreis. Um den Angebotspreis bilden zu können, müssen alle Positionen gemäß § 13 Abs. 1 Nr. 3 VOB/A einen Preis enthalten. Wurde in einem Angebot keine Eintragung für die Preise vorgenommen, liegt nach § 16 Abs. 1 Nr. 3 VOB/A als **zwingender Ausschlussgrund** eine fehlende Preisangabe vor.[106]

---

[105]VK Hessen, Beschluss vom 10.12.2010 – 69d-VK-38/2010 | IBR 2011 2157.
[106]OLG Düsseldorf, Beschluss vom 09.02.2009 – Verg 66/08 | IBRRS 70817.

Einzelner Preis

Sachverhalt: In dem Angebot ist bei einer Position kein Preis, der als solcher zu verstehen ist, eingetragen.

Wertung: Das Angebot ist, wenn der Anteil des einen fehlenden Preises im Vergleich zu den übrigen Preisen als unwesentlich angesehen werden kann und die Wertungsreihenfolge – mit der hilfsweisen Einsetzung des höchsten Wettbewerberpreises dieses Verfahrens und ohne einen Preis – nicht beeinträchtigt wird, nach § 16 Abs. 1 Nr. 3 VOB/A **nicht auszuschließen**.

Begründung: § 16 Abs. 1 Nr. 3 VOB/A normiert, dass der Preis einer (1) einzelnen Position fehlen darf. Dieser muss im Weiteren im Verhältnis zum Gesamtangebotspreis unwesentlich sein. Unwesentlich ist eine Position, wenn es sich um die Fußleisten einer Küche handelt. Nicht unwesentlich wird das Fehlen eines Preises für den Gussasphalt einer Straßensanierung sein. Es kommt somit auf das Verhältnis zum gesamten Leistungs- oder Auftragsvolumen an. In einer neueren Entscheidung wird weniger als 1 % des Gesamtpreises festgestellt.[107]

Da der Bieter jedoch keinen Preis abgegeben hat, kann das Verhältnis ggf. nicht objektiv bestimmt werden. Die Unwesentlichkeit kann damit i. d. R. nur unter Zuhilfenahme der übrigen Angebote festgestellt werden.

Zudem liegt hier der Fall vor, dass durch den hilfsweise einzusetzenden höchsten Wettbewerbspreis die Wertungsreihenfolge nicht geändert werden darf, denn bei einer Änderung der Reihenfolge wird der fehlende Preis eben wesentlich. Damit ist jeder fehlende Preis unwesentlich, wenn sich durch den eingesetzten höchsten Wettbeweberpreis die Wertungsreihenfolge nicht ändert. Demzufolge ist jedes Angebot, welches sich in der **Rangliste verändert**, wenn der hilfsweise eingesetzte Preis herangezogen wird, **auszuschließen**, weil der fehlende Preis dann nicht mehr unwesentlich ist.

$$\frac{A_2 - M_{i-n} \cdot EP_{i-n}}{M_{\text{Null}}} = EP_{\text{Null}}$$

EP_{Null} Unwesentlichkeits-Grenzwert, ab dem der hilfsweise eingesetzte EP wesentlich wird

A_2 Angebotspreis des nächst höherrangigen Bieters

$M_{i-n} \times EP_{i-n}$ Angebotspreis des Bieters ohne die einzelne fehlende Position

M_{Null} Mengenansatz bei einem EP-Angebot der betreffenden Position

Die Wertung mit dem im Wettbewerb höchsten Preis bedeutet jedoch nicht, dass dieser Höchstpreis auch beauftragt wird. Hier liegt vielmehr der Fall vor, dass der Bieter, der

---

[107]VK Hessen, Beschluss vom 22.02.2016 – Az.: 69 d-VK-47/2015.

für die einzelne unwesentliche Position keinen Preis abgab, nach Auftragserteilung einen Preis abzugeben hat. Würde sich der ÖAG darauf verlassen, dass der Bieter keinen Preis abgegeben hat, so wäre seine Annahme konträr zu § 632 Abs. 1 BGB, wonach eine Vergütung als stillschweigend vereinbart gilt, wenn die Herstellung des Werks nur gegen eine Vergütung zu erwarten war. Eine Preisverhandlung vor Zuschlagerteilung würde jedoch einer verbotenen Nachverhandlung gleichkommen.[108]

Der Preis selbst, der nach Zuschlagserteilung ermittelt wird, muss sich im Rahmen der „ortsüblichen" Preise i. S. d. § 632 Abs. 2 BGB bewegen und dürfte somit den im Wettbewerb erzielten Preis nicht übersteigen.

NULL Preis

Sachverhalt: Der Bieter gab bei mehreren Positionen als Gesamtpreis 0 EUR an, für den dazugehörigen EP mit 0 EUR wurden keine Angaben gemacht (Abb. 3.11).

Wertung: Durch den Eintrag „0,00" gibt der Bieter zu verstehen, dass er keine Vergütung für diese Pos. verlangt, unabhängig davon, wie groß die Menge ist. Die zwingende Forderung des § 13 Abs. 1 Nr. 3 VOB/A ist erfüllt, der Preis wurde angegeben, er ist eben NULL EUR. Es erfolgt **kein Ausschluss**, da eine Bepreisung mit null Euro grundsätzlich nicht unzulässig ist.[109]

Gleichwohl bedarf es der Aufklärung über den Inhalt des Angebotes, damit ausgeschlossen werden kann, dass es sich nicht um ein mischkalkuliertes Angebot, das auszuschließen wäre, handelt.

Begründung: Wenn auch die Wertungsregelung der VOB/A bei fehlenden Einheitspreisen eindeutig den Ausschluss verlangt, liegt hier ein Sonderfall vor. Denn § 13 Abs. 1 Nr. 3 besagt, dass in den Angeboten die Preise enthalten sein müssen. Die Konjunktivregelung der VOB/A 2006 ist entfallen. Doch hier ist der maßgebliche Preis enthalten, denn bei jeder Menge ist der EP 0,00 EUR.

Zum anderen besagt § 16c Abs. 2 Nr. 1 VOB/A, dass durch Multiplikation von Mengenansatz und Einheitspreis (EP) der Gesamtpreis (GP) bestimmt werden muss. Ein Umkehrschluss ist ausdrücklich nicht möglich. Dies liegt daran, dass durch den variablen Mengenansatz bei der Rückrechnung von GP auf EP unendlich viele Ergebnisse möglich wären.

Hier jedoch ist der Umkehrschluss eindeutig möglich, denn der Gesamtpreis wurde mit 0 EUR angegeben. Dies bedeutet, dass der Dividend NULL ist und der Quotient damit immer NULL sein wird. Der Einheitspreis ist somit 0,00 EUR und ein Ausschluss damit nicht mehr notwendig.

---

[108]VK Sachsen: 1/SVK/057-09 vom 16.12.2009 | IBRRS 73873; Frister ist in K/M § 16 Rdn. 22 der Meinung, dass das Nachverhandlungsverbot durchbrochen werden darf.
[109]VK Schleswig-Holstein, Beschluss vom 28.07.2006 – VK-SH 18/06 | IBR 2006 Heft 10 580.

```
Pos. 1     Fanggerüst                                          EP        GP

           Fanggerüst für Arbeiten an Dachgauben oder
           als längenorientiertes Standgerüst für Fas-
           sadenarbeiten,... Standfläche teilweise
           Steinpflaster, teilweise Erdreich, die
           Standfläche ist mit Gerüstbohlen zu si-
           chern,die Belastbarkeit der Standfläche ist
           vom Auftragnehmer eigenverantwortlich zu
           prüfen.

           1 Stk                                                        _____   0,00
```

Abb. 3.11 Position Fanggerüst

Negative Preise, ohne sachlichen Grund

Sachverhalt: Der Bieter trug unter 5 Ordnungsziffern im Bereich Erdarbeiten des LV negative Einheitspreise ein. In den BWB war vorgegeben, Hauptangebote mit negativen Einheitspreisen werden von der Wertung ausgeschlossen.

Wertung: Die Eintragung der negativen Einheitspreise ist als fehlender Preis zu werten und auch als Änderung der Vergabeunterlagen zu verstehen. Damit erfolgt der Ausschluss nach § 16 Abs. 1 Nr. 3 i. V. m. § 13 Abs. 1 Nr. 3 VOB/A.

Begründung: Negative Preise sind keine Preise. Sie bezeichnen vielmehr eine Zahlung an den ÖAG und damit eine Leistung des Bieters. Das ist materiell das Gegenteil eines Preises. Die Angabe einer Leistung im Preisverzeichnis ist damit logisch eine Abänderung des Leistungsverzeichnisses und damit auch subsummierbar unter § 13 Abs. 1 Nr. 3 VOB/A.[110]

Negative Preise, mit sachlichem Grund

Sachverhalt: Der Bieter trug unter einer Ordnungsziffer des LV einen negativen Einheitspreis ein. Es handelte sich hierbei um einen Deckenausschnitt (60 × 60 cm) in eine Metallkassettendecke. Da der Bieter aufgrund der Bemessungsregeln der VOB/C die Deckenausschnitte übermessen konnte, hat er die tatsächliche Ersparnis der Metallkassetten als negativen Preis bei der Pos „Deckenausschnitt" eingetragen.

Wertung: Die Eintragung der negativen Einheitspreise ist nicht als fehlender Preis zu werten. Denn es kann einem Bieter nicht verwehrt werden, knapp zu kalkulieren und einen negativen Preis anzubieten.

Begründung: Ein Bieter muss zu einer Leistungsposition – nach seiner Kalkulation – zutreffende Preisangaben machen. Eine Preisangabe ist unzutreffend, wenn auch nur für eine

---

[110]VK Arnsberg, Beschluss vom 06.07.2010 – VK 7/10.

Position nicht der Betrag angegeben wird, der für die betreffende Leistung auf der Grundlage der Urkalkulation tatsächlich beansprucht wird.[111] Ob bestimmte Positionen bei der Preisangabe zu einer bestimmten Leistungsposition zu berücksichtigen sind, hängt davon ab, ob der ÖAG Kalkulationsvorgaben gemacht hat. Hat der Bieter eine Leistungsposition in vertretbarer Weise ausgelegt, so liegt eine unzutreffende Preisangabe eben nicht vor.

Übermessungsregeln, die vorsehen, dass tatsächlich nicht erbrachte und nicht zu erbringende Leistungen dennoch bei der Abrechnung zu berücksichtigen sind, dienen der Vereinfachung der Abrechnung. Der Bieter braucht die Folgen der Zulässigkeit einer Übermessung daher überhaupt nicht zu berücksichtigen, andernfalls würde der Sinn und Zweck einer Vereinfachung verfehlt. Von daher gibt es keine Regel dazu, wie der Bieter zu kalkulieren hat, der die Einsparungen dennoch berücksichtigen will.[112]

Gesamtpreis

Sachverhalt: In den Vergabeunterlagen war vorgesehen, dass der Bieter den Gesamtpreis seines Angebotes in dem Feld „Endbetrag einschließlich Umsatzsteuer" eintragen sollte.

Wertung: Es erfolgt **kein Ausschluss**, wenn im Eröffnungstermin der auf der maßgeblichen Seite des LV angegebene Endbetrag verlesen wurde.

Begründung: Dass der Betrag an der im Angebotsformular vorgesehenen Stelle fehlt, ist nicht wettbewerbserheblich und muss daher – unter dem Gesichtspunkt fehlender Preise – ausnahmsweise nicht zum Ausschluss des Angebotes führen.[113] Nicht wettbewerbserheblich ist der Umstand, da sich der Gesamtpreis aus der erlaubten rechnerischen Überprüfung ableiten lässt und der ungeprüfte Betrag ohne Schwierigkeiten in dem Eröffnungstermin verlesen werden konnte und dem anwesenden Bieter damit die notwendige Transparenz am Vergabeverfahren zuteil wurde.

Keine Aufschlüsselung nach Lohn und Material

Sachverhalt: In den Vergabeunterlagen wurde als Preisangabe eine Aufschlüsselung aller Einheitspreise in Lohn- und Materialanteil verlangt.

- Lohn: _____
- Material: _____ EP _____

Im Angebot sind lediglich die Einheitspreise angegeben.

---

[111] BGH, Beschluss vom 18.05.2004 – X ZB 7/04.

[112] OLG Düsseldorf, Beschluss vom 08.06.2011 – Verg 11/11.

[113] Weyand Ziff 107.5.1.2.3.3.3.1 Rdn. 5336.

Wertung: Die geforderten Preisangaben fehlen bei allen Positionen. Insofern greift hier § 16 Abs. 1 Nr. 3 VOB/A i. V. m § 13 Abs. 1 Nr. 3 VOB/A. Das Angebot ist auszuschließen.

Begründung: Fordert der Auftraggeber die aufgegliederte Angabe von Einheitspreisen, wie z. B. in Lohn- und Materialkosten, so muss der Bieter dies grundsätzlich auch befolgen.[114] Kommt der Bieter diesem nicht nach, so ist sein Angebot auszuschließen (§ 16 Abs. 1 Nr. 1 lit c) VOB/A), weil es nicht die geforderten Preise enthält (§ 13 Abs. 1 Nr. 3 VOB/A).

Mischkalkulation

Sachverhalt: Der Bieter gab bei einigen oder einer Position an, der Preis der Position sei in einer anderen bzw. anderen enthalten: „In Pos. xxx enthalten".

Wertung: Worteintragungen wie „enthalten" bzw. „in Position ... mit enthalten" stellen eindeutig eine Mischkalkulation dar. Damit gesteht der Bieter ein, dass er seine Preise „umverteilt" hat,[115] was seine Preisangabe unvollständig macht und **zwingend zum Ausschluss** des Angebots nach § 16 Abs. 1 Nr. 3 VOB/A führt.[116] Eine Heilung auch bei einer einzelnen unwesentlichen Position wird nicht möglich sein, da durch die Preisumverteilung auch andere Positionspreise nicht vollständig, im Sinne von Preisbildung nur für diese Position, sind.

Begründung: Es kommt nicht darauf an, ob diese Angabe in spekulativer Absicht oder aus anderen Gründen gemacht worden ist. Ein Bieter genügt den Anforderungen des § 13 Abs. 1 Nr. 3 VOB/A nur dann, wenn er alle Preise angibt bzw. zu allen Positionen der Leistungsbeschreibung Stellung nimmt.[117] Andernfalls wird in dem betreffenden Vergabeverfahren nicht gewährleistet, dass der geforderte Gleichbehandlungsvorsatz aller Bieter eingehalten wird, denn mit der Mischkalkulation sind die Angebote nicht mehr ohne Weiteres miteinander vergleichbar. Es kommt hierbei auch nicht auf die Größenordnung der Positionen an. Der BGH stützt sich in seiner 2004er Entscheidung auf den Wortlaut der VOB/A. Die Vergabebestimmung macht grundsätzlich keinen Unterschied zwischen gravierenden und weniger gravierenden Fällen. Die strenge Sanktionierung deckt sich zudem mit der Forderung des § 16 Abs. 3 VOB/A, wonach die geforderten Preise enthalten sein

---

[114]Wietersheim/Kratzenberg: § 13 VOB/A Ingenstau/Korbion: VOB Teile A und B Kommentar, 19. Auflage 2015 Rdn 10.

[115]Die Beweislast für deren Nichtvorliegen trägt die Vergabestelle, OLG Dresden IBR 2005, 567, OLG Frankfurt/Main IBR 2005, 702, OLG Naumburg VergabeR 2005, 779, Thüringer OLG VergabeR 2006, 358. Vgl. dazu grundsätzlich Müller-Wrede, NZBau 2006, 73.

[116]BGH, Beschluss vom 18. 5. 2004 – X ZB 7/04 (KG) | IBRRS 46405.

[117]VK Brandenburg, B. v. 18.6.2003 – Az.: VK 31/03 | IBRRS 42788.

müssen. Die Anwendung der Ausnahmeregel mit einem fehlenden unwesentlichen Preis bei einer einzelnen Position ist ebenfalls zu vereinen, da der Preis eben nicht fehlt, er wurde umverteilt. Damit sind auch Bagatellfälle hiernach zu werten. Allein schon aus Gründen der Gleichbehandlung und zur Vermeidung von Vergabemanipulationen kann hier schwerlich eine Wesentlichkeitsgrenze gezogen werden.

· Diese Forderung des Vergabehandbuchs stützt sich auf den Erlass[118] des BMVBS vom 28.10.2004, der den grundsätzlichen Ausschluss definierte.

▶ **Tipp**
Der Ausschluss kann vermieden werden, wenn ein Produkt zusammen mit einem anderen Produkt ein einheitliches Bauteil bildet, so dass eine gesonderte Preisausweisung für Bestandteile dieses Bauteiles unmöglich ist, und der ÖAG nur für den Fall einer anderen technischen Lösung die Preise für die einzelnen Bestandteile abfragt.[119]

Nicht zum Ausschluss führen soll eine Umverteilung der Preise auf andere Positionen, wenn die Umverteilung keinen Einfluss auf den Angebotspreis hat.[120] Ein solcher Fall kann vorliegen, wenn die Leistungsbeschreibung ein Bauteil derart zergliedert, wie es in der Praxis gar nicht vorkommt.

Preise in der „falschen" Position

Sachverhalt: Das LV enthält eine Position „Baustelle einrichten". Danach soll das Verbringen, Bereitstellen und betriebsfertige Aufstellen von Geräten, Werkzeugen und sonstigen Betriebsmitteln damit abgegolten werden. Kosten für das Vorhalten, Unterhalten und Betreiben der Geräte, Werkzeuge und Betriebsmittel werden ausdrücklich nicht mit dieser Position, sondern mit den EP der betreffenden Teilleistungen vergütet.[121] Der Bieter führt im Aufklärungsgespräch aus, dass er in der genannten Position auch das Baustellenführungspersonal kalkuliert habe.

Wertung: Der Bieter ist gemäß § 16 Abs. 1 Nr. 3 VOB/A in Verbindung mit § 13 Abs. 1 Nr. 3 VOB/A **auszuschließen**.

Begründung: § 13 Abs. 1 Nr. 3 VOB/A verlangt explizit, dass jeder anzugebende Preis so wie gefordert vollständig anzugeben ist, der für die betreffende Leistung beansprucht wird. Zudem wäre durch die Kalkulation der Lohnkosten des Bauleitungspersonals ein

---

[118] Erlass VHB – Ausgabe 2002 – Wertung unangemessener Preise von Teilleistungen Ziff I.
[119] OLG München, Beschluss vom 5. Juli 2005 – Verg 9/05.
[120] OLG München, Beschluss vom 03.12.2015 – Verg 9/15.
[121] VK Bund, Beschluss vom 03.05.2007 – VK 2-27/07 | IBR 2007 Heft 7 393.

erst über die gesamte Laufzeit erwachsender Kostenbestandteil in dieser Position „sofort" abrechenbar.

„Cent"-Preise

Sachverhalt: In einem Angebot bepreist der Bieter einige Positionen mit „0,01 EUR". Die Aufklärung des ÖAG führt zu dem Eingeständnis des Bieters, dass er die Preise auf der Grundlage des Mischkalkulationsverfahrens erstellt habe.

Wertung: Die Preisangaben sind unvollständig und damit ist der Ausschluss nach § 16 Abs. 1 Nr. 3 VOB/A zwingend.

Begründung: Sind die niedrig kalkulierten Preise aufgrund einer Mischkalkulation zu Stande gekommen, was der Bieter einräumte, muss ein derartiges Angebot zwingend von der Wertung ausgeschlossen werden.

Solch niedrige Preise sind jedoch nicht mit Preisen zu verwechseln, die aufgrund baustellenübergreifender Synergieeffekte entstanden[122]. Der Planer hat sich in der Wertung nach § 16d VOB/A über die Angemessenheit bei auffallend niedrigen Einheitspreisen zu informieren. Der Ausschluss ist somit nicht geboten, wenn die Aufklärung ergibt, dass die ausgewiesenen Preise tatsächlich die für die Leistungen geforderten Preise vollständig wiedergeben. Zwingend ist der Ausschluss nur für mischkalkulierte Einheitspreise, die Preisteile der Leistungen in andere Positionen aus spekulativen Gründen berücksichtigt haben.[123]

Ohne ein Eingeständnis des Bieters genügt es für den Nachweis der Mischkalkulation, wenn es dem Bieter nicht gelingt, die objektive Annahme des Planers, es liege eine eindeutig unvollständige und damit unzutreffende Preisangabe vor, zu widerlegen.[124]

Keine eindeutigen Preise

Sachverhalt: Der Preis wurde bei der Ausschreibung von Rahmenvertragsleistungen einmal als Aufgebot und zum anderen als Abgebot eingetragen. Die rechnerische Berücksichtigung lautet damit bei Aufgebot + − 38 % und beim Abgebot − − 38 % (Abb. 3.12).

Wertung: Das Angebot ist gemäß § 16 Abs. 1 Nr. 3 VOB/A in Verbindung mit § 13 Abs. 1 Nr. 3 VOB/A auszuschließen, da die geforderten Preise nicht enthalten sind.

Begründung: Der Angebotspreis war, dies ergibt sich aus dem Gesamtkontext, für ein Abgebot oder ein Aufgebot anzugeben. Eine Aufklärung des Preises ist auszuschließen, da

---

[122]VK Münster, Beschluss vom 10.02.2004 – VK 01/04 | IBR 2004 Heft 8 449.

[123]BGH, Beschluss vom 18.05.2004 – X ZB 7/04 | IBR 2004 Heft 8 448.

[124]Frister in K/M § 16 Rdn. 18.

(Rahmenverträge für Zeitvertragsarbeiten - Angebotsschreiben § 4 Abs. 4 VOB/A)

4   Ich/Wir biete(n) die Ausführung der beschriebenen Leistungen zu den von mir/uns eingesetzten Preisen
       und mit allen den Preis betreffenden Angaben wie folgt an:

4.1   zu den Preisen des Leistungsverzeichnisses - LB - 638____- mit einem   Abgebot von -38 v.H

                                                                                Aufgebot von -38 v.H

Abb. 3.12 Kein eindeutiger Preis

dem Bieter hieraus eine Manipulationsmöglichkeit eröffnet werden könnte. Hinsichtlich der
Beschränkung auf die Einsetzung der Preise ist eine Verbindung zu § 4 Abs. 3 VOB/A zu
sehen, wonach das Angebotsverfahren darauf abzustellen ist, dass der Bewerber die Preise,
die er für seine Leistung fordert, in das Leistungsverzeichnis einzusetzen oder in anderer
Weise im Angebot anzugeben hat[125]. Hier wird nicht klar, was gefordert wird.

Preisblätter

Sachverhalt: In den Vergabeunterlagen wurde die Abgabe der Preisblätter 221 oder 222
und 223 gefordert, vom Bieter jedoch nicht vorgelegt.[126]

Wertung: Bei diesen Formblättern handelt es sich um die Erklärung des Bieters darüber,
wie er seinen Preis ermittelt hat. Damit sind die Unterlagen innerhalb der 6 KT i. S. d. § 16b
VOB/A **nachzufordern**. Erst mit Fristablauf ist das Angebot **auszuschließen**.

Begründung: Werden in den Ausschreibungsunterlagen Erklärungen nach den Preisblät-
tern gefordert, dann sollen diese Erklärungen für die Vergabeentscheidung relevant sein,
sodass bei Nichtabgabe dieser Erklärungen nach § 16b VOB/A die Erklärungen nachgefordert werden müssen.

Werden die Unterlagen auch nach Ablauf der 6-Tagefrist nicht nachgereicht, so ist das
Angebot zwingend von der Wertung wegen Verstoßes gegen § 13 Abs. 1 Nr. 4 VOB/A
auszuschließen.[127]

3.3.2.4 Nebenangebot

Allgemein

Sachverhalt: In den Vergabeunterlagen war nicht vorgesehen, dass Nebenangebote gewertet werden.

Oder das Nebenangebot wurde nicht auf einer besonderen Anlage gemacht, der Bieter no-
tierte ergänzend zu einer Pos. – im Leistungsverzeichnis – er die Leistungen bei Verwendung

---

[125]Südbayern, B. v. 5.9.2003 – Az.: 37-08/03.

[126]Siehe Ziff. 3.1.6.2.

[127]Richtungsweisend: BGH, Urteil vom 07.06.2005 – X ZR 19/02 | IBR 2005 Heft 9, 507.

```
Pos.5      Außenwand in Stahlbeton C20/25 D 30 cm³⁰⁴       EP          GP

           Außenwände, als Stahlbeton, incl. Schalung,
           Normalbeton C 20/25 DIN EN 206-1, DIN 1045-
           2, Dicke 30 cm.

           125 m²                                        63,60      7950,00
           Nebenangebot:
           In Ausführung als Filigranwand                60,00     = 7500,00
```

Abb. 3.13 Position Außenwand. (STLB-Bau 2009-10 013, DIN-bauportal)

eines anderen Materials, das auch noch besser sein soll, zu einem EP von x EUR anbietet (Abb. 3.13).

Wertung: Nebenangebote, die nach den Vergabeunterlagen nicht zugelassen sind, sind generell nach § 16 Abs. 1 Nr. 1 lit e) VOB/A **auszuschließen**.

Nebenangebote, die nicht auf besonderer Anlage gemacht, und als solche deutlich gekennzeichnet werden, sind nach § 16 Abs. 1 Nr. 1 lit f) VOB/A i. V. m. § 13 Abs. 3 Satz 2 VOB/A **auszuschließen.**

Begründung: Die Formstrenge der Prüfung zu § 13 Abs. 3 Satz 2 VOB/A dient der Klarheit der Angebote. Nebenangebote sollen leicht zu erkennen sein, sodass ihre Bekanntgabe im Eröffnungstermin gewährleistet ist. Dies soll den Auftraggeber u. a. vor ungerechtfertigten Manipulationsvorwürfen seitens der Bieter bewahren.[128]

Pauschalpreisnebenangebote

Sachverhalt: Bei einer Ausschreibung mit Leistungsverzeichnis gab ein Bieter ein Nebenangebot ab, dass die Ausführung der Leistungen zu einem Pauschalpreis gemäß § 2 Abs. 7 VOB/B. zusichert. Der Preis liegt deutlich unter dem Hauptangebot. Der Bieter begründet dies mit dem geringeren Aufwand bei der Erstellung der Aufmaße.

Wertung: Die angebotene Pauschalierung ist faktisch die Gewährung eines Nachlass in Höhe eines bestimmten Betrages, die Differenz zwischen Hauptangebot und dem Pauschalpreisnebenangebot. Damit spricht der Bieter eine Bedingung aus, wenn der ÖAG das Pauschalpreisnebenangebot annimmt, dann erhält er den Nachlass.

Hierzu normiert § 16 Abs. 9 Satz 1 VOB/A deutlich, dass nur Preisnachlässe ohne Bedingung gewertet werden können. Das Nebenangebot ist **auszuschließen.**

---

[128]Weyand 107.5.2.1.1 Sinn und Zweck der Regelung Rdn. 5609.

Begründung: Mit einem Pauschalpreisnebenangebot wird eine andere Vergütungsart angeboten, als in der Ausschreibung verlangt.[129] Damit liegt ein kaufmännisches Nebenangebot vor,[130] also ein Preisnachlassangebot. Wird von der Gewährung eines Preisnachlasses eine bestimmte Handlung des ÖAG abhängig gemacht, liegt der Sachverhalt einer Bedingung vor.

Ein Pauschalpreisnebenangebot kann nur dann gewertet werden, wenn in den Vergabeunterlagen die Abgabe eines Pauschalpreisnebenangebotes ausdrücklich ermöglicht wird.

Der ÖAG kann jedoch bei einem Bieter, der mit seinem Hauptangebot bereits den ersten Rang in der Wertungsreihenfolge besetzt und der gleichzeitig ein solches Pauschalpreisnebenangebot unterbreitet, den Preisnachlass annehmen. Hierbei sollten die in Ziff. 2.2.3.2 beschriebenen Aspekte nicht unberücksichtigt bleiben.

3.3.2.5 Fehlende Produktangaben

Wie bereits ausgeführt, hat die Ausschreibung des ÖAG produktneutral zu erfolgen. Hierzu wird in der Leistungsbeschreibung eine möglichst genaue Schilderung der geforderten Vertragsleistung angegeben oder aber die Leistung durch ein Leitprodukt vorgegeben, zu dem der Bieter dann ein gleichwertiges Produkt anbieten kann. Zu dem gleichwertigen Produkt muss sich der Bieter gemäß § 13 Abs. 1 Nr. 4 VOB/A erklären. Hierbei sind die geforderten Angaben vollständig anzugeben, unvollständige und deshalb unbrauchbare Erklärungen sind fehlenden gleichzusetzen.[131]

Ohne Produktvorgabe

Sachverhalt: Ein Produkt, Fabrikat, Hersteller und/oder Typ wurde nicht wie verlangt vom Bieter angegeben.

Wertung: Der Bieter kann die fehlenden Angaben nicht innerhalb von 6 Kalendertagen nachliefern. Ein Ausschluss ist zwingend notwendig, da diese Angaben keine Erklärungen i. S. d. § 16 Abs. 1 Nr. 3 VOB/A sind.

Begründung: Die Nachforderung von geforderten, aber im Angebot fehlenden Fabrikats-, Erzeugnis- und Typangaben fällt nicht unter den § 16 Abs. 1 Nr. 3 VOB/A, der die VST zur Nachforderung fehlender Erklärungen und Nachweise verpflichtet. Geforderte Fabrikats-, Erzeugnis- und Typangaben sind integraler Angebotsbestandteil und nicht nachzufordern. Das Fehlen solcher Angaben ist nicht heilbar und führt zum Angebotsausschluss.

Gemäß § 15 Abs. 3 Satz 1 VOB/A sind Verhandlungen über das Angebot unzulässig. Gemäß § 16 Abs. 1 Nr. 1 lit. a VOB/A sind Angebote, die im Eröffnungstermin dem Verhandlungsleiter bei Öffnung des ersten Angebots nicht vorlagen, auszuschließen. Dieses gilt sowohl für Komplettangebote als auch für Teile von Angeboten. Gemäß § 13 Abs. 1

---

[129]BayObLG, Beschluss vom 02.12.2002 | IBR 2003, 97.

[130]VK Nordbayern, Beschluss vom 11.02.2005 | IBR 2005, 278.

[131]OLG Frankfurt, Beschluss vom 26.05.2009 – 11 Verg 2/09 | IBR 2009 3284.

Nr. 5 Satz 1 VOB/A sind Änderungen an den Verdingungsunterlagen unzulässig. Gemäß § 16 Abs. 1 Nr. 1 lit. b VOB/A sind Angebote, die Änderungen an den Verdingungsunterlagen enthalten, auszuschließen.

3.3.2.6 Angabe mehrerer Hersteller in einer Position

Sachverhalt: Ein Bieter hat bei einer oder mehreren Positionen mehrere unterschiedliche Hersteller angegeben und will damit dem ÖAG die Wahlmöglichkeit lassen.

Wertung: Die Angabe mehrerer Hersteller und Typen der zu liefernden Position führt dazu, dass das Angebot nicht angenommen werden kann, da es nicht eindeutig ist. Das Angebot muss ausgeschlossen werden.

Begründung: Nach § 13 Abs. 1 Nr. 5 Satz 1 und Satz 2 i. V. m. § 16 Abs. 1 Nr. 1 b) VOB/A muss ein Angebot zweifelsfrei sein und zudem genau der in den Unterlagen zum Ausdruck kommenden Nachfrage des öffentlichen Auftraggebers entsprechen. Gibt der Bieter bei einem zwingend einzutragenden Erzeugnis mehr als einen Hersteller oder ein Produkt an, behält er sich offen, was er letztlich anbieten will. Die Angabe mehrerer Hersteller für eine Position stellt einen ausschlussrelevanten Vergabeverstoß dar.[132]

Eine Nachforderung nach § 16 Abs. 1 Nr. 3 VOB/A scheidet aus, da die Erklärung nicht fehlt, sondern nicht eindeutig ist. Eine Aufklärung ist ebenso nicht statthaft, da dies einer unzulässige Nachverhandlung gleich kommen würde.

3.3.2.7 Fehlende allgemeine Angaben

Mitgliedschaft in einer Berufsgenossenschaft

Sachverhalt: Der Bieter kam der Forderung in den Vergabeunterlagen nicht nach, Angaben zu seiner Berufsgenossenschaft zu machen und diese nachzuweisen.

Wertung: Fehlt lediglich der Nachweis, so ist der Planer in der Lage, die Angaben anhand der vorgenommenen Eintragungen in den Vergabeunterlagen zu überprüfen. Ein Ausschluss ist nicht notwendig.

Verzichtet der Bieter auf jedwede Angabe bzw. Nachweise, so liegt der Sachverhalt einer fehlenden Erklärung vor, und der Planer hat die fehlenden Erklärungen gemäß § 16 Abs. 1 Nr. 3 VOB/A beim Bieter nachzufordern. Liegen die Unterlagen auch mit Ablauf der 6 Kalendertagefrist noch nicht vor, so erfolgt der zwingende Ausschluss.

Begründung: Durch die Selbstauskunft (ohne Nachweis) des Bieters zur Berufsgenossenschaft wird der Planer in die Lage versetzt, die Angaben des Bieters zu überprüfen.

---

[132]VK Sachsen, Beschluss vom 02.04.2015 – 1/SVK/006-15.

Wurden die fehlenden Angaben vom Planer nachgefordert und liegen diese nach Ablauf der Frist nicht vor, so erfolgt der Ausschluss. Denn mit der Forderung des Nachweises der Mitgliedschaft soll festgestellt werden, ob der Bieter die Aufnahme des Geschäfts-
betriebes ordnungsgemäß angezeigt und damit der Berufsgenossenschaft die Möglichkeit
gegeben hat, eine eventuelle Beitragspflicht zu prüfen, die zu entrichtenden Beiträge
festzustellen und ihre gesetzlichen und satzungsmäßigen Aufgaben wahrzunehmen.[133]

Angaben zu Nachunternehmern
Sachverhalt: In den Vergabeunterlagen hatte der Bieter eingetragen, dass er Nachunternehmer (NU) einsetzen wolle, jedoch nicht angegeben, welche Leistungen diese erbringen
würden.

Wertung: Da es sich hier um eine fehlende Erklärung handelt, sind die NU-Angaben
beim Bieter innerhalb der 6-KT-Frist nachzufordern. Liegen die Angaben dann nicht vor,
so muss der Ausschluss erfolgen.

Begründung: Ohne die Angaben zum NU-Einsatz bezeichnet der Bieter den zu übertra-
genden Leistungsumfang nicht zutreffend. Damit liegt kein eindeutiges Angebot vor.
    Ferner benötigt der ÖAG den Umfang des an den NU zu übertragenden Leistungsan-
teils, der nicht größer als 2/3 des Gesamtleistungsumfangs sein darf.[134] Andernfalls wird
es sich um einen Generalübernehmer handeln, der bei Vergabe von Bauleistungen eines
öffentlichen Auftraggebers ausgeschlossen werden muss.[135]

► **Tipp**
   Mit dem Zuschlag auf ein solches Angebot bedeutet dies für den Bieter noch
   nicht, dass der ÖAG ihm die Zustimmung zum Nachunternehmereinsatz i. S. d.
   § 4 Abs. 8 Nr. 1 Satz 2 und 3 VOB/B gegeben hat. Da die namentliche Benennung der NU nicht im Angebot erfolgen muss.[136]

3.3.2.8 Die konjunktiven Ausschlussgründe

Für alle nachfolgenden Ausschlussgründe gilt, dass evtl. Verdachtsmomente nicht ausreichend sind. Für einen Ausschluss muss ein Beweis des Tatbestandes vorliegen. Der ÖAG
wird hierzu auch ein Bietergespräch nach § 15 VOB/A führen müssen, denn ohne Anhörung
des Bieters und dessen Erklärung zu den Vorwürfen, könnte der Verdacht der subjektiven
Beurteilung entstehen.[137]

---

[133]Weyand, Ziff. 172.5.2.4.9 Fehlender Nachweis der Berufsgenossenschaft.
[134]OLG Frankfurt a. M., Beschluss vom 16.05.2000 – 11 Verg 1/99 | NZBau 2001 101.
[135]OLG Düsseldorf NZBau 2001, 106; zweifelnd VK Bund | NZBau 2002, 463.
[136]BGH, Urteil vom 10.06.2008 – X ZR 78/07 | IBR 2008 Heft 10, 588.
[137]Glahs in K/M VOB/A § 8 Teilnehmer am Wettbewerb Rdn. 57.

Insolvenzverfahren

Sachverhalt: Ein Insolvenzverfahren oder ein vergleichbares gesetzlich geregeltes Verfahren wurde für einen Bieter eröffnet oder die Eröffnung wurde beantragt oder der Antrag wurde mangels Masse abgelehnt oder ein Insolvenzplan wurde rechtskräftig bestätigt.

Wertung: Kommt der Planer zusammen mit dem ÖAG nach Überprüfung des Sachverhaltes gemäß § 16 Abs. 1 Nr 2 lit a) VOB/A – die unter objektiven Kriterien durchgeführt werden muss – zu dem Schluss, dass der Bieter die Bauzeit nicht „überlebt", so **darf er ihn ausschließen.**

Begründung: Es ist ein berechtigtes Interesse des ÖAG, dass der Bieter mindestens über die Bauzeit und idealerweise auch für die Dauer der Mängelbeseitigungsfrist seinen Betrieb aufrecht erhält. Doch darf er nicht allein schon wegen der Eröffnung eines Insolvenzverfahrens den betreffenden Bieter ausschließen. Deshalb muss die Überprüfung der Bietereignung trotz eingeleiteten Insolvenzverfahrens durchgeführt werden, und erst danach kann die Ausschlussentscheidung gefällt werden.[138]

Erklärt der Bieter jedoch, dass der Sachverhalt, der zum Ausschluss nach § 16 Abs. 1 Nr 2 lit a) VOB/A führen sollte, nicht vorliegt, so kann ihm der ÖAG Glauben schenken oder aber eine zusätzliche Drittauskunft verlangen.[139]

Liquidation des Bieters

Sachverhalt: Das Unternehmen befindet sich in Liquidation.[140]

Wertung: Kommt der Planer zusammen mit dem ÖAG nach Überprüfung des Sachverhaltes gemäß § 16 Abs. 1 Nr 2 lit b) VOB/A – die unter objektiven Kriterien durchgeführt werden muss – zu dem Schluss, dass sich die Firma des Bieters in Auflösung befindet, so **darf er ihn ausschließen.**

Begründung: Analog zu Ziff. 3.3.2.9 ist hier unmissverständlich klar, dass der Bieter, unter den Voraussetzungen, dass die Firma aufgelöst wird, nicht in der Lage sein wird, den potenziellen Vertrag zu erfüllen.

---

[138]OLG Düsseldorf: Verg 56/06 vom 05.12.2006 | IBRRS 58395.

[139]OLG Düsseldorf, Beschluss vom 04.06.2008 – Verg 21/08 | BeckRS 2009 05989.

[140]Unter Liquidation versteht man im betriebswirtschaftlichen und rechtswissenschaftlichen Zusammenhang den Verkauf aller Vermögensgegenstände eines Unternehmens mit dem Ziel, das darin gebundene Kapital in Bargeld oder andere leicht in Bargeld umtauschbare („liquide") Mittel umzuwandeln. Ziel der Liquidation ist die Auflösung der Gesellschaft. Quelle: wikipedia.org.

Der Bieter beging schwere Verfehlungen

Sachverhalt: Der Bieter hat nachweislich eine schwere Verfehlung begangen, die die Zuverlässigkeit als Bewerber infrage stellt. Hierbei ist unter „schwere Verfehlung" Nachfolgendes zu verstehen:[141]

- Verstöße gegen strafrechtliche Vorschriften,
- die bewusste Nichterfüllung einer vertraglichen Verpflichtung kann eine schwere Verfehlung darstellen,
- eine schwere Verfehlung kann darin liegen, dass ein Bieter beschafft sich Geschäftsgeheimnisse aus dem internen Geschäftsbereich des ÖAG beschafft,
- sowie z. B. in NRW ein Verstoß gegen das Korruptionsbekämpfungsgesetz.[142]

Diese Liste ist nicht abschließend, so gelten als schwere Verfehlungen bereits Manipulationsversuche eines Bieters im Aufklärungsgespräch.[143]

Wertung: Ist die schwere Verfehlung nachzuweisen, so ist ein Ausschluss nach § 16 Abs. 1 Nr. 2 lit c) VOB/A unabdingbar.

Begründung: Wichtig für den Ausschluss ist der Nachweis der Verfehlung. Hierbei dürfen subjektive Eindrücke keinesfalls als Bewertungsmaßstab herangezogen werden.

Unspezifizierte Vorwürfe, Vermutungen oder einfache Verdachtsgründe dürfen keinesfalls als Tatbestände herangezogen werden. Von einer schweren Verfehlung kann ausgegangen werden, wenn ein Gericht sich mit dem Tatbestand beschäftigt und die Zuverlässigkeit des Bieters nachvollziehbar infrage stellt.

Dem Ausschluss folgt meist auch eine Sperre. Die konkrete Angabe in den Bundes- und Landesgesetzen hinsichtlich einer (Höchst-)Dauer des Ausschlusses bewegt sich zwischen ein und drei Jahren.[144]

Steuern und Abgaben wurden nicht abgeführt

Sachverhalt: Die Verpflichtung zur Zahlung von Steuern und Abgaben sowie der Beiträge zur gesetzlichen Sozialversicherung wurde nicht ordnungsgemäß erfüllt.

Wertung: Ist dieser Tatbestand nachweislich gegeben, so kann der Ausschluss erfolgen. Der Planer sollte bei dem konjunktiven Entscheidungsvorgang mit berücksichtigen, dass ein Bieter mit derartigen Problemen ggf. nicht das Ziel der erfolgreichen Vertragserfüllung erreichen kann, sodass ein **Ausschluss sinnvoll** sein kann.

---

[141] Beispiele aus Weyand, 78.10.4.2.2 Tatbestände.

[142] Siehe auch Ziff. 3.3.3.2.

[143] OLG Düsseldorf: Beschluss vom 28.07.2005 – Verg 42/05 | BeckRS 2005 11753.

[144] Langaufsatz von Rechtsanwalt Dr. Reinhard Höß und Rechtsanwalt Philipp Chevalier, Rechtsanwaltskanzlei Graf von Westphalen, München | IBR 2011 1005.

Begründung: Führt ein Bieter Steuern und Abgaben nicht ab, so hat dies seine Gründe. Einmal könnten ihn strafrechtlich zu ahndende Beweggründe dazu bewogen haben, oder er konnte seinen Verpflichtungen aus finanziellen Gründen nicht nachkommen. Im erstgenannten Fall würde der Tatbestand der schweren Verfehlung vorliegen und der Ausschluss müsste erfolgen. Bei den finanziellen Gründen muss der Planer in die Zukunft schauen und entscheiden, ob der Bieter in der Lage ist, den Auftrag auszuführen. Hierbei wird er nach dem – nach § 15 VOB/A zu führendem – Aufklärungsgespräch zu einem Entschluss kommen müssen.

Dieser Tatbestand liegt im Übrigen nicht vor, wenn von der zuständigen Finanzbehörde die Stundung oder die Aussetzung der Vollstreckung gewährt wurde.[145]

Der Nachweis, dass dieser Tatbestand nicht vorliegt, ist vom Bieter einfach durch die Vorlage i. S. d. § 6 Abs. 3 Nr. 2 VOB/A einer Unbedenklichkeitsbescheinigung zu führen. Der Umfang der Bescheinigung muss sich auf alle Abgabearten, die beim Bieter anfallen, beziehen.[146]

Der Bieter ist bei keiner Berufsgenossenschaft angemeldet

Sachverhalt: Der Bieter gab nicht an, bei welcher Berufsgenossenschaft (BG) er registriert ist, und ein Nachweis in den Angebotsunterlagen fehlt.

Wertung: Die Angaben werden vom Planer innerhalb von 6 KT gemäß § 16 Abs. 1 Nr. 3 VOB/A nachgefordert. Wird der Nachweis zur Berufsgenossenschaft nicht innerhalb der Frist nachgereicht, so erfolgt der Ausschluss.

Begründung: Die Bieter sind, aufgrund der Unfallverhütungs-Fürsorgepflicht zu ihren Arbeitnehmern, verpflichtet, ihren Betrieb bei einer für sie zuständigen Berufsgenossenschaft anzumelden. Kommen sie dieser Pflicht nicht nach, so entstehen Zweifel an ihrer Zuverlässigkeit.

Der Nachweis zur BG kann, wenn er direkt mit dem Angebot abgegeben wird und wenn die Vergabeunterlagen keinen Nachweis verlangten, als Eigenerklärung abgegeben werden. Im Falle der Nachforderung sollte ein Nachweis verlangt werden.

3.3.3 Nachforderungsverpflichtung

Die VOB/A normiert in § 16a VOB/A, dass **fehlende geforderte Erklärungen oder Nachweise nachgefordert werden müssen,** wenn das Angebot zuvor nicht nach 16 VOB/A ausgeschlossen wird. Damit ist klar, dass Erklärungen und Nachweise nur solche sein können, die auch ordnungsgemäß in der Bekanntmachung und/oder den Vergabeunterla-

---

[145]Rusam in H/R/R, § 25 Rdn. 19.
[146]OLG Koblenz, Beschluss vom 04.07.2007 – 1 Verg 3/07 | IBR 2007 Heft 11 639.

gen angefordert wurden. Unterlagen, die erst nach Abgabe des Angebotes auf besonderes Verlangen des ÖAG gefordert werden, sind hierunter nicht zu subsumieren.

Die Nachforderungsverpflichtung aus § 16a VOB/A steht nicht im Widerspruch zur Erfordernis von Erklärungen und Nachweisen aus § 13 Abs. 1 Nr. 4 VOB/A. Diese Nachforderungsverpflichtung regelt vielmehr die zwingende Nachforderung fehlender Erklärung als Voraussetzung für den Ausschluss eines Angebotes.

Fehlende Unterlage

Eine Erklärung oder ein Nachweis fehlt, wenn die geforderte Unterlage nicht vorhanden ist. Doch auch dann, wenn die Unterlage vorgelegt wurde, dieser aber nicht die geforderten Informationen zu entnehmen sind.

- Mit den Referenzen musste ein Ansprechpartner benannt werden. Dieser fehlt.[147]
- Die Umsätze mussten für drei Jahre angegeben werden, wurden jedoch nur für zwei Jahre eingetragen.[148]
- Eine Kopie eines Handelsregisterauszugs, der unleserlich ist, liegt nicht vor.[149]
- Vorlage einer einfachen Kopie statt der geforderten beglaubigten Fotokopie.[150]
- Versicherungsbescheinigung älter als drei Monate.[151]

Nachgefordert werden darf also eine Unterlage, die „körperlich fehlt" oder in formaler Hinsicht mangelhaft ist. Damit alles, was nicht vollständig, nicht rechtzeitig vorgelegt, unleserlich, sonst nicht den Vorgaben des ÖAG entspricht. Ein anderer Sachverhalt liegt vor, wenn die Unterlage zwar abgegeben, aber inhaltlich unvollständig oder falsch ist[152]. Ist die Unterlage inhaltlich unvollständig, fehlt sie nicht.

Nach einer anderen Meinung soll es jedoch bei *„bei einer offensichtlichen Unrichtigkeit"* möglich sein, fehlerhafte Angaben mit fehlenden Erklärungen gleich zu setzen. Damit wäre in einem solchen Fall eine *„Heilung"* durch § 16a VOB/A möglich.[153]

Nach wie vor bestehen unterschiedliche Auffassungen, ob ordnungsgemäß und klar geforderte und im Angebot anzugebende Hersteller- und Typangaben gemäß § 16a VOB/A nachgefordert werden dürfen. Es handle sich dabei um integrale Angebotsbestandteile, deren fehlende Angabe im Angebot zwingend zum Ausschluss führe.[154] Nach anderer An-

---

[147] OLG Düsseldorf, Beschluss vom 06.06.2007 – Verg 8/07.

[148] OLG Düsseldorf, Beschluss vom 13.01.2006 – Verg 83/05.

[149] OLG Düsseldorf, Beschluss vom 16.01.2006 – Verg 92/05.

[150] OLG Düsseldorf, Beschluss vom 22.10.2010 – Verg. 56/10.

[151] OLG Brandenburg, Beschluss vom 07.08.2012 –Verg. W 5/12.

[152] OLG Düsseldorf, Beschluss vom 27.11.2013 – Verg. 20/13; OLG Celle, 24.04.2014; OLG Brandenburg, 30.01.2014.

[153] VK Nordbayern, Beschluss vom 25.06.2014 – 21.VK-3194-15/14.

[154] Thüringen (IBR 2013, 375) und die VK Sachsen-Anhalt (IBR 2015, 156).

sicht sind dagegen solche fehlenden Erklärungen vom Auftraggeber nachzufordern.[155] Was auch dadurch deutlich wird, dass dieses Instrument 2009 extra geschaffen wurde, um ein Angebot nicht aufgrund von „fehlenden Kleinigkeiten" ausschließen zu müssen.

▶ **Tipp**
Alle Unterlagen, die bei der Prüfung auf formale Vollständigkeit nicht „abge-hakt" werden können, sind nachzufordern. Nicht aber bei der Feststellung, dass inhaltliche Defizite vorliegen, die durch Nachbesserung ausgeglichen werden könnten.

Was wird nachgefordert

Die Begriffe „Erklärungen und Nachweise" wurden bewusst weitreichend und umfassend gewählt und betreffen alle in der Praxis gebräuchlichen Nachweise wie „Unbedenklich-keitserklärungen von Berufsgenossenschaft, Finanzamt, Krankenkasse; Referenzliste des Bieters, Tariftreueerklärung, Auszüge aus Gewerbe- und Steuerregister" usw. Wegen der umfassenden Begrifflichkeit sind hier praktisch alle Erklärungen und Nachweise gemeint, die nicht in Sonderbestimmungen der Ausschlusstatbestände des § 16a VOB/A geregelt sind.

Nur Unterlagen und Erklärungen, die bereits mit dem Angebot vorzulegen waren, wer-den nach § 16a VOB/A „nachgefordert". Für alle anderen Unterlagen, die nicht schon zur Angebotsabgabe vorliegen mussten, gilt § 16a VOB/A nicht. Benötigt ein ÖAG noch Informationen, beschafft er sie im Rahmen einer Aufklärung nach § 15 VOB/A 2012. Gibt es dann Widersprüche zum Angebot, kann nicht sofort ein Ausschluss dieses Angebots erfolgen. Vielmehr „ist der öffentliche Auftraggeber ... praktisch zu einer Aufklärung ver-pflichtet", die schriftlich durchzuführen ist.[156]

Die Rechtsprechung hat hierzu weitere konkrete Beispiele:[157]

- Hersteller- und Typenangaben,
- Angabe der Nachunternehmerleistungen,
- Angabe zu Nebenangeboten,
- Muster,
- Eigenerklärungen des Bieters oder von Dritten,
- Eignungsnachweise und
- Preisblätter, nicht jedoch die Preise selber.

---

[155]OLG München, IBR 2011, 105; OLG Dresden, Beschluss vom 17.01.2014 – Verg 7/13, IBRRS 2013, 3208; VK Lüneburg, VPR 2014, 1029 – nur online; VK Nordbayern, VPR 2014, 288 und nunmehr auch VK Südbayern.

[156]OLG Düsseldorf, Beschluss vom 21.10.2015 – Verg 35/15.

[157]Dr. Kerstin Dittmann, Vortrag, Vergabeforum West 2014.

Bei einem abzugebenden Preis handelt es sich nicht um eine Erklärung oder einen Nachweis. Eine Erklärung ist die Feststellung oder Erläuterung eines Sachverhaltes, einer Situation oder einer Absicht. Unter Nachweis ist eine Information zu verstehen, deren Richtigkeit bewiesen werden kann und die auf Tatsachen beruht, welche durch Beobachtung, Messung, Untersuchung oder durch andere Ermittlungsverfahren gewonnen wurde. Nicht nachgefordert werden können nicht zurückgegebene Vergabeunterlagen. Hierbei handelt es sich i. d. R. um die AGBs des ÖAG und nicht um „Erklärungen und Nachweise". Ebenso kann ein Schreibfehler einer verlangten Typenbezeichnung nicht dadurch geheilt werden, dass die „richtige" nachgefordert wird. § 16a VOB/A findet keine Anwendung, wenn eine geforderte Erklärung, lesbar und vollständig abgegeben wurde, aber inhaltlich falsch ist und das Angebot damit dem Ausschluss entzogen werden soll.[158]

Nachfrist
Dass die Frist von 6 Kalendertagen verlängert werden kann, sollte vorsorglich verneint werden, denn der DVA hat diese Frist explizit angegeben und nicht etwa normiert, dass die Frist angemessen sein müsste. Somit werden der ÖAG und dessen Planer gut beraten sein, diese Frist zu beachten.

Eine andere und auch längere Frist kann gesetzt werden, wenn die Unterlagen **nicht mit** dem Angebot vorzulegen waren, sondern auf besonderes Verlangen des ÖAG vorgelegt werden müssen. Hier ist eine angemessene Frist zu setzen, die sich innerhalb der Zuschlagsfrist bewegen muss (Abb. 3.14).

3.3.4 Eignungsprüfung

Anders als im Oberschwellenbereich, wurde der § 16 Abs. 2 VOB/A 2009 ohne Änderungen in den § 16b VOB/A verschoben.

Hierbei ist gemäß § 16b Abs. 1 VOB/A zu prüfen, ob der betreffende Bieter voraussichtlich in der Lage sein wird, die geplante Bauleistung aufgrund seiner Fachkunde, Leistungsfähigkeit und Zuverlässigkeit zu erfüllen. Die Kriterien der Eignungsprüfung sind in § 6a Abs. 2 VOB/A normiert. Wenn auch in § 16b Abs. 1 VOB/A nicht explizit auf den § 6 VOB/A verwiesen wird, so ist schon aufgrund desselben Wortlautes der Verweis zu erkennen. In beiden §§ ist die Überprüfung der Eignung durch Nachweise zur „Fachkunde, Leistungsfähigkeit und Zuverlässigkeit" gefordert. Die Erwähnung der Eignungsprüfung bereits am Anfang der VOB/A in § 6a VOB/A dient der Überprüfung der Bewerber, die bei Beschränkten Ausschreibungen oder Freihändigen Vergaben nach § 6b Abs. 4 VOB/A vor der Abgabe der Vergabeunterlagen zu erfolgen hat.[159]

---

[158]OLG Koblenz, Beschluss vom 30.03.2012, 1 Verg 1/12.
[159]Siehe Ziff 3.2.1 „Bewerberauswahl bei der Beschränkten Ausschreibung".

Aufforderung zur Vorlage von Erklärungen und/oder Nachweisen gemäß § 16 Abs.1 Nr.3 VOB/A

Sehr geehrter Bieter,

zu Ihrem Angebot vom _____ zu der Ausschreibung _____, dass im Termin vom _____ geöffnet wurde, stellten wir nachfolgenden Sachverhalt fest.

Die Erklärungen und Nachweise zu:

1. ......,

fehlen.

Somit fordern wir Sie nach § 16a VOB/A auf, uns die Unterlagen innerhalb von 6 Kalendertagen – auch postalisch- vorzulegen.

Die Frist beginnt am Tag nach der Absendung dieser Aufforderung. Werden aufgeführte Erklärungen oder Nachweise nicht innerhalb der Frist vorgelegt, so ist Ihr Angebot auszuschließen.

Mit freundlichen Grüßen

Abb. 3.14 Nachforderungsverpflichtung

Zur Eignungsprüfung bei einer Öffentlichen Ausschreibung dürfen gemäß § 6b Abs. 3 VOB/A lediglich die Kriterien (Nachweise) geprüft werden, die dem Bieter in der Aufforderung zur Angebotsabgabe (Bekanntmachung) zur Vorlage benannt, bzw. deren spätere Anforderung vorbehalten wurden.

Die Eignungsprüfung ist mit objektiven Maßstäben durchzuführen. Getreu dem Grundsatz „in dubio pro reo" gilt, dass bei lediglich vorliegenden Zweifeln an der Eignung diese nicht verneint werden kann.[160] Ebenso können „schlechte" Erfahrungen mit dem Bieter bei vorherigen Baumaßnahmen i. d. R. nicht dazu führen, dass ihm eine Nichteignung attestiert wird. Die in die Eignungsprüfung einbezogenen negativen Erkenntnisse aus früheren Verträgen müssen unbestritten und plausibel dargelegt werden können. Dies ist unbestritten dann möglich, wenn gravierende Fehler durch Gerichtsverfahren bestätigt wurden.[161] Um die Zweifel auszuräumen oder zu bekräftigen, muss mit dem betreffenden Bieter ein Aufklärungsgespräch nach § 15 VOB/A geführt werden.

Der verbindliche Nachweis der Eignung muss aber vom Bieter selbst kommen. Denn der Nachweis der Leistungsfähigkeit und Fachkunde wird durch eine bloße Erklärung der

---

[160]VÜA Bund 1 VÜ 11/98, S. 7; Brinker in Beck-Komm, § 25 Rdn. 25.

[161]VK Nordbayern, Beschluss vom 12.06.2012 – Az. 21.VK-3194/10/12.

Muttergesellschaft des Bieters, die besagt, dass die Vorlage der Nachweise der Muttergesellschaft zugunsten der Tochtergesellschaft gebilligt werde, eben nicht geführt.[162]

Eine Verneinung der Eignung ist damit nur dann möglich, wenn eben zweifelsfrei –
in wenigen Fällen wird dies auch ohne Aufklärung möglich sein[163] – feststeht, dass der
Bieter nicht in der Lage sein wird, den – nach Zuschlagserteilung geschuldeten – Erfolg
herbeizuführen.

§ 6a VOB/A bestimmt, welche Nachweise der ÖAG von den Bewerbern im Rahmen der
Eignungsprüfung verlangen darf, jedoch nicht verlangen muss. Die Eignungsprüfung kann
weitgehend formlos erfolgen, weil der ÖAG bestimmen kann, in welcher Art und Weise er
sich über die Eignung der Bieter informieren muss. Im Falle eines Ausschlusses ist jedoch
eine umfassende Dokumentation notwendig.[164]

Aufgrund der Konjunktivbestimmung des § 6b Abs. 2 VOB/A, die besagt, dass auch Eigenerklärungen ausreichend sind, ist es für den ÖAG von entscheidender Bedeutung, dass
dieser sich sichere Erkenntnisse über die Eignung verschaffen konnte. Der Nachweis nach
§ 6a VOB/A der in den Eigenerklärungen behaupteten Sachverhalte bezieht sich lediglich
auf die Bieter, die in die engere Wahl gekommen sind.

▶   **Tipp**
    Zum Nachweis bzgl. der in den Eigenerklärungen behaupteten Sachverhalte
    wird der Planer unter objektiven Gesichtspunkten auch Erkenntnisse des ÖAG
    aus vorherigen Beauftragungen heranziehen können.

Mit der 2009er Novellierung wurde das auch bereits in der 2006er VOB/A genannte Verfahren der Präqualifikation deutlicher in den Vordergrund gerückt. Damit soll dem bisher
eher vernachlässigten Instrument der Eignungsprüfung deutlich mehr Bedeutung gegeben
werden, und die Häufigkeit des formellen Ausschlusses aufgrund nicht oder nicht richtig
vorgelegter Nachweise soll reduziert werden.

▶   **Tipp**
    Aufgrund des bislang äußerst geringen Anteils präqualifizierter Unternehmen
    sollte der ÖAG in seinen Vergabeunterlagen explizit auf diese Möglichkeit
    hinweisen, damit das Präqualifikationsverfahren zukünftig auch zu der Erleich-
    terung führt, die hiervon erwartet wird.

3.3.4.1   Auskunftsmittel

Von den Bietern kann verlangt werden, dass sie gemäß § 6a 2 VOB/A umfangreiche Auskünfte über ihr Unternehmen erteilen. Hierzu sind genaue Definitionen festgelegt worden.
Werden somit vom Bieter Auskünfte verlangt, so hat er hierbei formalistische Regeln einzuhalten. Der Bieter muss damit rechnen, dass er vom Verfahren ausgeschlossen wird,

---

[162]OLG Brandenburg, Beschluss vom 09.02.2010 – Verg. W 10/09.
[163]OLG Düsseldorf, Beschluss vom 11.05.2016 – Verg 50/15.
[164]VK Sachsen-Anhalt, Beschluss vom 14.02.2014 – 3 VK LSA 03/14.

wenn er nicht alle erforderlichen Erklärungen und/oder Nachweise eingereicht hat, bzw. nicht einreichen kann.

Umsatz

Hierbei müssen sich die Angaben definitiv auf die letzten drei Geschäftsjahre beziehen. Als vergleichbare Leistung ist nicht der gesamte Umsatz eines Bieters anzusehen, wenn dieser sich z. B. aus Hochbau und Tiefbau zusammensetzt und als vergleichbare Leistung Arbeiten zum Tiefbau verlangt wurden. Auch wird die Eigenerklärung als nicht erfüllt angesehen werden müssen, wenn sich zwischen den eingereichten Unterlagen Ungereimtheiten erkennen lassen können. Ist beispielsweise der angegebene Jahresumsatz für die vergleichbaren Leistungen abweichend von den Umsatzangaben der Referenzen, so kann hier der Rückschluss erfolgen, dass der Nachweis unvollständig oder fehlerhaft ist. Da hier das Kriterium Quantität untersucht werden soll, müssen die vergleichbaren Leistungen nicht gleich sein, aber eben doch vergleichbar.

Referenzleistungen

Hierzu muss wiederum eine Gliederung der letzten drei Geschäftsjahre erfolgen. Fehlen die Jahresangaben oder lassen sich Widersprüche zu Nr. 1 errechnen, so ist der Nachweis nicht erbracht. Hat der Bieter Angaben zur auszuführenden Leistung gemacht, so müssen diese mit vergleichbaren Leistungen übereinstimmen. Soll für ein Verwaltungsgebäude ein Flachdach hergestellt werden, so reicht es als Nachweis nicht aus, wenn als vergleichbare Leistungen Ziegeldächer angegeben werden. Bekräftigt werden die Eigenerklärungen, wenn Angaben zu früheren Kunden mit Ansprechpartnern und Telefonnummern genannt werden.

Personal

Die Angaben verlangen wiederum eine dreijährige Gliederung. Hat sich in diesen drei Jahren keine Änderung ergeben, so kann hierauf verwiesen werden. Wobei der Hinweis „… in den letzten drei Jahren durchschnittlich …" nicht gewertet werden kann, denn hieraus sind beispielsweise keine Personalschwankungen zu erkennen. Die Gliederung nach Lohngruppen sollte alle Arbeiter aufführen,[165] sodass auf Angaben zu kaufmännischen Mitarbeitern verzichtet werden kann. Die Angabe zu den Beschäftigten muss im Zusammenhang mit den Leistungen, die zu erbringen sind, stehen. Die angestellten Mitarbeiter/innen des Bieters, die als Leitungspersonal gelten, sind zudem anzugeben.

Berufsregister

Die Angaben zu Nr. 4 erfordern als Eigenerklärung lediglich die Angabe, in welchem Berufsregister der Bieter angemeldet ist. Hierbei handelt es sich um die Eintragung in das Handelsregister oder die Handwerksrolle und das Mitgliederverzeichnis der Industrie-

---

[165] Wenn auch seit der Reform des Betriebsverfassungsgesetzes im Jahre 2001 nicht mehr zwischen Angestellten und Arbeitern unterschieden wird, so ist hier aufgrund des Schwerpunktes der Bauleistungserbringung von den gewerblichen Mitarbeiter/Innen eines Bieters auszugehen.

und Handelskammer, bezogen auf das zu vergebende Gewerk bzw. die zu vergebenden
Gewerke.

Konjunktive Ausschlussgründe

Bezüglich der Angaben zu § 6a Abs. 2 Nr. 5 bis 9 VOB/A vgl. Ziff. 3.4.1.6, da sich diese
Buchstaben auf die Eignungsprüfung der Beschränkten Ausschreibung mit und ohne Teilnahmewettbewerb und die Freihändige Vergabe beziehen.

3.3.4.2 Sonstige Auskünfte

Korruptionsbekämpfung

In einigen Bundesländern (u. a. NRW, Hessen, Rheinland-Pfalz, Baden-Württemberg) und
auf Bundesebene wurden durch Gesetze bzw. Verwaltungsvorschriften Informations- und
Meldestellen eingerichtet. Hier werden über Firmen Listen geführt, an die der ÖAG keine
Aufträge erteilen darf. Die „Schwarze Liste" beinhaltet Firmen, die sich schwerer Korrupti-
onsverfehlungen schuldig gemacht haben. Diese Firmen sind für eine bestimmte Zeit für die
Teilnahme an Vergabeverfahren gesperrt[166] und damit vom Vergabeverfahren **auszuschließen**.

▶ **Tipp**
   Eine einheitliche Regelung gibt es nicht, sodass sich der Planer hier eng mit
   seinem ÖAG abstimmen muss.

NRW

In NRW muss gemäß KorruptionsbG[167] eine Anfrage beim Finanzministerium (FM) durchgeführt werden, wenn der Auftragswert eines Bauauftrags über 50.000 EUR/netto liegt.
Angefragt wird vom ÖAG. Die Informationsstelle des FM erteilte Auskunft gemäß §§ 8
und 9 KorruptionsbG. Die Anfrage erfolgt spätestens vor Erteilung des Auftrages.

Hessen

Bei geplanten Vergaben mit einem Wert über 50.000,– EUR/netto fragt der ÖAG (Behörde
des Landes) vor der Vergabe bei der Oberfinanzdirektion Frankfurt am Main nach, ob die
für die Vergabe in Aussicht genommene Firma vom Wettbewerb ausgeschlossen ist. Ist dies
der Fall, übermittelt die Melde- und Informationsstelle der Vergabestelle die vorstehend
bezeichneten Daten über die Sperre.[168]

---

[166]Glahs in K/M VOB/A § 8 Rdn. 63–64.

[167]Korruptionsbekämpfungsgesetz NRW, zuletzt geändert durch Art. 3 DienstrechtsÄndG vom
16.07.16.

[168]Gemeinsamer Runderlass der Hessischen Landesregierung über Vergabesperren zur Korruptions-
bekämpfung vom 3. April 1995 in der Fassung vom 14. November 2007 (StAnz. S. 2327).

Zuwendungsempfänger von Drittmitteln des Landes müssen diese Vorschrift ebenfalls anwenden bzw. den Erlass „Korruptionsvermeidung in hessischen Kommunalverwaltungen"[169] beachten.

Gewerbezentralregisterauszüge

Mit Inkrafttreten des Zweiten Gesetzes zum Abbau bürokratischer Hemmnisse insbesondere in der mittelständischen Wirtschaft (MEG II) am 14.09.2007 (vgl. BGBl. 2007 Teil I, Nr. 47 vom 13.09.2007) ist eine Neuregelung zur Einholung von Gewerbezentralregisterauszügen in Vergabeverfahren eingeführt worden.

Bislang mussten Unternehmen bei allen Vergabeverfahren für öffentliche Bauaufträge einen Auszug aus dem Gewerbezentralregister, der nicht älter als drei Monate sein durfte, vorlegen, um den Auftraggebern ihre Zuverlässigkeit nachweisen zu können. Der mit der Beantragung und Vorlage verbundene Aufwand für die Unternehmen soll nun mit dem MEG II minimiert werden.

Die Neuregelung: Gewerbezentralregisterauszüge nach § 150a der Gewerbeordnung werden ab sofort durch eine Eigenerklärung der Bewerber oder Bieter ersetzt oder/und der öffentliche Auftraggeber fordert selbst die Auskünfte aus dem Gewerbezentralregister nach § 150a der Gewerbeordnung an.

In jedem Fall sind ÖAG bei Bauaufträgen ab einer Auftragssumme von 30.000 EUR verpflichtet, **für den Bieter, der den Zuschlag erhalten soll**, selbst eine Auskunft aus dem Gewerbezentralregister nach § 150a der Gewerbeordnung anzufordern.

Für den Bereich des Bundeshochbaus hat das Bundesministerium für Verkehr, Bau und Stadtentwicklung (BMVBS) zwischenzeitlich einen Erlass (B 15-O1080-114) veröffentlicht. Danach ist wie folgt zu verfahren:

Bei neuen Vergabeverfahren ist ab sofort grundsätzlich kein Auszug mehr aus dem Gewerbezentralregister von Bewerbern oder Bietern zu fordern.

Die vorstehenden Neuregelungen wirken sich auch auf die Vergabepraxis aus. Alle **ÖAG** sind bei Bauaufträgen ab einer Auftragssumme von 30.000 EUR oder mehr verpflichtet, für den Bieter, der den Zuschlag erhalten soll, **selbst eine Auskunft** aus dem Gewerbezentralregister nach § 150a der Gewerbeordnung anzufordern.

3.3.4.3 Präqualifikations-Verfahren

Hierunter wird – seit der VOB/A Änderung 2006 – das Präqualifikations-Verfahren gemäß § 6b Abs. 1 VOB/A verstanden, ein freiwilliger auftragsunabhängiger Eignungsnachweis für öffentliche Bauaufträge. Die Nachweisführung über das PQ-Verfahren geht dem der Einzelnachweise voraus. Dies wird durch den Satz 1 in Abs. 2 deutlich: *„können die Bewerber oder Bieter auch durch Einzelnachweise erbringen."*

---

[169]Erlass des Hessischen Ministeriums des Innern und für Sport vom 15. Dezember 2008 – IV 25–6 g 02 – (StAnz. 2009 S. 132) – Gült.-Verz. 3200 – Die Vorschrift tritt mit Ablauf des 31. 12. 2013 außer Kraft.

Unter Präqualifikation ist eine vorgelagerte, auftragsunabhängige Prüfung verschiedener, oben genannter Eignungsnachweise und einzelner zusätzlicher Kriterien zu verstehen. Dies bedeutet, dass Bieter, die Angebote bei ÖAG abgeben, ihre grundsätzliche Eignung auch gegenüber einer Präqualifikationsstelle nachweisen und damit auf das Einreichen der üblichen und arbeitsintensiven Eignungsnachweise bei jedem einzelnen Angebot verzichten können.

▶ **Tipp**
Für den Planer bedeutet die Überprüfung von präqualifizierten Unternehmen ebenfalls eine Arbeitserleichterung. Er muss Eigenerklärungen keinen Glauben schenken und ggf. zusätzlich Nachweise anfordern.

Das Bundesministerium für Verkehr, Bauen und Wohnen hat zur Durchführung eines Präqualifizierungsverfahrens eine Leitlinie entwickelt.

Bei den für eine Präqualifikation erforderlichen Nachweisen handelt es sich vornehmlich um jene Dokumente, die weitgehend unabhängig von den jeweils auszuführenden Gewerken sind. Im Einzelnen kann hier genannt werden:

A. Nachweise bzgl. der rechtlichen Zuverlässigkeit:
   - Nachweis, dass die in § 6 Abs. 3 Nr. 2 e) bis h) VOB/A genannten Kriterien nicht vorliegen,
   - Nachweis der ordnungsgemäßen Gewerbeanmeldung und Eintragung im Handelsregister und im Berufsregister des Firmensitzes nach § 6 Abs. 3 Nr. 2 d),
   - Gesetzliche Verpflichtungen,
   - Nachweis, dass keine Eintragungen im Gewerbezentralregister 2) nach § 150a GewO vorliegen, die z. B. einen Ausschluss nach § 21 SchwarzArbG oder nach § 5 Abs. 1 oder 2 AentG[170] rechtfertigen,
   - Nachweis der Verpflichtung zur Zahlung des Mindestlohns (§ 1 AEntG), soweit diese Verpflichtung besteht,
   - Nachweis, dass keine Eintragungen in Korruptionsregistern vorliegen,
   - Nachweis der Verpflichtung, nur Nachunternehmer einzusetzen, die ihrerseits präqualifiziert sind oder per Einzelnachweis belegen können, dass alle Präqualifikationskriterien erfüllt sind, dem öffentlichen Auftraggeber jeglichen Nachunternehmereinsatz mitzuteilen, rechtzeitig den Namen und die Kennziffer anzugeben, unter der der Nachunternehmer für den auszuführenden Leistungsbereich in der Liste präqualifizierter Unternehmer geführt wird, dem öffentlichen Auftraggeber auf Anforderung im Einzelfall die Eignungsnachweise des Nachunternehmers vorzulegen.

---

[170]Gesetz über zwingende Arbeitsbedingungen für grenzüberschreitend entsandte und für regelmäßig im Inland beschäftigte Arbeitnehmer und Arbeitnehmerinnen (AEntG) vom 20. April 2009.

B. Zur Leistungsfähigkeit und Fachkunde bezogen auf die präqualifizierten Leistungsbereiche:
  - Nachweis des Gesamtumsatzes für Bauleistungen des Unternehmers in den letzten drei abgeschlossenen Geschäftsjahren,
  - Nachweis der auftragsgemäßen Ausführung von im eigenen Betrieb erbrachten Leistungen in den letzten drei abgeschlossenen Geschäftsjahren für eine oder mehrere zu qualifizierende Einzelleistungen und/oder Komplettleistungen,
  - Nachweis der in den letzten drei abgeschlossenen Geschäftsjahren jahresdurchschnittlich beschäftigten Arbeitskräfte, gegliedert nach Lohngruppen mit extra ausgewiesenen technischem Leitungspersonal.

Weiterhin können folgende Angaben informativ entnommen werden:

- Tariftreueerklärung Bund nach dem Erlass vom 07.07.1997 (B I 2 – 0 1082 – 102/31),
- Tariftreueerklärungen der Länder.

Die Gültigkeit der Nachweise ergibt sich aus dem aktuellen Internetauszug.

Der Planer bzw. ÖAG kann weitere speziell für die jeweilige Bauleistung erforderliche Nachweise anfordern und in die Angebotswertung einbeziehen. Die durch eine Präqualifikation abgedeckten Eignungsnachweise werden jedoch im Einzelfall keiner weiteren Prüfung unterzogen und müssen seitens der Unternehmen nicht gesondert vorgelegt werden. Andererseits bleibt es auch den Bewerbern und Bietern überlassen, ob sie auf eine Präqualifikation verzichten und stattdessen wie bisher bei jedem Angebot Einzelnachweise zur Verfügung stellen.

Zu den Stellen, die in einem wettbewerblichen Auswahlverfahren durch das Bundesamt für Bauwesen und Raumordnung ermittelt wurden, die einen Antrag auf Präqualifizierung entgegennehmen und prüfen, gehört:

- DQB – Deutsche Gesellschaft für Qualifizierung und Bewertung GmbH, 65189 Wiesbaden,
- DVGW CERT GmbH (bisher DVGW-Zertifizierungsstelle), 53123 Bonn,
- Pöyry Infra GmbH (bisher QCM-Consult GmbH), 55122 Mainz,
- VMC Präqualifikation GmbH (bisher VMC Vergabe-Management-Consulting GmbH), 10117 Berlin und
- Zertifizierung Bau e. V., 10117 Berlin.

Die ÖAG können sich über die Bieter in der einheitlichen Liste präqualifizierter Unternehmen erkundigen. Die Liste wird im Internet veröffentlicht und fortlaufend aktualisiert. Sie enthält einen der Öffentlichkeit frei zugänglichen Teil sowie einen passwortgeschützten Teil.

Der für die Öffentlichkeit frei zugängliche Teil gibt Auskunft über Name, Anschrift, Leistungsbereiche und Registriernummer der präqualifizierten Bauunternehmen.

Der passwortgeschützte Teil der Liste beinhaltet die für die Bewertung des präqualifizierten Unternehmens bei den Präqualifizierungsstellen eingereichten Eignungsnachweise gemäß § 6 VOB/A.[171]

3.3.4.4 Geringe Folgen bei unzureichender Vorlage von Nachweisen

Das OLG Düsseldorf vertritt in ständiger Rechtsprechung, dass Angebote, denen die nach dem Bekanntmachungstext geforderten „Eignungsnachweise" nicht beigefügt sind, zwingend gemäß § 25 Nr. 2 Abs. 1 VOB/A a. F. vom weiteren Vergabeverfahren auszuschließen waren,[172] und zwar selbst dann, wenn die Vergabestelle aus anderen Verfahren die Eignung des Bieters beurteilen und bejahen kann. Mit Neufassung des § 6 Abs. 3 Nr. 2 letzter Absatz VOB/A wird diese Forderung entschärft. Denn danach kann der ÖAG Eigenerklärungen der Bieter verlangen und Nachweise müssen erst vorgelegt werden, wenn Bieter in die engere Wahl kommen.

3.3.4.5 Subunternehmer-Einsatz

Gibt der Bieter in den Vergabeunterlagen an, dass er einen Subunternehmer (Sub) einsetzt, so kann dieser i. d. R. nicht mit in die Eignungsprüfung einbezogen werden. Denn die bisherige Regelung – den Sub bereits verbindlich zu benennen – benachteiligt den Bieter im Vergleich zum Vorteil dieser Regelung für den öffentlichen Auftraggeber unangemessen.[173]

Die Vergabestellen des Bundes reagierten hierauf, indem das VHB 2008 in dieser Hinsicht geändert worden ist. Erst auf Verlangen des ÖAG ist die konkrete Benennung der Nachunternehmer einschl. Verfügbarkeitsnachweis vorzulegen. Damit ist die Eignungsprüfung erst bei konkreten Gründen auf den Subunternehmer auszuweiten.

Die frühere Begrenzung auf mindestens 1/3 der Leistungen, die durch den Bieter selbst erbracht werden müssen, wird nicht mehr so dogmatisch gesehen. Der ÖAG kann Nachweise für die Eignung verlangen, und es hängt nach § 4 Abs. 8 VOB/B allein von seinem Willen ab, ob und in welchem Umfang Subs zum Einsatz kommen. Der Text „mit Zustimmung" überträgt somit allein dem ÖAG die Entscheidung darüber, ob die Bauleistung ausschließlich durch, dann auch geeignete, Nachunternehmer erbracht werden kann. Kommt der ÖAG nach objektiven Bewertungskriterien zu dem Schluss, dass der Subunternehmereinsatz die Gewähr für eine auftragsgerechte Bauausführung bietet, dann dürfte in Anbetracht des Diskriminierungsverbotes des § 2 Abs. 2 VOB/A und an den primären europarechtlichen Gleichheitssatz der Beurteilungsspielraum zum Ausschluss des Bieters für den ÖAG nicht mehr gegeben sein und der Bieter als Generalübernehmer ist zuzulassen. Damit besteht im Unterschwellenbereich kein zwingendes Selbstausführungsgebot.[174]

---

[171] Verein für die Präqualifikation von Bauunternehmen e. V.: http://www.pq-verein.de.

[172] OLG Düsseldorf, Beschluss vom 25.11.2002.

[173] BGH, Urteil vom 10.06.2008 – X ZR 78/07; NJW-Spezial 558.

[174] Stoye, Generalübernehmervergabe – nötig ist ein Paradigmenwechsel bei den Vergaberechtlern, NZBau 2004, 648.

Eine andere Meinung besagt, dass mit § 6 Abs. 1 Nr. 2 und § 6 Abs. 2 VOB/A normiert ist, dass sich nur solche Bieter an einem Vergabeverfahren beteiligen können, die sich gewerbsmäßig mit der Ausführung von Leistungen der ausgeschriebenen Art befassen und die die Leistung – mindesten 1/3 der Leistungen[175] – im eigenen Betrieb ausführen wollen.[176]

▶ **Tipp**
Dem Planer kann insoweit nur empfohlen werden, dass er in den BWB definiert, ob ein Generalübernehmerangebot zugelassen wird.

3.3.5 Rechnerische, technische und wirtschaftliche Prüfung

Angebote, die aus formalen Gründen oder bei der Eignungsprüfung ausgeschlossen wurden, müssen diese Prüfungsstufe gemäß § 16c Abs. 1 VOB/A nicht mehr durchlaufen. Mit der rechnerischen Prüfung soll die Submissionssumme bestätigt oder korrigiert werden, sodass aus der Submissionssumme die Angebotssumme wird.

Auf ein rechnerisch ungeprüftes Angebot darf kein Zuschlag erteilt werden, da dies ein Verstoß gegen § 16c Abs. 1 VOB/A wäre. Denn im Rahmen dieses Prüfungsschrittes ist festzustellen, welche Preisangebote abgegeben wurden und im nächsten Prüfungsschritt, ob die Preise angemessen sind (§ 16d Abs. 1 VOB/A).

3.3.5.1 Rechnerische Prüfung

Im Angebot ist die rechnerische Prüfung zu dokumentieren und die danach ermittelte Angebotsendsumme einzutragen. Erfolgte diese Prüfung mit einem AVA-Programm, sind die Ergebnislisten dem Angebot beizufügen.[177]

Allgemein

Durch die Verpflichtung zur Anwendung der VOB/A garantiert der ÖAG, dass er die Angebote rechnerisch überprüfen wird. Erkennt er nunmehr einen Rechenfehler nicht und beauftragt einen Bieter, der den Zuschlag nicht hätte erhalten dürfen, weil der nicht erkannte Rechenfehler zu einer falschen Wertung führte, so führt dies zu einer späteren höheren Abrechnungssumme. Hierauf kann der ÖAG keinen Schadensersatzanspruch gegenüber dem Bieter geltend machen, weil dieser ggf. nicht der preisgünstigste war.[178]

Additionsfehler der GP müssen korrigiert werden. Ebenso ist die falsch ermittelte Umsatzsteuer zu korrigieren. Multiplikationsdifferenzen sind unterschiedlich zu bewerten.

---

[175]OLG Frankfurt NZBau 2001, 101.
[176]Gahls in K/M3 VOB/A § 6 Teilnehmer am Wettbewerb Rdn. 17.
[177]VHB Bund 2008, Richtlinie 321.
[178]BGH, Urteil vom 22.02.1973 – VII ZR 119/71.

```
Pos. 1    Bekleidung Wand trockengepresste Flie-      EP         GP
          sen/Platten Gr.BIII 15/15cm356

          Oberboden, Bodengruppe 4 DIN 18 915, abtra-
          gen, seitlich lagern, Abtragdicke im Mittel
          25 cm, Mengenermittlung nach Aufmaß an der
          Entnahmestelle. Bekleidung an Wänden, auf
          Mauerwerk, ... verfugen durch Einschlämmen
          mit grauem Zementmörtel.

          38,50 m²
                                                   37,50     1.347,50
```

Abb. 3.15 Vordersatz * EP ≠ GP. (Fußnote 356: STLB-Bau 2009-10 024, DIN-bauportal)

Multiplikationsdifferenz
Allgemein

Sachverhalt: Der Bieter errechnete in seinem Angebot für eine Position einen Gesamtpreis, der sich nicht durch Multiplikation überprüfen lässt (Abb. 3.15).

Wertung: Bei der betreffenden Position muss der GP durch Multiplikation richtig gebildet werden. § 16c Abs. 2 Nr. 1 VOB/A normiert, dass der Einheitspreis maßgebend ist.

Hier normiert die VOB/A nicht im Konjunktiv und jeder noch so triviale Verdacht, dass der Bieter den GP versehentlich falsch eingetragen hat, berechtigt nicht zu einer Änderung des EP. Der GP ist neu zu berechnen. Der umgekehrte Rechenweg (GP / Vordersatz = EP) ist i. d. R. ausgeschlossen.

Begründung: Mit dieser strengen Auslegung beugt die VOB jeglichen Manipulationsversuchen vor. Jeder Bieter ist für seine Eintragungen im Angebot selbst verantwortlich.[179] Insofern kann und darf der Planer keinen anderen Preis einsetzen. Eine Aufklärung i. S. d. § 15 VOB/A darf nicht erfolgen, da dies einer unerlaubten Nachverhandlung gleichkommen würde.

Das Verbot der Berechnungsumkehr resultiert aus dem Wortlaut von § 16 Abs. 2 Nr. 1 VOB/A, dass sich der Gesamtbetrag aus dem Ergebnis der Multiplikation von Mengenansatz und Einheitspreis bildet, und stellt lediglich einen logischen Zusammenhang dar, denn durch den variablen Mengenansatz sind bei der Rückrechnung von GP auf EP unendlich viele Ergebnisse möglich.

Beispiel: Der GP ist vom Bieter mit 1000 EUR angegeben. Der variable Mengenansatz ist in Stück angegeben. Danach beläuft sich der EP bei 1 Stk auf 1000 EUR bei 1000 Stk auf 1 EUR.

$$EP = 1000\,EUR/1\,Stk. = 1000\,EUR \text{ und } EP = 1000\,EUR/1000\,Stk. = 1\,EUR$$

---

[179] OLG Saarbrücken, Beschluss vom 27.05.2009 – 1 Verg 2/09 | IBR 2009 407.

```
Pos. 1    Bekleidung Wand trockengepresste Flie-        EP        GP
          sen/Platten Gr.BIII 15/15cm

          Oberboden, Bodengruppe 4 DIN 18 915, abtra-
          gen, seitlich lagern, Abtragdicke im Mittel
          25 cm, Mengenermittlung nach Aufmaß an der
          Entnahmestelle. Bekleidung an Wänden, auf
          Mauerwerk, ... verfugen durch Einschlämmen
          mit grauem Zementmörtel.

          38,50 m²                                    3750     1.443,75
```

Abb. 3.16 Vordersatz × EP ≠ GP

Führt die Neuberechnung des GP zu einem höheren Angebotspreis, so scheidet der Bieter ggf. aus, da er nicht das wirtschaftlichste Angebot abgegeben hat. Problematisch wird es hingegen, wenn das Angebot zu einem niedrigeren Angebotspreis führt. Dann ist das Angebot aufgrund des neuen GP ggf. als unangemessen niedriges Angebot – nach Aufklärung – auszuschließen.

Offensichtliche Differenz

Sachverhalt: Der Gesamtpreis ist scheinbar richtig und bei dem Einheitspreis wurde lediglich das Komma vergessen (Abb. 3.16).

Hier erscheint die Vermutung naheliegend, dass der Bieter lediglich das Komma vergaß und 37,50 EUR eintragen wollte.

Wertung: Die betreffende Position kann in der Wertung mit 1443,75 EUR einfließen. Hier liegt der Fehler so offensichtlich nahe, denn die „richtige" Multiplikation würde einen Betrag von 144.375 EUR ergeben und steht ein solcher Betrag nicht in einem naheliegenden Verhältnis zu der Gesamtvergabe, so ist die Offensichtlichkeit gegeben. Ein solches Missverhältnis ist ein eindeutiger Schreibfehler.

Begründung: Ist ein Rechenfehler derart offensichtlich, darf die Rechenregel des § 16c Abs. 2 Nr. 1 VOB/A außer Acht gelassen und ausnahmsweise der Einheitspreis entsprechend der Auslegungsregel des § 133 BGB geändert werden.[180] Die Grenze der Offensichtlichkeit wird dann gegeben sein, wenn die „richtige" Multiplikation zu mehr als einer Verdopplung bzw. zu weniger als eine Halbierung des angegebenen gesamten Angebotspreises führen sollte. Im obigen Beispiel wäre der vom Bieter angegebene EP i. H. v. 375,00 EUR bereits nicht korrigierbar gewesen.

Dies gilt, wenn der Einheitspreis wie ausgeführt offensichtlich zu niedrig oder zu hoch angegeben ist, sich aus der Subtraktion des Positionspreises und Division der Vordersätze klar ersichtlich ein angemessener Preis ergibt; dann ist der Einheitspreis zu berichtigen; das

---

[180]Weyand, § 23 VOB/A, Ziff. 105.6.2.2 Rdn. 5187/1.

trifft erst recht zu, wenn sich die eindeutige Unrichtigkeit des angegebenen Einheitspreises auch aus anderen Positionen ergibt; ist dagegen auf diese Weise eine zweifelsfreie Auslegung nicht möglich, so muss es bei dem eingesetzten Einheitspreis bleiben.[181]

Diese Auslegungspraxis der Preiskorrektur wird vielfach abgelehnt.[182] **Begründet wird dies dadurch, dass**

- der Wettbewerbsgrundsatz im Vergaberecht (§ 97 Abs. 1 GWB i. V. m. § 55 BHO) aus Gründen der Gleichbehandlung eine ausnahmslose Beachtung der formellen Regelungen verlangt und
- auch durch noch so enge Ausnahmen der Eindruck einer Auftraggeber-Manipulation, d. h. einer wettbewerbswidrigen Verhaltensweise nach § 2 Abs. 1 VOB/A erweckt werden kann, was aber absolut vermieden werden muss.

▶ **Tipp**
Bei Maßnahmen, die mit Drittmitteln gefördert werden, sollte mit dem Mittelgeber diese Vorgehensweise abgestimmt werden.

Offensichtlicher Einheitenfehler

Sachverhalt: Ein Bieter hat bei zwei Positionen einen um das 100-fache überhöhten Einheitspreis abgegeben Aufgeschrieben war die Einheit cm, dies erkannten auch alle anderen Bieter, der Bieter B bot nun jedoch einen Preis in EUR/m an.

Wertung: Der Bieter ist für die Bildung seiner Preise alleinverantwortlich. Eine Änderung der „falschen" Einheitspreise im Rahmen einer Aufklärung des Angebotes ist gemäß § 15 Abs. 3 unstatthaft. Die Wertung des Angebots erfolgt mit dem abgegebenen Preis.

Begründung: Mit dieser strengen Auslegung beugt die VOB jeglichen Manipulationsversuchen vor. Jeder Bieter ist für seine Eintragungen im Angebot selbst verantwortlich.[183] Insofern kann und darf der Planer keinen anderen Preis einsetzen. Eine Aufklärung i. S. d. § 15 VOB/A darf nicht erfolgen, da dies einer unerlaubten Nachverhandlung gleichkommen würde[184].

---

[181] Kratzenberg: § 16 VOB/A Ingenstau/Korbion/Kratzenberg/Leupertz: VOB Teile A und B Kommentar, 18. Auflage 2013 Rdn. 90.

[182] Dähne in K/M VOB/A § 23 Rdn. 7–1.

[183] OLG Saarbrücken, Beschluss vom 27.05.2009 – 1 Verg 2/09 | IBR 2009 407.

[184] VG Aachen: Urteil vom 05.11.2010 – 9 K 721/09.

```
Pos. 21    Untergrund prüfen                          EP        GP

           ...

           200 m²


Pos. 22    Klinkerfläche vernadeln

           ...

           100 m²                                    16,--    3200,--

Pos. 23    Algen und Pilze passivieren

           ...

           200 m²                                    40,--    4000,--
```

Abb. 3.17 Preis aus anderer Position

Preis aus anderer Position

Sachverhalt: Ein Bieter „verrutscht" beim Ausfüllen seines Angebotes und trägt den Einheitspreis und den Gesamtpreis (mit dem Vordersatz aus der richtigen Position) bei einer anderen Position ein und gibt dabei einen Preis nicht an (Abb. 3.17).

Wertung: Eine Auslegung kommt hier nicht in Betracht, der Planer darf den Preis nicht „richtig verschieben". Die Pos. 21 ist entsprechend § 16 Abs. 1 Nr. 3 VOB/A zu beurteilen und für die Pos. 22 muss der GP auf 1600,- und für Pos. 23 auf 8000,- korrigiert werden.

Begründung: Eine Auslegung ist hier nicht möglich, denn Pos. 23 könnte danach auch in Pos. 21 „verschoben" werden. Eine Berichtigung des EP ist danach auch dann nicht vorzunehmen, wenn er offensichtlich falsch ist, nicht einmal dann, wenn aus den Umständen eindeutig und völlig zweifelsfrei zu schließen ist, dass ein ganz bestimmter EP gewollt war.[185]

Nur Gesamtpreis einer Position angegeben

Sachverhalt: Im Angebot sind nicht an der Stelle des Einheitspreises Preise eingetragen worden, sondern lediglich der Gesamtpreis wurde angegeben. Der Vordersatz der Positionen gibt die Menge „1" an.

Wertung: Dadurch, dass der Vordersatz mit 1 angegeben ist, kann der Preis eindeutig bestimmt werden. Ein **Ausschluss nach § 16 Abs. 1 Nr. 3 VOB/A ist nicht geboten.**

---

[185]OLG Saarbrücken, Beschluss vom 27.05.2009 – 1 Verg 2/09 | IBR 2009 Heft 7 407.

Begründung: Eine Korrektur des Einheitspreises, hier durch Division des GP durch 1, kommt hier in Betracht, da nach den Grundsätzen zur Auslegung von Willenserklärungen im Sinne von § 133 BGB der Einheitspreis klar bestimmbar ist.[186]

Pauschale Angebote

Bei einer Ausschreibung mit Leistungsbeschreibung mit Leistungsprogramm bietet der Bieter i. d. R. einen Preis an. Hierzu reduziert sich die rechnerische Überprüfung auf die Umsatzsteuer. Wurde der Pauschalpreis in mehrere unterschiedliche Titel aufgeteilt, so sind diese durch Addition zu überprüfen. Evtl. vom Bieter angegebene Einheitspreise sind nicht zu berücksichtigen.

Preisspiegel

Die rechnerische Überprüfung wird im Preisspiegel dokumentiert. Durch die Gegenüberstellung ist der Vergleich der verschiedenen Angebote leichter möglich. Hierbei fallen Preisauffälligkeiten leichter auf, die dann im Wertungsschritt „Angemessenheit der Preise" beurteilt werden können. Durch den Preisspiegel sollen ebenfalls Auffälligkeiten (z. B. übereinstimmende Preise) ggf. sonstige Hinweise auf Preisabsprachen aufzeigen (s. Tab. 3.5).

3.3.5.2 Technische Prüfung

Diese Prüfung kommt gemäß § 16d VOB/A nur in Betracht für Angebote bei denen

- der Bieter gleichwertige Erzeugnisse oder Verfahren angegeben hat,
- der Bieter Nebenangebote abgab und
- das Angebot auf einer Leistungsbeschreibung mit Leistungsprogramm beruht.

Wurden diese Möglichkeiten in den Vergabeunterlagen nicht eröffnet, so wären die Angebote auszuschließen gewesen.

Änderungen von unsinnigen technischen Spezifikationen

Sachverhalt: Der Bieter formuliert in seinem Begleitschreiben, dass er die Leistungen anders als im LV anbietet, da die LV Vorgaben unsinnig oder überflüssig sind oder ein bestimmtes Produkt so nicht ausführbar ist.

Wertung: Mit solchen Formulierungen werden die Angebotsunterlagen geändert. Das Angebot ist gemäß § 16 Abs. 1 Nr. 2 i. V. m. § 13 Abs. 1 Nr. 5 VOB/A wegen unzulässiger Änderung zwingend auszuschließen.

Begründung: Die technische Prüfung umfasst u. a. die Feststellung darüber, ob das angebotene Produkt die im Leistungstext der Position vorgegebenen Leistungsparameter

---

[186]Ähnlich 2. VK Bund, B. v. 24.05.2005 – Az.: VK 2-42/05.

Tab. 3.5 Prinzip des Preisspiegels

Pos. Nr.	Kurztext	Massen	Bieter i=1			Bieter n		
			EP	GP	Δ in %	EP	GP	Δ in %
			EUR/E	EUR		EUR/E	EUR	
01.01.10	Freimachen							
01.01.1	Gittermattenzaun h ~ 1,50 m demontieren	25 m	10,00	250,00	100,00	12,00	300,00	120,00
01.01.2	Gittermattenzaun h ~ 2,00 m demontieren	10 m	15,00	150,00	115,38	13,00	130,00	100,00
	....							
01.02	Erdarbeiten							
01.02.1	Bauzaun als Baustellen-einzäunung	120 m	10,00	1.200,00	100,00	14,00	1.680,00	140,00
01.02.2	Vorbereiten der Zufahrt-straße zur Baustelle	10 m³	5,00	50,00	100,00	50,00	**500,00**	**1000,00**
01.02.3	Baustraße herstellen, HKS	90 m³	30,00	2.700,00	100,00	31,00	2.790,00	103,33
	....							
01.02.14	Gelände auffüllen mit HKS	274,5 m³	35,00	8.662,50	102,94	34,00	8.415,00	100,00
01.02.15	Handausschachtung	3 m³	115,00	345,00	100,00	120,00	360,00	104,35
	Gesamtsumme netto			25.945,00	100,00		26.334,18	101,50
	Nachlass			0,00			0,00	
	Umsatzsteuer v.z.Z.	19 %		4.929,55			5.003,49	
			Bieter i=1			Bieter n		
Pos. Nr.	Kurztext	Massen	EP	GP	Δ in %	EP	GP	Δ in %
			EUR/E	EUR		EUR/E	EUR	
	Angebotspreis brutto			30.874,55	100,00		31.337,67	101,50

erfüllt. Der Planer ist damit an seine eigenen Anforderungen im LV gebunden. Vom LV abweichende Angebote sind auch dann zwingend auszuschließen, wenn das angebotene, nicht den Vorgaben des Leistungsverzeichnisses entsprechende Produkt, technisch gegenüber einem dem Leistungsverzeichnis entsprechenden Produkt keine Nachteile aufweist oder sogar sinnvoller ist.[187]

Vorgaben im LV sind auch dann einzuhalten, wenn sie technisch unsinnig sind. Dem Bieter bleibt hier nur die Ausschreibung vor Angebotsabgabe zu rügen. Hierzu ist z. B. in VHB 212 normiert: „Enthalten die Vergabeunterlagen nach Auffassung des Bewerbers Unklarheiten, so hat er unverzüglich die Vergabestelle vor Angebotsabgabe in Textform darauf hinzuweisen."

---

[187]VK Südbayern: Z3-3-3194-1-29-06/14 vom 11.08.2014.

▶ **Tipp**
Bietet ein Bieter sowohl die ausgeschriebene Leistung an als auch zusätzliche
Leistungen, liegt keine Änderung an den Vergabeunterlagen vor.[188]

Fehlender Gleichwertigkeitsnachweis

Sachverhalt: Der Bieter hat in seinem Angebot zu Fabrikatsangaben und/oder Produkten
nicht das Leitfabrikat, sondern ein „gleichwertiges" Produkt angegeben.

Lösung: Dieses Angebot ist nach § 13 Abs. 2 VOB/A wie ein Hauptangebot zu werten,
wenn der Nachweis der Gleichwertigkeit mit dem Angebot erfolgte (Satz 3). Andernfalls
kann das Angebot nicht gewertet werden.

Begründung: Mit § 16d Abs. 2 VOB/A wird im Abschnitt „Wertung" durch Querver-
weis auf § 13 Abs. 2 VOB/A normiert, dass Angebote von der technischen Spezifikation
abweichen dürfen, wenn die Gleichwertigkeit zum Geforderten zusammen mit dem Angebot nachgewiesen wird. Ist die Gleichwertigkeit nicht „augenscheinlich", so muss der
Nachweis allein schon deshalb beigebracht werden, um dem Planer die Prüfung zu ermöglichen.[189] Es reicht auch nicht aus, dass der Bieter in einem früheren Verfahren einmal den
Zuschlag auf die gleiche Leistung erhielt.[190]

Eine Nachforderung der Unterlagen i. S. d. § 16a VOB/A wird unterschiedlich bewertet.
Einmal wird dieses ausgeschlossen, da a) die Vorlage des Nachweises explizit zum Angebot verlangt wird und sich auf die Nachweise und Erklärungen zu § 16 Abs. 1 Nr. 1 bis
2 VOB/A bezieht.[191] Geforderte Fabrikats-, Produkt- und Typangaben sollen **integraler
Angebotsbestandteil** des Angebotes und damit von der Nachforderung ausgeschlossen
sein. Zum anderen erfolgt die Legitimierung.[192] Was sinnvoll erscheint, da für nichtpreis-
liche Ausschlusskriterien, wie die Gleichwertigkeit i. S. von § 13 Abs. 2 VOB/A dies geforderte Erklärungen und Nachweise i. S. von § 13 Abs. 1 Nr. 4 VOB/A sind. Der Wortlaut
des § 13 Abs. 1 Nr. 4 VOB/A und – dem folgend – auch der Wortlaut des § 16 Abs. 1 Nr. 3
VOB/A differenziert nicht zwischen den Erklärungen und Nachweisen mit Leistungsbezug
und denjenigen mit Bieterbezug.[193]

---

[188]OLG Düsseldorf vom 29. 3. 2006 – Verg 77/05.

[189]BayObLG, Beschluss vom 21.11.2001 – Verg 17/01 | IBRRS 40526.

[190]OLG Koblenz, Beschluss vom 02.02.2011 – 1 Verg 1/11 | IBR 2011 2392 „GfK-Rohre aus glas-
faserverstärktem Kunststoff anstelle Gussrohre".

[191]VK Sachsen-Anhalt, Beschluss vom 16.03.2015 – 3 VK LSA 5/15.

[192]Planker weist in K/M darauf hin, dass die Vorlage nicht als Ausschlussgrund in § 16 Abs. 1 Nr. 1
VOB/A (2009)genannt ist, sodass ein Fehlen beim Eröffnungstermin für das Angebot unschädlich
sein soll. Zudem Legitimierung VK Arnsberg, Beschluss vom 18.02.2013 – VK 1/13.

[193]Weyand, ibr-online-Kommentar Vergaberecht, Stand 26.11.2012, § 16 VOB/A Rdn. 337.

Auf den Nachweis kann **ausnahmsweise verzichtet** werden, wenn für den ÖAG der Planer die Gleichwertigkeit unter objektiven Gesichtspunkten bescheinigen kann.[194] Es reicht nicht aus, dass es im Behördenapparat des ÖAG eine Person gibt oder geben könnte, die aufgrund eigener Sachkunde ohne entsprechende Angaben eines Bieters in der Lage wäre, die Frage der Gleichwertigkeit zu beurteilen.[195] Der Planer kann hierbei ein Dritter sein, der dem ÖAG die Behauptung des Bieters bestätigt. Er darf sich aufgrund der objektiven Prüfkriterien nicht darauf berufen, dass aufgrund seiner Erfahrung davon auszugehen ist, dass die Gleichwertigkeit gegeben ist,[196] er muss durch Unterlagen belegen, dass die Gleichwertigkeit vorliegt. Der Bieter muss dabei seine abweichende Leistung so klar und deutlich abfassen, dass der Auftraggeber allein aufgrund dieser Angaben nachprüfen kann, ob die Leistungsvariante den Mindestanforderungen im Sinne der Vergabeunterlagen genügt.[197]

▶ **Tipp**
Bestehen Zweifel hinsichtlich des angebotenen Produkts, die auch nicht durch Auslegung gemäß §§ 133, 157 BGB eindeutig geklärt werden können, ist das Angebot schon aus Gründen der Gleichbehandlung aller Bieter nicht weiter zu werten.[198]

Anforderung an die Gleichwertigkeit

Liegt der geforderte Gleichwertigkeitsnachweis vor, hängt die Wertung davon ab, ob die Abweichung dem Ausgeschriebenen in qualitativer Hinsicht entspricht. Meist kann die Wertung nur erfolgen, wenn unter Abwägung aller technischen und wirtschaftlichen gegebenenfalls auch gestalterischen und funktionsbedingten Gesichtspunkten das Gleichwertige **annehmbarer** ist als das ausgeschriebene. Annehmbarer ist der Bietervorschlag, wenn entweder eine bessere Lösung erreicht wird, die nicht teurer ist oder eine gleichwertige Lösung, die preislich günstiger ist.[199]

Nicht als Nachweis gelten vom Bieter gemachte Angaben. Diese stellen lediglich eine Behauptung auf, sodass als Beleg für die Behauptung Nachweise vorgelegt werden müssen. Gleichlautende Feststellung trifft auf Firmenbroschüren zu. Produktkataloge müssen sich konkret auf das Ausgeschriebene beziehen. Allgemeingültige Angaben erfüllen wiederum nicht den Umfang eines Nachweises. Ein Nachweis ist damit eine Bestätigung durch einen Dritten (z. B. Prüfzeugnis).[200]

---

[194]VK Hessen, Beschluss vom 06.07.2009 – 69d-VK-20/2009 Ziff. II. 2 | IBRRS 72194.

[195]OLG Koblenz, a. a. O. S. 136.

[196]Weynand, § 25 VOB/A Ziff. 107.10.5.3 Rdn. 5719.

[197]OLG Koblenz, a. a. O. S. 136.

[198]VK Baden-Württemberg: 1 VK 24/10 vom 19.05.2010 | IBRRS 76114.

[199]Weyand Ziff. 107.10.4 Rdn. 5714.

[200]OLG Rostock: 17 Verg 9/03 vom 20.08.2003 | IBRRS 42706.

Bei der Gleichwertigkeitsprüfung ist eine Gegenüberstellung der Anforderungen des Leistungsverzeichnisses vorzunehmen, bei der die Eigenschaften der divergierenden Fabrikate verglichen werden. Die Gleichwertigkeitsprüfung ist zu dokumentieren und dem Vergabevermerk beizufügen.[201] Dies ist nur möglich, wenn die Leistungsbeschreibung Kriterien definiert, die zwingend gleichwertig sein müssen. Ohne diese Kriterien wird es niemals eine „Gleichwertigkeit geben."[202] Siehe hierzu das Beispiel in Tab. 3.6.

Beispiel

Bietet ein Unternehmen anstelle eines die ganze Baustelle abdeckenden ortsfesten Gerüsts ein verziehbares Arbeits- und Schutzgerüst an, entstehen dadurch, dass das angebotene Gerüst nicht während der gesamten Bauausführung auf der gesamten Länge der Baustelle vorhanden ist, und dadurch, dass das Gerüst verschoben werden muss, Sicherheitseinbußen gegenüber dem ausgeschriebenen Gerüst; damit ist das Angebot im Schutzniveau nicht gleichwertig.[203]

Beispiel

In einer Ausschreibung wird ein BTA-Rohr Fabrikat xxx = 20 × 2,3 mm gefordert. Der Bieter trägt im Angebot ein, dass das von ihm zu liefernde Rohr von der Firma yyy sei. Die Überprüfung durch den Planer dieser Angabe führt zu dem Ergebnis, dass die Firma als einzig passendes Rohr ein 20 × 2,3 mm anbietet. Damit bestehen Zweifel hinsichtlich des angebotenen Produkts, die auch nicht durch Auslegung eindeutig geklärt werden können. Das Angebot ist schon aus Gründen der Gleichbehandlung aller Bieter auszuschließen. Andernfalls wäre die Wertung willkürlich und würde vom Gutdünken einer Vergabestelle abhängen oder von dem rein subjektiven Willen des Bieters.

Unbestimmte Angaben

Sachverhalt: Die im Angebot angegebenen Fabrikatsangaben sind nicht eindeutig. Der Bieter räumt mit dem Wort „oder" eine Wahlmöglichkeit ein.

Wertung: Das **Angebot ist auszuschließen**, da ein eindeutiges Fabrikat fehlt.[204] Zudem fehlen insoweit produktidentifizierende Angaben.[205]

---

[201] VK Brandenburg: VK 77/02 vom 26.02.2003 | IBRRS 40994.

[202] Siehe auch 2.4.2.2 Formulierungsmöglichkeiten der TS.

[203] VK Münster, B. v. 22.08.2002 – Az.: VK 07/02.

[204] (VK Nordbayern, B. v. 09.08.2005 – Az.: 320.VK-3194-27/05).

[205] VK Arnsberg, B. v. 02.10.2005 – Az.: VK 18/2005.

Tab. 3.6 Beispiel: Angebot zu Alu-Fenstern

	Ausgeschrieben	Angaben im Angebot	Bemerkung
Hersteller	Reimer	Schübor	
System	CPW 50	FPW 50 +	
Ansichtsbreiten	ca. 50 mm	52 mm	Tolerierbar, da sich die statischen Eigenschaften nicht verschlechtern und das Gesamtbild der Fenster erhalten bleibt
Pfosten	180 bis 205 mm	195 mm	In den vorgegebenen Grenzen
Montagepfosten	115 bis 140 mm	135 mm	Wie vor
Riegel	170 bis 195 mm	175 mm	Wie vor
Schalldämmung	$\geq$ 45 dB	35 dB	**Nicht erfüllt**
Schlagregendichtigkeit	Klasse RE 1000 Pa	Klasse RE 1000 Pa	Wie gefordert
Luftdurchlässigkeit	Klasse A4	Keine Angaben	**Nachweis fehlt**
Widerstandsfähigkeit bei Windlasten	Klasse BE 3000 Pa	Keine Angaben	**Nachweis fehlt**
Einsatzstärke Glas/ Füllung	6 bis 40 mm	6 bis 40 mm	Wie gefordert

Begründung: Das Angebot ist unbestimmt. Auf ein unbestimmtes Angebot kann keine eindeutige Willenserklärung abgegeben werden. Es kommt hier auch nicht auf den Umfang der Unbestimmten Leistung an. Ein Angebot muss so konkret sein, dass ohne weitere Festlegung, Ergänzung oder Differenzierung der angebotenen Leistungen der Zuschlag durch ein einfaches „Ja" erteilt werden kann.[206] Gibt ein Bieter bei einem zwingend einzutragenden Erzeugnis zwei bzw. drei Hersteller bzw. Produkte an, behält er sich offen, was vergaberechtlich wie oben erwähnt nicht zulässig ist, welchen Hersteller bzw. welches Produkt seiner Wahl er nach Zuschlagserteilung einbauen wird. Ein Offenhalten des Erzeugnisses stellt eine Abweichung von den Ausschreibungsunterlagen dar, die dazu führt, dass kein ausschreibungskonformes Angebot vorliegt. Dies gilt auch dann, wenn alle eingetragenen Hersteller oder Produkte die im Leistungsverzeichnis genannten Parameter erfüllen.

Fehlende Angaben

Sachverhalt: In der Leistungsbeschreibung wird die Angabe zu „Hersteller und genaue Typenbezeichnung" verlangt. Der Bieter gibt jedoch lediglich einen Herstellernamen an.

---

[206]OLG München, B. v. 02.09.2010 – Az.: Verg 17/10; u. a.

Wertung: Das Angebot ist auszuschließen, da das Angebot hinsichtlich der verlangten Angaben nicht eindeutig ist.[207]

Begründung: In dem Angebot fehlen weitere Angaben zu den tatsächlich angebotenen Fabrikaten/Produkten. Damit ist das Angebot hinsichtlich dieser Positionen nicht eindeutig; gerade wegen der fehlenden weiteren Angaben zu den angebotenen Fabrikaten ist eine eindeutige Identifizierung und vergleichende Beurteilung nicht möglich. Eine Nachforderung i. S. d. § 16 Abs. 1 Nr. 3 ist nicht möglich, da die Angabe nicht fehlt, sondern inhaltliche Defizite vorliegen, die nicht durch Nachbesserung ausgeglichen werden können.

Fehlerhafte Produktangaben

Sachverhalt: In seinem Angebot trägt der Bieter eine falsche Bezeichnung für eine verlangte Produktangabe ein bzw. die Produktangabe stimmt nicht mit den Erfordernissen des LV überein.

Wertung: Angebote mit solchen (falschen) Produktangaben sind **nicht im Wege der Aufklärung zu verbessern, sondern auszuschließen.**[208]

Begründung: Bei der Prüfung der Produktangaben des Bieters in seinem Angebot sind diese wörtlich zu nehmen, auch wenn das Produkt den im Leistungsverzeichnis formulierten Anforderungen nicht gerecht wird. Es steht dem Planer nicht das Ermessen zu, anzunehmen, dass dieses Produkt nicht hätte angeboten werden sollen. Es wäre dem OLG Schleswig zufolge zirkulär, im Vergabeverfahren zur Auslegung eines Angebots die Anforderungen des Leistungsverzeichnisses heranzuziehen und auf diese Weise Irrtümer des Bieters beim Ausfüllen des Leistungsverzeichnisses zu korrigieren. Angesichts der Vielzahl der möglichen Irrtümer kann weder ausgeschlossen werden, dass der Anbietende das Angebotene tatsächlich anbieten wollte, noch ermittelt werden, was er ggf. stattdessen hätte anbieten wollen. Zudem würden sich mit dieser Form der Fehlerheilung ungeahnte Manipulationsmöglichkeiten ergeben.

Nebenangebote

Nebenangebote sind gemäß § 16d Abs. 3 VOB/A zu werten, wenn sie in der Bekanntmachung oder in den Vergabeunterlagen zugelassen wurden und diese gemäß § 13 Abs. 3 VOB/A auf besonderer Anlage gemacht und als solche deutlich gekennzeichnet wurden.

Mit den Nebenangeboten soll dem ÖAG die Möglichkeit gegeben werden, dass dieser von der Fachkenntnis und den Ideen der Bieter profitiert, diese bieten ihm somit eine bessere Lösung an, als ausgeschrieben. Dies setzt jedoch voraus, dass der Nachweis der Gleichwertigkeit erbracht wurde und dies in qualitativer und quantitativer Hinsicht be-

---

[207](VK Hannover, B. v. 10.05.2004 – Az.: 26045 – VgK 02/2004).
[208]OLG Schleswig, Beschluss vom 11.05.2016 – 54 Verg 3/16.

stätigt werden kann. Nebenangebote dürfen damit nicht von verbindlichen Festlegungen des Leistungsverzeichnisses, die für Haupt- und Nebenangebote gleichermaßen gelten, abweichen.[209] Fehlt es an diesen Voraussetzungen, so darf das Nebenangebot nicht berücksichtigt werden.

Unklarheiten eines Nebenangebots führen gemäß § 16 Abs. 1 Nr. 2 VOB/A i. V. m. § 13 Abs. 1 Nr. 5 VOB/A zu einem zwingenden Ausschluss des betroffenen Nebenangebots. Ein Mehr an Klarheit kann jedoch nicht über ein Aufklärungsgespräch gemäß § 15 Abs. 1 Nr. 1 VOB/A herbeigeführt werden, da eine Aufklärung nur im Sinne einer zusätzlichen Erläuterung im Rahmen des abgegebenen Angebots erfolgen, nicht aber der Heilung von Fehlern oder der sonstigen Nachbesserung des Angebots dienen darf.[210]

Unklarheiten in den Vergabeunterlagen gehen nicht zu Lasten der Bieter. Daher kann ein Bieter, der unklare oder widersprüchliche Anforderungen des ÖAG in vertretbarer Weise ausgelegt und sein (Neben-)Angebot auf diese mögliche Auslegung ausgerichtet hat, nicht mit der Begründung ausgeschlossen werden, sein (Neben-)Angebot entspreche nicht den Ausschreibungsbedingungen.[211] Gleichwohl muss er sich die technische Prüfung bzgl. der Gleichwertigkeit seines Angebotes gefallen lassen.[212]

▶ **Tipp**
Mit einem tabellarischen Vergleich wird der ÖAG bzw. sein Planer der Forderung nach einer Beurteilung der Gleichwertigkeit gerecht. Denn der ÖAG hat nach pflichtgemäßem Ermessen zu entscheiden, dass die Gleichwertigkeit vorliegt.[213] Gleichwohl muss der Bieter die notwendigen Unterlagen seinem Angebot beigefügt haben.

3.3.6 Wertung

Alle nun noch im Vergabeverfahren befindlichen Angebote werden der letzten der vier Wertungsstufen unterzogen. Aufgrund des bei nationalen Vergabeverfahren i. d. R. auf den Preis reduzierten Wertungskriteriums wird dieses vordergründig betrachtet.

3.3.6.1 Angemessenheit der Preise

Der Zuschlag darf nach § 16d Abs. 1 Nr. 1 VOB/A nicht auf einen unangemessen hohen oder niedrigen Preis erteilt werden. Es ist jedoch grundsätzlich Angelegenheit des Bieters, wie er kalkuliert. Nur wenn ein offenbares Missverhältnis zwischen dem Gesamtpreis des Angebotes und der Leistung besteht, kommt ein Ausschluss des Angebotes in Betracht, ohne dass es dabei auf einen Vergleich einzelner Positionen des Leistungsverzeichnisses mit einem auskömmli-

---

[209]OLG Naumburg, Beschluss vom 8. Februar 2005 – 1 Verg 20/04 | ZfBR 2005, 419.

[210]VK Bund, Beschluss vom 23.11.2011 – VK 3-143/11.

[211]LG Celle: 13 Verg 6/10 vom 03.06.2010 | IBRRS 75331.

[212]Siehe Keine eindeutigen Preise oder Seite 137.

[213]BGH, Beschluss vom 23.03.2011 – X ZR 92/09 | NJW Spezial 2011 398.

chen Preis ankommt.[214] Der Preis ist dabei über die Gesamtsumme zu beurteilen.[215] Lediglich wenn Einzelpreise wesentlicher Positionen oder Titel (Lose, Gewerke) ohne Ausgleich an anderer Stelle zu erzeugen sind, können diese Einzelpreise den Sachverhalt bewirken. Angebote, deren Preise in offenbarer Diskrepanz zur Leistung stehen, **sind nicht zu werten**.

Zweifel an der Angemessenheit können sich immer dann ergeben, wenn die Angebotssummen des Bieters, der den günstigsten Angebotspreis angeboten hat, um deutlich niedriger als 10 % gegenüber dem nächsthöheren Angebot ausfällt oder die geschätzte Auftragssumme (aus der Kostenberechnung) des Planers in gleicher Höhe (10 %) unterschreitet.[216] Sinn dieser Normierung ist, dass der ÖAG den Zuschlag auf ein seriös kalkuliertes Angebot erteilen will.

▶ **Tipp**
Zur Angemessenheitsprüfung können auch die Angebote herangezogen werden, die bei der formellen Wertung aus Gründen ausgeschlossen wurden, die nicht im Zusammenhang mit der Preisbildung stehen.

Eine Wertgrenze wie zuvor, jedoch für unangemessen hohe Preise wird nicht existieren. Denn ein solcher Fall kann lediglich dann vorliegen, wenn in einem Vergabeverfahren nur noch „hohe" Preisangebote verblieben sind oder eben alle Preise unangemessen hoch sind. Zudem ist dieser Sachverhalt eher theoretischer Natur.

▶ **Tipp**
Werden zur Preisprüfung die Formblätter Preis 221 bis 223 herangezogen, so ist zu beachten, dass diese im Idealfall bereits mit der Abgabe des Angebots verlangt werden. Bei der gängigen Praxis vieler ÖAG, die Preisblätter erst nach der Angebotsabgabe anzufordern und im Falle der Nichtvorlage die betreffenden Angebote auszuschließen, birgt Gefahren. Bieter erhalten hierdurch faktisch die Gelegenheit, durch Zurückhalten der Preisblätter den Ausschluss ihrer Angebote aus dem Vergabeverfahren zu erwirken.

Unangemessen niedriger Preis

In einem ersten Prüfungsschritt können zur Überprüfung der Angemessenheit die Ergebnisse der unter objektiven Gesichtspunkten erstellten Kostenberechnung herangezogen werden. Zeigt dieser Vergleich, dass das Angebot den Erwartungen des Planers entsprach, so ist das Angebot ggf. lediglich das Ergebnis eines funktionierenden Wettbewerbs, bei dem niedrige Preise auch erwünscht sind.[217]

---

[214]VK Brandenburg, Urteil vom 09.06.2010 – VK 26/10.

[215]BGH: Urteil vom 21.10.1976 – VII ZR 327/74 | www.bauindustrie-nrw.de.

[216]Dähne in der Vorauflage, § 25 Rdn. 55 und Vavra, in: Völlink/Kehrberg VOB/A § 25 Rdn. 30 sowie BayObLG VergabeR 2006, 802, 807 in einem obiter dictum. Auch nach Ziff. 4.3 der Richtlinien zu 321 des VHB 2008/2010.

[217]Brinker in Motzke/Pietzcker/Prieß, VOB/A, 1. Auflage 2001, § 25 Rdn. 60.

Findet das untersuchte Angebot im ersten Schritt keine Entlastung, so wird der Planer zusammen mit dem ÖAG ein Aufklärungsgespräch mit dem Bieter über sein Angebot führen müssen.[218]

Der Planer ist zusammen mit dem ÖAG berechtigt, die Kalkulation einzusehen. Hierbei muss sich der Planer zusammen mit dem ÄAG darüber ein Bild machen, ob das Angebot kostendeckend kalkuliert wurde. In die Prüfung gehen neben den Preisen zudem Aspekte der Wirtschaftlichkeit des Bauverfahrens, die gewählten technischen Lösungen und sonstige Ausführungsbedingungen ein. Zudem können spezielle, nur bei dem betreffenden Bauvorhaben zugrundeliegende Sachverhalte den niedrigen Preis erklären, wenn ein Bieter den niedrigen Einheitspreis damit erklärt, dass das Material aus Übermengen von anderen Aufträgen vorrätig ist und andernfalls kostenpflichtig entsorgt werden müsste. In der Beurteilung steht dem Planer dabei ein Beurteilungsspielraum zu, ob eine Aufklärung für erforderlich gehalten wird oder nicht.[219] Ein Angebot darf nicht als Unterangebot von der Wertung ausgeschlossen werden, wenn in ausreichender Weise Unterlagen vom Bieter eingereicht wurden, mit denen die Schlüssigkeit der Kalkulation, insbesondere hinsichtlich der Lohnkosten, nachgewiesen wurde.[220]

▶ **Tipp**

Erst wenn sich der Planer ein umfassendes Bild von dem Angebot des Bieters gemacht hat, kann er von ihm eine schriftliche Erklärung verlangen, dass der Bieter sein Angebot auskömmlich kalkuliert hat und mit den Preisen den Erfolg der Leistung erbringen kann.

▶ **Tipp**

Um den ÖAG davon zu überzeugen, dass das billigste Angebot nicht das Beste ist, hilft nachfolgendes Zitat: „Es gibt kaum etwas auf dieser Welt, das nicht irgendjemand ein wenig schlechter machen und etwas billiger verkaufen könnte, und die Menschen, die sich nur am Preis orientieren, werden die gerechte Beute solcher Machenschaften. Es ist unklug zu viel zu bezahlen, aber es ist noch schlechter, zu wenig zu bezahlen. Wenn Sie zu viel bezahlen, verlieren Sie etwas Geld, das ist alles. Wenn Sie dagegen zu wenig bezahlen, verlieren Sie manchmal alles, da der gekaufte Gegenstand die ihm zugedachte Aufgabe nicht erfüllen kann. Das Gesetz der Wirtschaft verbietet es, für wenig Geld viel Wert zu erhalten. Nehmen Sie das niedrigste Angebot an, müssen Sie für das Risiko, das Sie eingehen, etwas hinzurechnen. Und wenn Sie das tun, dann haben Sie auch genug Geld, um für etwas Besseres zu bezahlen."[221]

---

[218]Siehe auch Ziff. 3.3.1.

[219]VK Südbayern, Beschluss vom 31.05.2011 – Z3-3-3194-1-11-03/11.

[220]VK Nordbayern, Beschluss vom 04.12.2006 – 21.VK-3194-39/06.

[221]John Ruskin Englischer Sozialreformer (1819–1900).

Unangemessen hoher Preis

Hier dient die Kostenberechnung als alleiniger Maßstab für die Ermessensentscheidung, ob ein unangemessen hoher Preis vorliegt. Es kann nicht von einem unangemessen hohen Preis (Differenz ca. 17 %) ausgegangen werden, wenn die Kostenberechnung gegenüber dem Ausschreibungszeitpunkt veraltet ist (über 1 Jahr) und die Baupreise zwischenzeitlich deutlich gestiegen sind.[222] Gleichlautende Feststellung kann getroffen werden, wenn alle übrigen Ausschreibungen im Vergleich zur Kostenberechnung deutliche Abweichungen zeigten.

Eine verlässliche Wertgrenzenregelung findet sich weder in der VOB/A noch in der Rechtsprechung, sodass der Planer nach objektiven Gesichtspunkten zu der Entscheidung kommen muss, ob ein Angebot unangemessen hoch ist.

▶ **Tipp**
   Ausgehend vom o. g. Urteil sollte der Planer eine Wertgrenze von mindestens
   20 % ansetzen. Dies unter der Voraussetzung, dass die Kostenberechnung
   gewissenhaft erstellt wurde. Dies auch im Hinblick auf die bei der Kostenberechnung diskutierte Kostenvariabilität von 20 %.[223]

Mit der Feststellung, dass der Preis zu hoch ist, kann das Angebot nicht gewertet werden. Liegen noch weitere (höhere) Angebote vor, so liegt nach § 17 Abs. 1 Nr. 3 VOB/A ein schwerwiegender Grund vor, um die Ausschreibung aufzuheben.

Der Ausschluss bzw. die Aufhebung darf im Übrigen nicht erfolgen, nur weil der ÖAG feststellt, dass die geplante Finanzierung nicht mehr ausreichend ist.[224]

Deutlich reduzierte Einheitspreise

Sind die niedrig kalkulierten Preise nicht aufgrund einer Mischkalkulation zustande gekommen[225], so bleibt es in der Verantwortung des Bieters, wie er seine Preise ermittelt hat. Hierbei können z. B. baustellenübergreifende Synergieeffekte dazu beitragen, dass ein Bieter deutlich niedrigere Preise anbietet als die anderen.[226] Die weitere Wertung ist somit möglich, wenn die Aufklärung ergibt, dass die ausgewiesenen Preise tatsächlich die für die Leistungen geforderten Preise vollständig wiedergeben.

Ein Zeichen „zu niedriger" Einheitspreise können auch falsch verstandene Zulagepositionen[227] sein. Wurde bei einer solchen Position nicht deutlich genug definiert, wie die Zulage zu kalkulieren ist, kann es unterschiedliche Auffassungen darüber geben, wie der Preis angesetzt werden soll, als eigenständige Position oder Zulage zu einer Grundposition.

---

[222]OLG Düsseldorf, Beschluss vom 06.06.2007 – Verg 8/07 | IBR 2007 Heft 9 511.

[223] Architekten- und Stadtplanerkammer Hessen, Kosten – Haftung des Architekten, Kammerfenster 1/02.

[224]OLG Karlsruhe, Urteil vom 05.11.1992 | IBR 1993 413 und weitere.

[225]Siehe auch 3.4.1.1.

[226]VK Münster, Beschluss vom 10.02.2004 – VK 01/04 | IBR 2004 Heft 8 449.

[227]Siehe 2.4.1.2, Bedarfspositionen.

Dieser Dissens ist im Rahmen eines Aufklärungsgesprächs mit dem Bieter zu klären. Der betreffende Bieter könnte nach erfolgter Aufklärung die Preisauskömmlichkeit bestätigen oder sein Angebot nach den §§ 119 ff BGB anfechten (mit der Folge eines Ausschlusses aus dem Wettbewerb).[228]

Überhöhte Einheitspreise

Ein Ausschluss wegen überhöhter Einzelpreise (mehr als das 100-fache),[229] die in einem auffälligen, wucherähnlichen Missverhältnis zu ansonsten üblichen Preisen stehen, kommt in seltenen Fällen bei wesentlichen Positionen oder Titeln (Losen, Gewerken) vor. Hat der Bieter in seinem Angebot eine Position mit einem unbedeutendem Mengenanteil angeboten, kommt **kein Ausschluss** infrage, da eben der Gesamtpreis des Angebotes angemessen ist und der Anteil des überhöhten EP deshalb unwesentlich ist.

Führt nun jedoch eine „zufällige" Mengenmehrung i. S. d. § 2 Abs. 3 VOB/B dieser Position zu einem wesentlichen Anteil am Vergütungsumfang des Auftragnehmers, so führt dies ggf. zu einem nicht schützenswert sittenwidrigen Bieterverhalten, da dem Bieter ggf. Spekulationsabsicht unterstellt werden kann. Der Auftragnehmer erhält für den über 110 % hinausgehenden Mengenteil die ortsübliche Vergütung.[230] Ein Ausschluss kommt nicht infrage, da der Mengenanteil erst mit der Schlussrechnung abschließend festgestellt wird.

Zudem kann die Sittenwidrigkeit des EP dann unterstellt werden, wenn es für den Bieter aufgrund der Vergabeunterlagen klar erkennbar ist, dass es zu erheblichen Mengenmehrungen kommen wird. An der Sittenwidrigkeit eines überhöhten Einheitspreises fehlt es i. d. R., wenn die Abrechnung der Mehrmengen auf den Gesamtpreis nur unerheblich ist. Das ist aber bei einer Erhöhung des Gesamtpreises um 13 % nicht der Fall.[231]

Der Einheitspreis einer Eventualposition ist sittenwidrig überhöht, wenn er einen Zuschlag von 90 % für Wagnis- und Gewinnanteil enthält.[232]

Kann dem Auftragnehmer keine Spekulationsabsicht unterstellt werden, so führt dies zu einem Vergütungsanspruch mit dem überhöhten Preis. Denn wurde die Ausschreibung nicht mit der notwendigen Sorgfalt, die sich aus § 2 Abs. 5 VOB/A und § 7 Abs. 1 VOB/A ergibt, erstellt und die ungenauen Mengenansätze der betreffenden Position führten bei der Prüfung des Angebotes zur Einschätzung, dass der EP sich auf eine unwesentliche Position bezieht, so bleibt es später beim vereinbarten Preis.

Eine Ausnahme hiervon besteht jedoch, wenn der AN den EP nicht in seiner Urkalkulation offenlegen kann, sondern lediglich eine Differenzierung der Preisanteile in Material und Lohn vorträgt. Sodass trotz fehlender offensichtlicher Sittenwidrigkeit der Preis für

---

[228] Siehe Fdn.

[229] Entscheidungsbesprechung RA Dr. Claus von Rintelen zu OLG Dresden, Urteil vom 11.12.2009 – 4 U 1070/09 | IBR 2010 2568.

[230] BGH, Urteil vom 18.12.2008 – VII ZR 201/06 | IBRRS 68611.

[231] OLG Nürnberg, Urteil vom 08.03.2010 – 2 U 1709/09 | IBR 2010 3146.

[232] OLG Celle, Urteil vom 30.07.2015 – 5 U 24/15; BGH, 01.06.2016 – VII ZR 185/14 (NZB zurückgewiesen).

die über 110 % hinausgehende Menge durch einen ortsüblichen und angemessenen EP vergütet werden muss.[233]

► **Tipp**
Die Frage einer etwaigen sittenwidrigen Überhöhung des Einheitspreises stellt sich nach dem sog. Spekulationsurteil des BGH damit nur für die über 110 % hinausgehenden Mehrmengen, keinesfalls für die ausgeschriebene Menge und ist damit im Vergabeverfahren nicht relevant.[234]

3.3.6.2 Preisnachlässe

Preisnachlässe ohne Bedingungen sind bei der Prüfung und Wertung rechnerisch nur zu berücksichtigen, wenn sie im Angebotsschreiben an der dort bezeichneten Stelle aufgeführt sind. Preisnachlässe mit Bedingungen, die vom Bieter bei Einhaltung von Zahlungsfristen angeboten werden (Skonti), sind bei der Wertung nicht zu berücksichtigen. Dasselbe gilt für Preisnachlässe mit anderen von den Vergabeunterlagen abweichenden Bedingungen, z. B. Verkürzung/Verlängerung von Ausführungsfristen, andere Zahlungsbedingungen.[235]

Ohne Bedingung

Der klassische Nachlass auf den Angebotspreis darf gemäß § 16d Abs. 4 VOB/A gewertet werden, wenn er an der gemäß § 13 Abs. 4 VOB/A bezeichneten Stelle gemacht wurde.

Mit Bedingung

Meist wird unter dem Nachlass mit Bedingung ein Preisnachlass auf den Rechnungsbetrag bei Zahlung innerhalb einer bestimmten Frist, somit Skonto, verstanden. Hierzu normiert § 16d Abs. 4 Satz 2 VOB/A deutlich, dass dieser nur gewertet werden kann, wenn der Bieter zur Abgabe eines solchen Nachlasses aufgefordert wurde.

Diese Aufforderung musste, um den Skonto werten zu können, eindeutig sein. Es musste festgelegt werden, auf welche Zahlungen, Abschlags-, Schluss- oder alle Zahlungen der Skonto gilt und unter welcher Fristbedingung[236] die Zahlung erfolgt. Eine vom Bieter zu definierende Frist würde, da diese Frist variabel ist, i. d. R. nicht mit den übrigen Angeboten zu vergleichen sein. Zudem muss definiert sein, dass die Frist ab dem Eingang der Rechnung beginnt, da das Rechnungsdatum nicht durch den ÖAG bestimmbar ist.

Treffen diese Voraussetzungen zu, kann der Skonto gewertet werden.

Andere Preisnachlässe, die nicht gefordert waren, wie z. B. Nachlass i. H. v. 2 %, wenn alle Lose an einen Bieter fallen, sind generell nicht wertbar.

---

[233] BGH, Beschluss vom 25.03.2010 – VII ZR 160/09 nach anderslautender Vorinstanz des OLG Jena.
[234] ibr-online-Newsletter 21/2010.
[235] Richtlinien zu 321 des VHB Bund – Vergabevermerk: Prüfungs- und Wertungsübersicht – Ziffer 2.1.
[236] BGH, Urteil vom 11.03.2008 – X ZR 134/05 | IBR 2008 Heft 6 347 Skontofristen müssen realistischerweise eingehalten werden können.

3.3.7 Auswahl des wirtschaftlichsten Angebotes

In nationalen Vergabeverfahren wird meist das wirtschaftlichste Angebot – somit das mit dem niedrigsten Angebotspreis – als das annehmbarste ausgewählt.

Die übrigen Kriterien, wie rationeller Baubetrieb und sparsame Wirtschaftsführung, die eine einwandfreie Ausführung einschließlich Mängelansprüche erwarten lassen, sind durch den geringen Entscheidungsspielraum, den die Vergabeunterlagen definieren, von seltener Bedeutung. Wurden als Wertungskriterien neben dem Preis jedoch Aspekte wie z. B. Qualität, technischer Wert, Ästhetik, Zweckmäßigkeit, Umwelteigenschaften, Betriebs- und Folgekosten, Rentabilität, Kundendienst und technische Hilfe oder Ausführungsfrist in den Vergabeunterlagen zur Beantwortung der Bieter offengelassen, so sind diese bei der Wertung zu berücksichtigen. Das kann insbesondere dann vorkommen, wenn die Bieter verschiedene Produkte anbieten konnten.

Wurde die Vergabe mit Leistungsbeschreibung aufgrund eines Leistungsprogramms durchgeführt, so hatte der Bieter i. d. R. große individuelle Differenzierungsmöglichkeiten, sodass der Preis alleine keinesfalls als alleiniges Wertungskriterium herangezogen werden kann.

Keinesfalls als Wertungskriterium herangezogen werden darf der Aspekt der regionalen Arbeitsplätze. Ein ortsnaher Bieter darf einem unwesentlich günstigeren Bieter keinesfalls vorgezogen werden.

Die Gründe für die Zuschlagsentscheidung sind im Vergabevermerk zu dokumentieren.

3.3.8 Information der Bieter

Die Bieter müssen sich bis zum Ablauf der Zuschlagsfrist bereithalten, um den erwarteten Auftrag anzunehmen. Hierdurch werden Kapazitäten bei den Bietern gebunden. Damit diese Bindung nicht unnötig lange währt, sollen die Bieter, die ausgeschlossenen wurden oder deren Angebote nicht in die engere Wahl gekommen sind, gemäß § 19 Abs. 1 Satz 1 VOB/A unverzüglich verständigt werden, wenn der Sachverhalt festgestellt worden ist.

Bei den Bietern, die ausgeschlossen werden, handelt es sich um solche, die die Wertungsstufe § 16 Abs. 1 VOB/A nicht überwinden konnten. Die Bieter, die die Eignungsprüfung nicht absolvieren konnten, deren Angebote aufgrund des Kriteriums „unangemessener Preis" oder „Technische Prüfung" nicht weiter berücksichtigt werden können, sind nicht in der engeren Wahl.[237]

▶ **Tipp**
  Das Konjunktivverb „sollen" ermöglicht dem Planer, die Informationen erst
  dann zu verfassen, wenn er sich mit seinem ÖAG sicher ist, dass die festgestellten Sachverhalte auch tatsächlich vorliegen. Zu diesem Schluss wird er jedoch
  vor der Zuschlagserteilung kommen müssen.

---

[237]Stickler in K/M § 27 Rdn. 6.

Die Verständigung der Bieter sollte, aus Gründen der besseren Beweisbarkeit, mindestens in Textform erfolgen.[238] Durch die Formulierung „unverzüglich", die dem § 121 Abs. 1 Satz 1 BGB entnommen wurde, sind die Bieter nach Feststellung des Sachverhaltes ggf. nach Einholung einer dritten Meinung zu unterrichten, mindestens jedoch unmittelbar mit der Zuschlagserteilung, da der Planer bei seinen Wertungsüberlegungen eben diese Bieter nicht mehr mit einbeziehen muss.

Wenn auch in der juristischen Fachliteratur die Meinung vertreten wird, dass mit dieser Benachrichtigungsfrist nicht das Ziel, effektiven Rechtsschutz zu gewähren, verfolgt wurde[239], so macht der Text des alten § 27 Nr. 1 und neuen § 19 Abs. 1 VOB/A den Unterschied deutlich.

Wurde zuvor gefordert, dass die Bieter „sobald wie möglich verständigt" werden, heißt es nun „unverzüglich unterrichtet" werden. Dem ÖAG kann ein unverzügliches Handeln unterstellt werden, wenn er eine Bedenkzeit in Anspruch nimmt. Wenn er die Bieterinformation jedoch erst dann vornimmt, wenn er Zeit dazu hat, es ihm möglich ist, handelt er i. S. d. alten VOB/A und damit nach dem neuen Regelwerk normkonträr. Als hilfreich kann zur deutlichen Fristbestimmung der § 19a VOB/A herangezogen werden. Dieser § nennt eine Frist von 15 Kalendertagen.

Die Bieter müssen im Übrigen nicht im Detail über die Ausschlussgründe unterrichtet werden.

▶ **Tipp**
   Eine detaillierte Auskunft mit Begründung macht jedoch Sinn, da den Bietern
   (und Bewerbern) ohnehin gemäß § 19 Abs. 2 VOB/A nach deren Antrag Auskunft zu erteilen ist (Abb. 3.18).

Die übrigen Bieter sind gemäß § 19 Abs. 1 Satz 2 VOB/A zu unterrichten, sobald der Zuschlag erteilt worden ist.

3.4   Mitwirken bei der Auftragserteilung

3.4.1   Rückzug eines Angebotes durch den Bieter

Bis zum Eröffnungstermin kann der Bewerber sein eingereichtes Angebot zurückziehen. Danach ist der Bieter, bis zum Ablauf der Zuschlagsfrist, an sein Angebot gebunden. Selten vorkommen wird die erfolgreiche Anfechtung i. S. eines Kalkulationsirrtums nach §§ 119 ff. BGB.[240]

---

[238] Rusam in H/R/R § 27 Rdn. 1.
[239] Stickler in K/M3 § 19 Rdn. 3.
[240] § 119 BGB „Anfechtbarkeit wegen Irrtums".

Bieterinformation gemäß § 19 Abs. 1 Satz 1 VOB/A

Sehr geehrter Bieter,

In dem Vergabeverfahren _____ zu dem Ihr Angebot vom _____ im Eröffnungstermin am _____ geöffnet wurde, teilen wir Ihnen mit, dass Ihr Angebot nicht gewertet werden kann.

Ihr Angebot wurde aus der Wertung genommen, da
gemäß § 16 Abs. 1 VOB/A ein Ausschluss aufgrund mehrerer fehlender Einheitspreise bei Pos. .... bis .... erfolgte.

(die gemäß § 13 Abs. 1 Nr. 1 VOB/A notwendigen Unterschriften fehlten, erfolgte nach § 16 Abs. 1 Nr. 1 lit b) VOB/A der Ausschluss.)

(sich der Verdacht der unangemessenen Preise nach § 16 Abs. 6 Nr. 1 VOB/A im Aufklärungsgespräch vom _____ bestätigte.)

Mit freundlichen Grüßen

Planer

Abb. 3.18 Bieterinformation

Ein „Kalkulationsirrtum" liegt vor, wenn sich der Bieter nachweislich bei der Kalkulation geirrt hat, z. B. vergessen hat, die notwendigen Transportkosten zu berücksichtigen. Der Nachweis des „Kalkulationsirrtums" ist a) schwer zu führen und b) sind nicht alle niedrigen Wettbewerbspreise Kalkulationsirrtümer. Dem Bieter muss die Ausführung mit seinem Irrtum schon fast unmöglich sein.[241]

Wurde der Zuschlag erteilt, ohne dass sich der Bieter auf einen Irrtum berufen konnte und er unterlässt seine werkvertragliche Pflichterfüllung auch nach Anmahnung durch den ÖAG, so begeht er eine Pflichtverletzung. Den hierdurch entstehenden Schaden, wenn z. B. ein anderer Unternehmer den Auftrag ausführt, muss der Bieter ersetzen.[242]

▶   **Tipp**
   Im Falle eines behaupteten Kalkulationsirrtums sollte der ÖAG einen Sachverständigen hinzuziehen, der die Kalkulation des Bieters prüft.

---

[241]Kapellmann in K/M, § 2 VOB/B Rdn. 163.
[242]Planker in K/M, § 19 Rdn. 17.

3.4.2   Verlängerung der Bindefrist

Novellierung 2016

Vergabeverfahren können nicht immer unter den geplanten Zeitabläufen durchgeführt werden. Dies ist seit der 2009er VOB/A noch deutlicher geworden, da die Nachforderungsverpflichtung einen zusätzlichen Zeitbedarf beansprucht. Somit ist der Möglichkeit der Bindefristverlängerung, die in § 10 Abs. 4 VOB/A nicht explizit eingeräumt wird, noch mehr Bedeutung beizumessen.

Die Angebote der Bieter bzw. das wirtschaftlichste Angebot können gemäß § 147 BGB nur in der Zeit angenommen werden, innerhalb der der Bieter i. d. R. mit einer Antwort zu rechnen hat. Die Frist beträgt gemäß § 10 Abs. 4 Satz 3 VOB/A 30 Kalendertage.[243] Darüber hinaus räumt § 148 BGB ein, eine Frist zu bestimmen, für deren Dauer die Bieter an ihr Angebot gebunden sind.

Somit kann die Bindefrist verlängert werden (Abb. 3.19). Dies ist jedoch nur durch explizite Zustimmung des einzelnen Bieters möglich. Zur Bindefristverlängerung müssen zudem nicht alle Bieter aufgefordert werden. Es reicht aus, wenn die Bieter, die in der engeren Auswahl stehen, aufgefordert werden.[244]

Als Kommunikationsform ist § 11a VOB/A zu berücksichtigen. Damit erfolgt gleichzeitig eine lückenlose Dokumentation.

Es müssen nicht alle Bieter der Verlängerung zustimmen. Das Verfahren wird mit den Bietern weitergeführt, die noch im Vergabeverfahren verbleiben.[245] Hat kein Bieter der Zuschlagsfristverlängerung zugestimmt, so ist das Verfahren beendet. Wird die Verlängerung der Zuschlagsfrist „vergessen", ist das Vergabeverfahren damit nicht einfach beendet. Nach § 18 Abs. 2 VOB/A muss der Bieter dann bei der Zuschlagserteilung seinen Willen darüber ausdrücken, dass er unter den geänderten Umständen den Auftrag noch aufführen will. Es müssen zwei übereinstimmende Willenserklärungen vorliegen, damit der Vertrag zustande kommen kann, also die Zustimmung des Bieters zur Fristverlängerung.

Die Möglichkeit der Zuschlagsfristverlängerung darf nicht dazu missbraucht werden, dass bei einer finanziellen Unterdeckung von Projekten die Bieter durch mehrfache Zuschlagsfristverlängerung zum „Aufgeben" gebracht werden sollen.

Preisanpassung nach Vergabeverzögerung?

Die vorbehaltlose Zustimmung bedeutet nicht, dass der Bieter um jeden Preis an sein Angebot gebunden ist. Wird das Angebot durch die Verlängerung der Zuschlagsfrist verändert, so steht dem Bieter, der später den Zuschlag erhält, ggf. eine Mehrvergütung zu.[246] Dieser

---

[243] Siehe Ziff. 2.4.1.1.

[244] Siehe Ziff. 3.3.7.

[245] Heiermann in H/R/R § 19 VOB/A Rdn 5.

[246] BGH, Urteil vom 26.11.2009 – VII ZR 131/08 IBRRS 73156 und vgl. BGH, Urteil vom 11. Mai 2009 – VII ZR 11/08.

Verlängerung der Bindefrist gemäß § 10 Abs. 6 VOB/A

Sehr geehrter Bieter,

In dem Vergabeverfahren _____ zu dem Ihr Angebot vom _____ im Eröffnungstermin am _____ geöffnet wurde, müssen wir die Zuschlagsfrist verlängern, da Prüfung und Wertung weitere Zeit in Anspruch nehmen wird.

Die Bindefrist soll um _____ Tage bis zum _____ verlängert werden.

Hierzu erbitten wir, innerhalb der nächsten 5 Kalendertage, Ihre Zustimmung.

Mit freundlichen Grüßen

Planer

Zustimmungserteilung/Rückantwort:

Mit Ihrer o. g. Verlängerung der Bindefrist erkläre(n) ich (wir) mich (uns) vorbehaltlos einverstanden.

Datum/Unterschrift/Firmenstempel

Abb. 3.19 Verlängerung der Bindefrist

Sachverhalt wird vorliegen, wenn sich durch die Verlängerung der Zuschlagsfristen die in den Vergabeunterlagen vereinbarten Bauzeiten überholt haben.

Der Zuschlag darf in einem verzögerten Vergabeverfahren im Zweifel auch dann zu den ausgeschriebenen Fristen und Terminen erfolgen, wenn diese nicht mehr eingehalten werden können und der ÖAG daher im Zuschlagsschreiben eine neue Bauzeit erwähnt. Durch die neue im Auftragsschreiben angegebene Bauzeit ist die Überschreitung der ursprünglichen Termine jedoch nicht heilbar. Durch die bloße Mitteilung eines neuen Termins wird das Angebot des Bieters nicht abgelehnt und abgeändert. Die Angaben im Zuschlagsschreiben zur neuen Bauzeit sind nur ein Hinweise auf die geänderte Bauzeit aufgrund veränderter Umstände.[247]

Die Mehrvergütung darf sich jedoch lediglich im Rahmen der „differenzhypothetischen" Mehrkosten (DHM) bewegen.[248] Also die Kosten, die tatsächlich durch die Verschiebung der Bauzeit entstanden sind.[249]

Die DHM ist die Differenz der Kosten, die dem AN entstehen, wenn er zur neuen Bauzeit ausführt (Ist-Kosten) und den Kosten die ihm entstanden wären, wenn es die Verzögerung nicht gegeben hätte (Wenn-Kosten). Diese Kosten sind damit andere, als die Mehrkosten durch einen Vergleich der kalkulierten Kosten (Soll-Kosten) mit den tatsäch-

---

[247] BGH, Urteil vom 22.07.2010 | IBR 2010 3431.

[248] Dr. Matthias Drittler (erstellt am 18.02.2010) ibr-Online Blog.

[249] BGH, Urteil vom 10.09.2009 – VII ZR 152/08 | IBR 2009, 3456.

Tab. 3.7 DHM und § 2 Abs. 5 VOB/B im Vergleich

DHM	§ 2 Abs. 5 VOB/B
Ist-Kosten	Ist-Kosten
./. Wenn-Kosten	./. Soll-Kosten
Schadenersatz	Mehrkosten

lich entstandenen Kosten nach § 2 Abs. 5 VOB/B ermitteln werden (Ist-Kosten).[250] Die DHM sind damit eher Schadenersatz (§ 249 BGB) als Mehrvergütung (s. hierzu Tab. 3.7).

Damit ist ausgeschlossen, dass ein AN seinen unauskömmlich kalkulierten Preis durch eine Zuschlagsverzögerung saniert.

► **Tipp**

Um eine solche Preisdiskussion zu vermeiden, können die Bieter im Verfahren erneut zur Abgabe von Angeboten nach den neuen Bauzeiten aufgefordert werden. Damit erhält der ÖAG neue Preise im Wettbewerb und vermeidet das aufwendige Verfahren zur Berechnung der DHM.

3.4.3   Aufhebung

Die Aufhebung einer Ausschreibung ist, nach der Zuschlagserteilung, die zweite Art der Beendigung eines Vergabeverfahrens. Auf die Aufhebung als Beendigungsinstrument, kann nur dann verzichtet werden, wenn sich keine Bieter am Verfahren beteiligt haben.[251]

An normierten Aufhebungsgründen sieht der § 17 Abs. 1 VOB/A nachfolgende Gründe vor. Aufgehoben werden kann,

- wenn kein Angebot eingegangen ist, das den Ausschreibungsbedingungen entspricht,
- wenn die Vergabeunterlagen grundlegend geändert werden müssen oder
- wenn andere schwerwiegende Gründe bestehen.

Eine Aufhebung kann auch erfolgen, wenn von den drei obigen Primärsachverhalten abgewichen wird. Denn Bieter können bei einem ÖAG ebenso wie einem privaten Auftraggeber keine Auftragsvergabe erzwingen, da beiden die Vertragsfreiheit zuzuerkennen ist. Dazu ist es jedoch notwendig, dass sachlich gerechtfertigte Gründe vorliegen und die Aufhebung nicht zu dem Zweck erfolgt, Bieter zu diskriminieren.[252]

---

[250]BGH, Urteil vom 10.09.2009 – VII ZR 152/08 | IBR 2009, 3456.

[251]Rusam in H/R/R § 26 Rdn 1b.

[252]OLG Düsseldorf, Beschluss vom 10.11.2010 – Verg 28/10.

Eine Aufhebung wird regelmäßig innerhalb der Zuschlagsfrist durchgeführt. Denkbar ist in besonderen Fällen, wenn z. B. die Vergabeunterlagen grundlegend geändert werden müssen, auch eine Aufhebung innerhalb der Bearbeitungszeit durch die Bewerber.

3.4.3.1 Keine wertbaren Angebote

Keine wertbaren Angebote liegen vor, wenn **alle** Angebote – aus welchen Gründen auch immer – ausgeschlossen werden mussten.

Die Ankündigung, dass unvollständige Angebote nicht gewertet werden, schließt nicht aus, für den Fall, dass überhaupt kein vollständiges Angebot vorliegt, Gelegenheit zu geben, die Angebote, im Hinblick auf nicht die Preise betreffenden Angaben, zu vervollständigen und diese dann zu werten. Die Aufhebung ist nur dann zwingend, wenn nicht mehr gewährleistet werden kann, dass das Verfahren den Grundprinzipien des Vergaberechts (Transparenz und Wettbewerbsgerechtigkeit) entspricht.[253]

3.4.3.2 Grundlegende Änderung der Vergabeunterlagen

Um dieses Argument benutzen zu können, müssen triftige Gründe vorliegen, denn § 2 Abs. 5 VOB/A normiert ja, dass man erst dann ausschreiben soll, wenn alle Vergabeunterlagen fertiggestellt sind und damit keine Änderung notwendig sein dürfte. Zudem kann nur auf Tatsachen gestützt werden, die erst nach Versendung der Vergabeunterlagen eingetreten oder dem ÖAG bekannt geworden sind, ohne dass eine vorherige Unkenntnis auf mangelhafter Vorbereitung (Fahrlässigkeit) beruhte.[254]

Die „normale" Planfortschreibung führt damit keinesfalls zur Aufhebung. Hier werden entweder alle Bieter vor Ablauf der Bearbeitungszeit informiert werden müssen oder nach dem Eröffnungstermin werden alle späteren Änderungen in der Bauausführung nach § 2 Abs. 5 und 6 VOB/B zu beurteilen sein.

Als maßgebliche Gründe können hier genannt werden:[255]

- nachträgliche Mittelkürzungen durch die finanzierende Stelle und damit verbundene Umplanungen (sog. abgespeckte Maßnahmen),
- ein später ergangenes, nicht voraussehbares Bauverbot oder Baubeschränkungen oder
- neue Erkenntnisse aufgrund eines Bodengutachtens – falls der Auftraggeber nicht schon vorher das Gutachten hätte in Auftrag geben müssen, um dem Vorwurf einer voreiligen Ausschreibung zu entgehen.

▶ **Tipp**
Eine sinnvolle Alternative zur Aufhebung bei der Notwendigkeit der Änderung der Vergabeunterlagen kann auch immer die Zurückversetzung des Vergabeverfahrens auf den Zeitpunkt vor Angebotsabgabe sein.[256] Soweit sich diese

---

[253] OLG Celle, Beschluss vom 10.06.2010 – 13 Verg 18/09 | IBR 2010 3108.

[254] OLG Köln, Beschluss vom 18.06.2010 – 19 U 98/09.

[255] Nach Dähne in K/M § 26 Rdn. 11.

[256] Dicks Aufsatz – IBR 2008, 1360.

Notwendigkeit je nach Auslegungsergebnis auf die Bieterrangfolge auswirken, ist ohne Weiteres von der Erheblichkeit des Fehlers auszugehen der eine Zurückversetzung zwingend notwendig macht.[257]

3.4.3.3 Schwerwiegende Gründe

Für einen schwerwiegenden Aufhebungsgrund müssen äußerst triftige Gründe vorliegen, die zudem bei einer objektiven Beurteilung offensichtlich zu erkennen sind.

Unzulässig ist die Aufhebung, wenn keine Angebote im Rahmen des zugrunde gelegten Preisansatzes eingehen, weil dieser wegen knapper Haushaltsmittel oder einer falschen Kostenberechnung zugrunde gelegt wurde.[258]

Fehler und Unzulänglichkeiten in der Leistungsbeschreibung zählen nicht zu den schwerwiegenden Gründen. Sie sind in jedem Fall dem Ausschreibenden anzulasten. Ein überarbeitungsbedürftiges Leistungsverzeichnis aufgrund mangelnder Sorgfalt bei der Erstellung rechtfertigt keine Aufhebung aus diesem Grunde.[259]

Schwerwiegende Gründe liegen vor, wenn

1. sich politische oder militärische Verhältnisse wesentlich geändert haben,[260]
2. nur ein Bieter im Sinne einer Art „Monopolstellung" über die einzig offene Quelle für ein bestimmtes Baumaterial verfügt,[261]
3. ein Bieter plausibel darlegen kann, dass er bei richtiger Anwendung des § 7 Abs. 1 VOB/A den Zuschlag hätte erhalten müssen,[262]
4. die Ausschreibung zu keinem wirtschaftlich akzeptablen Ergebnis geführt hat, weil nur beträchtlich überteuerte Angebote gewertet werden können,
5. feststeht, dass die ausgeschriebene Leistung in anderer als der angebotenen Weise erheblich kostengünstiger ausgeführt werden kann,[263]
6. ein Widerspruch zwischen der Leistungsbeschreibung und den dazugehörenden Plänen im Rahmen einer Ausschreibung besteht,
7. der Verdacht auf Preisabsprache sich zutreffend erweist.[264]

Insbesondere die Ziffer 4 führt zu regelmäßigen Aufhebungen. Voraussetzung ist dabei zum einen, dass der ÖAG die veranschlagten Kosten einer Gesamtbaumaßnahme mit

---

[257] VK Rheinland-Pfalz, Beschluss vom 10.09.2015 – VK 1-12/15.

[258] Rückblick Nürnberger Vergaberechtstag, Bayerische Staatszeitung/Bayerischer Staatsanzeiger in der Ausgabe Nr. 3 vom 19.01.2007.

[259] Weyand – 110.8.2.4 Rdn. 5914.

[260] OLG Zweibrücken, Urteil vom 01.02.1994 – 8 U 96/93 | IBR 1995, 150.

[261] VÜA Bund, Beschluss vom 07.01.1997 – 1 VÜ 26/96 | IBR 1997 Heft, 265.

[262] OLG Dresden, Beschluss vom 10.01.2000 – WVerg 0001/99 | IBR 2000, 153.

[263] OLG Düsseldorf, Beschluss vom 13. 12. 2006 – VII-Verg 54/06 | NZBau 2007, 462.

[264] VÜA Schleswig-Holstein, Beschluss vom 26.11.1998 – VÜ 2/97 | IBR 1999 Heft, 353.

der gebotenen Sorgfalt ermittelt hat. Weiter muss die Finanzierung des ausgeschriebenen Vorhabens bei Bezuschlagung auch des günstigsten wertungsfähigen Angebotes scheitern oder jedenfalls wesentlich erschwert sein. Dies erfordert in einem ersten Schritt, dass die Kosten für die zu vergebenden Leistungen *erneut* sorgfältig ermittelt werden. In einem zweiten Schritt ist zu berücksichtigen, dass es sich bei der Kostenermittlung nur um eine Kostenberechnung (DIN 276) handelt, von der die nachfolgenden Ausschreibungsergebnisse erfahrungsgemäß mitunter nicht unerheblich abweichen. Er hat deshalb für eine realistische Ermittlung des Kostenbedarfs einen ganz beträchtlichen Aufschlag auf den sich nach der Kostenschätzung (-berechnung) ergebenden Betrag vorzunehmen. Regelmäßig wird insoweit von der Rechtsprechung ein Aufschlag in Höhe von rund 10 % für die Gesamtbaumaßnahme verlangt. Weiter kommt eine Aufhebung des Vergabeverfahrens aufgrund eines anderen schwerwiegenden Grundes im Sinne des § 17 Abs. 1 Nr. 3 VOB/A bei einer fehlenden Wirtschaftlichkeit einer einzelnen Ausschreibung in Betracht. Das Ausschreibungsergebnis kann unwirtschaftlich sein, wenn die wertungsfähigen Angebote ein unangemessenes Preis-Leistungsverhältnis aufweisen. Dies kommt in Betracht, wenn die vor der Ausschreibung vorgenommene Kostenberechnung des ÖAG aufgrund der bei ihrer Aufstellung vorliegenden und erkennbaren Daten als vertretbar erscheint und die im Vergabeverfahren abgegebenen Gebote deutlich darüber liegen. Zumindest im Regelfall, in dem keine weiteren Umstände eine abweichende Beurteilung erfordern, rechtfertigt erst eine Abweichung des günstigsten Angebotes von vertretbaren Kostenschätzungen in Höhe von rund 20 % einen Rückschluss auf ein unangemessenes Preis-Leistungs-Verhältnis.[265]

Die Aufhebung des Vergabeverfahrens aus schwerwiegendem Grund ist in das Ermessen des ÖAG gestellt; die Ermessensausübung ist durch die Nachprüfungsstellen nicht zu ersetzen. Allenfalls dann, wenn der Mangel des Vergabeverfahrens derart gravierend und grundsätzlich ist, dass ein falsches Ermessen vorlag, kommt eine Aufhebung durch die Nachprüfungsstellen bzw. auf deren Anordnung in Betracht.[266]

3.4.4 Zuschlagserteilung

Der Zuschlag muss nach § 18 Abs. 1 VOB/A vor Ablauf der Bindefrist erteilt werden. Durch den uneingeschränkten Zuschlag auf ein Angebot existieren zwei übereinstimmende Willenserklärungen. Damit kommt der Vertrag zustande. Hat der ÖAG in seinem Zuschlagsschreiben ggf. auch nur unbedeutende Modifikationen gegenüber dem Angebot formuliert, so kommt der Zuschlag nur zustande, wenn der Bieter diese Modifikationen vollinhaltlich anerkennt (§ 18 Abs. 2 VOB/A). [267]

---

[265]OLG Celle Beschluss vom 10.3.2016 – 13 Verg 5/15.

[266]KG, Beschluss vom 21.12.2009 – 2 Verg 11/09, Amtlicher Leitsatz.

[267]KG, Urteil vom 20.05.2011 – 7 U 125/10 | IBR 2011, 392.

Zuschlagserteilung nach § 18 Abs. 1 VOB/A

Sehr geehrter Bieter,

In dem Vergabeverfahren _____ zu dem Ihr Angebot vom _____ im Eröffnungstermin am _____ geöffnet wurde, erteilen wir Ihnen den Zuschlag.

Die vorläufige Auftragssumme beläuft sich auf _____ EUR incl. MwSt.

In den Vergabeunterlagen war vereinbart, dass mit den Arbeiten nach Aufforderung zu beginnen ist. Hiermit teilen wir Ihnen mit, dass mit den Arbeiten am _____ begonnen werden soll.

Die Ausführung der Pos. xy hat in dem Farbton RAL 5005, der im Preis enthalten ist zu erfolgen.

Mit freundlichen Grüßen

ÖAG

Zustimmungserteilung/Rückantwort:

Mit Ihren o. g. Ergänzungen/Änderungen zu meinem Angebot erkläre(n) ich (wir) mich (uns) vorbehaltlos einverstanden.

Als bevollmächtigte/r Vertreter/in wird Herr/Frau _____ bestellt.

Datum/Unterschrift/Firmenstempel

Abb. 3.20 Zuschlagserteilung

Der Bieter, der nun AN werden soll, kann bei Einhaltung der Zuschlagsfrist und keinen Änderungen gegenüber dem Angebot den Zuschlag nicht verweigern. Unterlässt er die Ausführung der Arbeiten, so macht er sich schadensersatzpflichtig.

Der ÖAG darf im Gegenzug jedoch auch nicht auf die anderen Angebote zurückgreifen, wenn dem AN während der Bauausführung gekündigt wird. Dieser Rückgriff ist auch nicht möglich, wenn erneut eine identische Leistung erneut ausgeschrieben werden soll. Die Neuausschreibung ist immer dann geboten, wenn das ursprüngliche Verfahren, durch Zuschlag oder Aufhebung, abgeschlossen worden ist.[268]

Bei vielen Kommunen sind Verträge in der Regel nur schriftlich und mit Unterschrift zweier vertretungsberechtigter Mitglieder des Gemeindevorstandes (Magistrats) sowie mit Dienstsiegel gültig.[269] Der Planer darf damit i. d. R. keine Zuschlagsschreiben unterschreiben (vgl. Abb. 3.20 und 3.21).

---

[268]VK Lüneburg, Beschluss vom 03.07.2009 – VgK-30/2009 | IBR 2010 3347.

[269]Leitfaden „Öffentliches Auftragswesen" der Hessischen Landesregierung.

Zuschlagserteilung nach § 18 Abs. 1 VOB/A

Sehr geehrter Bieter,

In dem Vergabeverfahren _____ zu dem Ihr Angebot vom _____ - im Eröffnungstermin am _____ geöffnet wurde, erteilen wir Ihnen den Zuschlag unter
Vorbehalt.

In Ihrem Angebot fehlte für die Pos _____ die Preisangabe. Bitte teilen Sie uns
innerhalb der nächsten 3 Arbeitstage den ortsüblichen Preis für diese Position mit. Sodass danach unser Vorbehalt gegenstandslos werden kann.

Die Ortsüblichkeit bestimmt sich für uns durch den in diesem Wettbewerb ermittelten
Preis.

...

Mit freundlichen Grüßen
ÖAG

Zustimmungserteilung/Rückantwort:

Mit Ihrer o.g. Ergänzungen/Änderungen zu meinem Angebot erkläre(n) ich(wir)
mich(uns) vorbehaltlos einverstanden.

Für die Pos. _____ biete ich Ihnen einen EP i.H.v. _____ € an.

Abb. 3.21 Alternative Formulierung aufgrund einer fehlenden Preisangabe

---

▶ **Tipp**
Die Schriftformerfordernis ist gemäß § 18 VOB/A nicht zwingend erforderlich,
jedoch vertragsrechtlich geboten, meist jedoch eine kommunalrechtliche Vorschrift. Somit kann der Zuschlag auch vorab mündlich, per E-Mail oder Telefax
erteilt werden und die Schriftform kann dann nachgeholt werden.

3.4.4.1 Absagen

Die übrigen Bieter, die in der engeren Auswahl waren, sind gemäß § 19 Abs. 1 Satz 2
VOB/A darüber zu unterrichten, dass der Zuschlag erteilt wurde, sobald der Zuschlag
erteilt worden ist (Abb. 3.22).

Die Bieter können gemäß § 19 Abs. 2 VOB/A auf ein in Textform gestelltes Verlangen die Angabe der Gründe erfahren, warum sie den Zuschlag nicht erhalten haben.
Für die Beantwortung dieser Fragen stehen dem ÖAG 15 KT zur Verfügung. Die Frist
beginnt mit dem Tag nach Eingang des Antrags beim ÖAG.[270] Hierbei müssen auch

---

[270]Stickler in K/M § 27 Rdn. 21.

Absage gemäß § 19 Abs. 1 Satz 2 VOB/A

Sehr geehrter Bieter,

In dem Vergabeverfahren _____ zu dem Ihr Angebot vom _____ im Eröffnungstermin am _____ geöffnet wurde, teilen wir Ihnen mit, dass Ihr Angebot nicht den Zuschlag erhält.

Das Angebot der Firma _____ ist das wirtschaftlichste.

Mit freundlichen Grüßen

ÖAG

Abb. 3.22 Absage

die Merkmale und Vorteile des Angebots des erfolgreichen Bieters sowie dessen Name mitgeteilt werden.

3.4.4.2 Veröffentlichung

Um die Transparenz der Vergabeverfahren zu erhöhen, insbesondere im Hinblick auf die Anzahl der Aufträge, die in Beschränkter Ausschreibung nach § 3 Abs. 2 VOB/A und in Freihändiger Vergabe durchgeführt werden, wurde die neue Vorschrift § 20 Abs. 3 VOB/A eingeführt.

Nach Zuschlagserteilung hat der ÖAG auf geeignete Weise, z. B. auf Internetportalen oder im Beschafferprofil, zu informieren, wenn bei

1. Beschränkten Ausschreibungen nach § 3 Abs. 2 VOB/A der Auftragswert 25.000 EUR/netto oder
2. Freihändigen Vergaben der Auftragswert 15.000 EUR/netto übersteigt.

Diese Informationen werden 6 Monate vorgehalten und müssen folgende Angaben enthalten:

a) Name, Anschrift, Telefon-, Faxnummer und E-Mail-Adresse des Auftraggebers,
b) gewähltes Vergabeverfahren,
c) Auftragsgegenstand,
d) Ort der Ausführung,
e) Name des beauftragten Unternehmens.

Literatur

Beck-Komm.   Motzke/Pietzcker/Prieß, Beck'scher VOB-Kommentar, VOB Teil A, 1. Auf-
                    lage 2001

H/R/R   Heiermann/Riedl/Rusam, Handkommentar zur VOB, 13. Auflage 2013, Springer
                    Vieweg

I/K   Ingenstau/Korbion – VOB Teile A und B – Kommentar, Hrsg. Horst Locher,
                    Klaus Vygen unterschiedliche Auflagen

IBR   Zeitschrift Immobilien- und Baurecht, Herausgeber: RA Dr. Alfons Schulze-
                    Hagen, Mannheim, FA für Bau- und Architektenrecht, Mannheim

K/M bzw. K/M3   Kapellmann/Messerschmidt, VOB Teile A und B, herausgegeben von RA Prof.
                    Dr. Klaus Kapellmann und RA Dr. Burkhard Messerschmidt, Beck'scher Kurz-
                    kommentar, 2. Auflage 2007 und 3. Auflage 2010

NJW   Neue Juristische Wochenschrift, herausgegeben von Prof. Dr. Wolfgang Ewer,
                    Rechtsanwalt in Kiel u. a.

NVwZ   Neue Zeitschrift für Verwaltungsrecht, C.H. Beck, herausgegeben von Prof. Dr.
                    Rüdiger Breuer u. a.

NZBau   Privates Baurecht – Recht der Architekten, Ingenieure und Projektsteuerer – Ver-
                    gabewesen, herausgegeben von Rechtsanwalt Prof. Dr. Klaus D. Kapellmann,
                    Mönchengladbach (geschäftsführender Herausgeber) u. a.

VHB   Vergabe- und Vertragshandbuch für Baumaßnahmen des Bundes (VHB), VHB
                    2008 – Stand August 2016

Weyand   Rudolf Weyand, ibr-online-Kommentar Vergaberecht, Stand 14.09.2015

Anhang

VOB/A

- **Vergabe- und Vertragsordnung für Bauleistungen (VOB)**
- **Teil A**
- **Allgemeine Bestimmungen für die Vergabe von Bauleistungen**
- **– Ausgabe 2016 –**

§ 1 Bauleistungen

Bauleistungen sind Arbeiten jeder Art, durch die eine bauliche Anlage hergestellt, instand gehalten, geändert oder beseitigt wird.

§ 2 Grundsätze

(1)
1. Bauleistungen werden an fachkundige, leistungsfähige und zuverlässige Unternehmen zu angemessenen Preisen in transparenten Vergabeverfahren vergeben.
2. Der Wettbewerb soll die Regel sein. Wettbewerbsbeschränkende und unlautere Verhaltensweisen sind zu bekämpfen.

(2) Bei der Vergabe von Bauleistungen darf kein Unternehmen diskriminiert werden.

(3) Es ist anzustreben, die Aufträge so zu erteilen, dass die ganzjährige Bautätigkeit gefördert wird.

(4) Die Durchführung von Vergabeverfahren zum Zwecke der Markterkundung ist unzulässig.

(5) Der Auftraggeber soll erst dann ausschreiben, wenn alle Vergabeunterlagen fertig gestellt sind und wenn innerhalb der angegebenen Fristen mit der Ausführung begonnen werden kann.

© Springer Fachmedien Wiesbaden GmbH 2017
A. Belke, *Vergabepraxis für Auftraggeber*, De DOI 10.1007/978-3-658-17049-3

§ 3 Arten der Vergabe

(1)Bei Öffentlicher Ausschreibung werden Bauleistungen im vorgeschriebenen Verfahren nach öffentlicher Aufforderung einer unbeschränkten Zahl von Unternehmen zur Einreichung von Angeboten vergeben.

(2)Bei Beschränkter Ausschreibung werden Bauleistungen im vorgeschriebenen Verfahren nach Aufforderung einer beschränkten Zahl von Unternehmen zur Einreichung von Angeboten vergeben, gegebenenfalls nach öffentlicher Aufforderung, Teilnahmeanträge zu stellen (Beschränkte Ausschreibung nach Öffentlichem Teilnahmewettbewerb).

(3)Bei Freihändiger Vergabe werden Bauleistungen ohne ein förmliches Verfahren vergeben.

§ 3a Zulässigkeitsvoraussetzungen

(1)Öffentliche Ausschreibung muss stattfinden, soweit nicht die Eigenart der Leistung oder besondere Umstände eine Abweichung rechtfertigen.

(2)Beschränkte Ausschreibung kann erfolgen,

1. bis zu folgendem Auftragswert der Bauleistung ohne Umsatzsteuer:
   a) 50.000 EUR für Ausbaugewerke (ohne Energie- und Gebäudetechnik), Landschaftsbau und Straßenausstattung,
   b) 150.000 EUR für Tief-, Verkehrswege- und Ingenieurbau,
   c) 100.000 EUR für alle übrigen Gewerke,
2. wenn eine Öffentliche Ausschreibung kein annehmbares Ergebnis gehabt hat,
3. wenn die Öffentliche Ausschreibung aus anderen Gründen (z. B. Dringlichkeit, Geheimhaltung) unzweckmäßig ist.

(3)Beschränkte Ausschreibung nach Öffentlichem Teilnahmewettbewerb ist zulässig,

1. wenn die Leistung nach ihrer Eigenart nur von einem beschränkten Kreis von Unternehmen in geeigneter Weise ausgeführt werden kann, besonders, wenn außergewöhnliche Zuverlässigkeit oder Leistungsfähigkeit (z. B. Erfahrung, technische Einrichtungen oder fachkundige Arbeitskräfte) erforderlich ist,
2. wenn die Bearbeitung des Angebots wegen der Eigenart der Leistung einen außergewöhnlich hohen Aufwand erfordert.

(4)Freihändige Vergabe ist zulässig, wenn die Öffentliche Ausschreibung oder Beschränkte Ausschreibung unzweckmäßig ist, besonders,

1. wenn für die Leistung aus besonderen Gründen (z. B. Patentschutz, besondere Erfahrung oder Geräte) nur ein bestimmtes Unternehmen in Betracht kommt,
2. wenn die Leistung besonders dringlich ist,
3. wenn die Leistung nach Art und Umfang vor der Vergabe nicht so eindeutig und erschöpfend festgelegt werden kann, dass hinreichend vergleichbare Angebote erwartet werden können,
4. wenn nach Aufhebung einer Öffentlichen Ausschreibung oder Beschränkten Ausschreibung eine erneute Ausschreibung kein annehmbares Ergebnis verspricht,
5. wenn es aus Gründen der Geheimhaltung erforderlich ist,

6. wenn sich eine kleine Leistung von einer vergebenen größeren Leistung nicht ohne
   Nachteil trennen lässt.

Freihändige Vergabe kann außerdem bis zu einem Auftragswert von 10.000 EUR ohne
Umsatzsteuer erfolgen.

§ 3b Ablauf der Verfahren

(1) Bei Öffentlicher Ausschreibung sind die Unterlagen an alle Unternehmen abzugeben,
    die sich gewerbsmäßig mit der Ausführung von Leistungen der ausgeschriebenen Art
    befassen.
(2) Bei Beschränkter Ausschreibung sollen mehrere, im Allgemeinen mindestens drei ge-
    eignete Unternehmen aufgefordert werden.
(3) Bei Beschränkter Ausschreibung und Freihändiger Vergabe soll unter den Unternehmen
    möglichst gewechselt werden.

§ 4 Vertragsarten

(1) Bauleistungen sind so zu vergeben, dass die Vergütung nach Leistung bemessen wird
    (Leistungsvertrag), und zwar:
    1. in der Regel zu Einheitspreisen für technisch und wirtschaftlich einheitliche Teilleis-
       tungen, deren Menge nach Maß, Gewicht oder Stückzahl vom Auftraggeber in den
       Vertragsunterlagen anzugeben ist (Einheitspreisvertrag),
    2. in geeigneten Fällen für eine Pauschalsumme, wenn die Leistung nach Ausführungs-
       art und Umfang genau bestimmt ist und mit einer Änderung bei der Ausführung nicht
       zu rechnen ist (Pauschalvertrag).
(2) Abweichend von Absatz 1 können Bauleistungen geringeren Umfangs, die überwiegend
    Lohnkosten verursachen, im Stundenlohn vergeben werden (Stundenlohnvertrag).
(3) Das Angebotsverfahren ist darauf abzustellen, dass der Bieter die Preise, die er für seine
    Leistungen fordert, in die Leistungsbeschreibung einzusetzen oder in anderer Weise im
    Angebot anzugeben hat.
(4) Das Auf- und Abgebotsverfahren, bei dem vom Auftraggeber angegebene Preise dem
    Auf- und Abgebot der Bieter unterstellt werden, soll nur ausnahmsweise bei regelmäßig
    wiederkehrenden Unterhaltungsarbeiten, deren Umfang möglichst zu umgrenzen ist,
    angewandt werden.

§ 5 Vergabe nach Losen, Einheitliche Vergabe

(1) Bauleistungen sollen so vergeben werden, dass eine einheitliche Ausführung und zwei-
    felsfreie umfassende Haftung für Mängelansprüche erreicht wird; sie sollen daher in
    der Regel mit den zur Leistung gehörigen Lieferungen vergeben werden.
(2) Bauleistungen sind in der Menge aufgeteilt (Teillose) und getrennt nach Art oder Fach-
    gebiet (Fachlose) zu vergeben. Bei der Vergabe kann aus wirtschaftlichen oder techni-
    schen Gründen auf eine Aufteilung oder Trennung verzichtet werden.

§ 6 Teilnehmer am Wettbewerb

(1) Der Wettbewerb darf nicht auf Unternehmen beschränkt werden, die in bestimmten Regionen oder Orten ansässig sind.

(2) Bietergemeinschaften sind Einzelbietern gleichzusetzen, wenn sie die Arbeiten im eigenen Betrieb oder in den Betrieben der Mitglieder ausführen.

(3) Justizvollzugsanstalten, Einrichtungen der Jugendhilfe, Aus- und Fortbildungsstätten und ähnliche Einrichtungen sowie Betriebe der öffentlichen Hand und Verwaltungen sind zum Wettbewerb mit gewerblichen Unternehmen nicht zuzulassen.

§ 6a Eignungsnachweise

(1) Zum Nachweis ihrer Eignung ist die Fachkunde, Leistungsfähigkeit und Zuverlässigkeit der Bewerber oder Bieter zu prüfen.

(2) Der Nachweis umfasst die folgenden Angaben:

1. den Umsatz des Unternehmens jeweils bezogen auf die letzten drei abgeschlossenen Geschäftsjahre, soweit er Bauleistungen und andere Leistungen betrifft, die mit der zu vergebenden Leistung vergleichbar sind, unter Einschluss des Anteils bei gemeinsam mit anderen Unternehmen ausgeführten Aufträgen,

2. die Ausführung von Leistungen in den letzten drei abgeschlossenen Geschäftsjahren, die mit der zu vergebenden Leistung vergleichbar sind,

3. die Zahl der in den letzten drei abgeschlossenen Geschäftsjahren jahresdurchschnittlich beschäftigten Arbeitskräfte, gegliedert nach Lohngruppen mit gesondert ausgewiesenem technischem Leitungspersonal,

4. die Eintragung in das Berufsregister ihres Sitzes oder Wohnsitzes, sowie Angaben,

5. ob ein Insolvenzverfahren oder ein vergleichbares gesetzlich geregeltes Verfahren eröffnet oder die Eröffnung beantragt worden ist oder der Antrag mangels Masse abgelehnt wurde oder ein Insolvenzplan rechtskräftig bestätigt wurde,

6. ob sich das Unternehmen in Liquidation befindet,

7. dass nachweislich keine schwere Verfehlung begangen wurde, die die Zuverlässigkeit als Bewerber oder Bieter in Frage stellt,

8. dass die Verpflichtung zur Zahlung von Steuern und Abgaben sowie der Beiträge zur gesetzlichen Sozialversicherung ordnungsgemäß erfüllt wurde,

9. dass sich das Unternehmen bei der Berufsgenossenschaft angemeldet hat.

(3) Andere, auf den konkreten Auftrag bezogene zusätzliche, insbesondere für die Prüfung der Fachkunde geeignete Angaben können verlangt werden.

(4) Der Auftraggeber wird andere ihm geeignet erscheinende Nachweise der wirtschaftlichen und finanziellen Leistungsfähigkeit zulassen, wenn er feststellt, dass stichhaltige Gründe dafür bestehen.

§ 6b Mittel der Nachweisführung, Verfahren

(1) Der Nachweis der Eignung kann mit der vom Auftraggeber direkt abrufbaren Eintragung in die allgemein zugängliche Liste des Vereins für die Präqualifikation von Bauunternehmen e. V. (Präqualifikationsverzeichnis) erfolgen.

(2) Die Angaben können die Bewerber oder Bieter auch durch Einzelnachweise erbringen. Der Auftraggeber kann dabei vorsehen, dass für einzelne Angaben Eigenerklärungen ausreichend sind. Eigenerklärungen, die als vorläufiger Nachweis dienen, sind von den Bietern, deren Angebote in die engere Wahl kommen, durch entsprechende Bescheinigungen der zuständigen Stellen zu bestätigen.

(3) Bei Öffentlicher Ausschreibung sind in der Aufforderung zur Angebotsabgabe die Nachweise zu bezeichnen, deren Vorlage mit dem Angebot verlangt oder deren spätere Anforderung vorbehalten wird. Bei Beschränkter Ausschreibung nach Öffentlichem Teilnahmewettbewerb ist zu verlangen, dass die Nachweise bereits mit dem Teilnahmeantrag vorgelegt werden.

(4) Bei Beschränkter Ausschreibung und Freihändiger Vergabe ist vor der Aufforderung zur Angebotsabgabe die Eignung der Unternehmen zu prüfen. Dabei sind die Unternehmen auszuwählen, deren Eignung die für die Erfüllung der vertraglichen Verpflichtungen notwendige Sicherheit bietet; dies bedeutet, dass sie die erforderliche Fachkunde, Leistungsfähigkeit und Zuverlässigkeit besitzen und über ausreichende technische und wirtschaftliche Mittel verfügen.

§ 7 Leistungsbeschreibung

(1)

1. Die Leistung ist eindeutig und so erschöpfend zu beschreiben, dass alle Unternehmen die Beschreibung im gleichen Sinne verstehen müssen und ihre Preise sicher und ohne umfangreiche Vorarbeiten berechnen können.

2. Um eine einwandfreie Preisermittlung zu ermöglichen, sind alle sie beeinflussenden Umstände festzustellen und in den Vergabeunterlagen anzugeben.

3. Dem Auftragnehmer darf kein ungewöhnliches Wagnis aufgebürdet werden für Umstände und Ereignisse, auf die er keinen Einfluss hat und deren Einwirkung auf die Preise und Fristen er nicht im Voraus schätzen kann.

4. Bedarfspositionen sind grundsätzlich nicht in die Leistungsbeschreibung aufzunehmen. Angehängte Stundenlohnarbeiten dürfen nur in dem unbedingt erforderlichen Umfang in die Leistungsbeschreibung aufgenommen werden.

5. Erforderlichenfalls sind auch der Zweck und die vorgesehene Beanspruchung der fertigen Leistung anzugeben.

6. Die für die Ausführung der Leistung wesentlichen Verhältnisse der Baustelle, z. B. Boden- und Wasserverhältnisse, sind so zu beschreiben, dass das Unternehmen ihre Auswirkungen auf die bauliche Anlage und die Bauausführung hinreichend beurteilen kann.

7. Die „Hinweise für das Aufstellen der Leistungsbeschreibung" in Abschnitt 0 der Allgemeinen Technischen Vertragsbedingungen für Bauleistungen, DIN 18299 ff., sind zu beachten.

(2) Soweit es nicht durch den Auftragsgegenstand gerechtfertigt ist, darf in technischen Spezifikationen nicht auf eine bestimmte Produktion oder Herkunft oder ein besonderes Verfahren, das die von einem bestimmten Unternehmen bereitgestellten Produkte

charakterisiert, oder auf Marken, Patente, Typen oder einen bestimmten Ursprung oder eine bestimmte Produktion verwiesen werden, wenn dadurch bestimmte Unternehmen oder bestimmte Produkte begünstigt oder ausgeschlossen werden. Solche Verweise sind jedoch ausnahmsweise zulässig, wenn der Auftragsgegenstand nicht hinreichend genau und allgemein verständlich beschrieben werden kann; solche Verweise sind mit dem Zusatz „oder gleichwertig" zu versehen.

(3) Bei der Beschreibung der Leistung sind die verkehrsüblichen Bezeichnungen zu beachten.

§ 7a Technische Spezifikationen

(1) Die technischen Anforderungen (Spezifikationen – siehe Anhang TS Nummer 1) an den Auftragsgegenstand müssen allen Unternehmen gleichermaßen zugänglich sein.

(2) Die technischen Spezifikationen sind in den Vergabeunterlagen zu formulieren:

1. entweder unter Bezugnahme auf die in Anhang TS definierten technischen Spezifikationen in der Rangfolge

   a) nationale Normen, mit denen europäische Normen umgesetzt werden,

   b) europäische technische Zulassungen,

   c) gemeinsame technische Spezifikationen,

   d) internationale Normen und andere technische Bezugssysteme, die von den europäischen Normungsgremien erarbeitet wurden oder,

   e) falls solche Normen und Spezifikationen fehlen, nationale Normen, nationale technische Zulassungen oder nationale technische Spezifikationen für die Planung, Berechnung und Ausführung von Bauwerken und den Einsatz von Produkten. Jede Bezugnahme ist mit dem Zusatz „oder gleichwertig" zu versehen;

2. oder in Form von Leistungs- oder Funktionsanforderungen, die so genau zu fassen sind, dass sie den Unternehmen ein klares Bild vom Auftragsgegenstand vermitteln und dem Auftraggeber die Erteilung des Zuschlags ermöglichen;

3. oder in Kombination von Nummer 1 und 2, d. h.

   a) in Form von Leistungs- oder Funktionsanforderungen unter Bezugnahme auf die Spezifikationen gemäß Nummer 1 als Mittel zur Vermutung der Konformität mit diesen Leistungs- oder Funktionsanforderungen;

   b) oder mit Bezugnahme auf die Spezifikationen gemäß Nummer 1 hinsichtlich bestimmter Merkmale und mit Bezugnahme auf die Leistungs- oder Funktionsanforderungen gemäß Nummer 2 hinsichtlich anderer Merkmale.

(3) Verweist der Auftraggeber in der Leistungsbeschreibung auf die in Absatz 2 Nummer 1 genannten Spezifikationen, so darf er ein Angebot nicht mit der Begründung ablehnen, die angebotene Leistung entspräche nicht den herangezogenen Spezifikationen, sofern der Bieter in seinem Angebot dem Auftraggeber nachweist, dass die von ihm vorgeschlagenen Lösungen den Anforderungen der technischen Spezifikation, auf die Bezug genommen wurde, gleichermaßen entsprechen. Als geeignetes Mittel kann eine technische Beschreibung des Herstellers oder ein Prüfbericht einer anerkannten Stelle gelten.

(4) Legt der Auftraggeber die technischen Spezifikationen in Form von Leistungs- oder Funktionsanforderungen fest, so darf er ein Angebot, das einer nationalen Norm entspricht, mit der eine europäische Norm umgesetzt wird, oder einer europäischen technischen Zulassung, einer gemeinsamen technischen Spezifikation, einer internationalen Norm oder einem technischen Bezugssystem, das von den europäischen Normungsgremien erarbeitet wurde, entspricht, nicht zurückweisen, wenn diese Spezifikationen die geforderten Leistungs- oder Funktionsanforderungen betreffen. Der Bieter muss in seinem Angebot mit geeigneten Mitteln dem Auftraggeber nachweisen, dass die der Norm entsprechende jeweilige Leistung den Leistungs- oder Funktionsanforderungen des Auftraggebers entspricht. Als geeignetes Mittel kann eine technische Beschreibung des Herstellers oder ein Prüfbericht einer anerkannten Stelle gelten.

(5) Schreibt der Auftraggeber Umwelteigenschaften in Form von Leistungs- oder Funktionsanforderungen vor, so kann er die Spezifikationen verwenden, die in europäischen, multinationalen oder anderen Umweltzeichen definiert sind, wenn

1. sie sich zur Definition der Merkmale des Auftragsgegenstands eignen,
2. die Anforderungen des Umweltzeichens auf Grundlage von wissenschaftlich abgesicherten Informationen ausgearbeitet werden,
3. die Umweltzeichen im Rahmen eines Verfahrens erlassen werden, an dem interessierte Kreise – wie z. B. staatliche Stellen, Verbraucher, Hersteller, Händler und Umweltorganisationen – teilnehmen können, und
4. wenn das Umweltzeichen für alle Betroffenen zugänglich und verfügbar ist.

Der Auftraggeber kann in den Vergabeunterlagen angeben, dass bei Leistungen, die mit einem Umweltzeichen ausgestattet sind, vermutet wird, dass sie den in der Leistungsbeschreibung festgelegten technischen Spezifikationen genügen. Der Auftraggeber muss jedoch auch jedes andere geeignete Beweismittel, wie technische Unterlagen des Herstellers oder Prüfberichte anerkannter Stellen, akzeptieren. Anerkannte Stellen sind die Prüf- und Eichlaboratorien sowie die Inspektions- und Zertifizierungsstellen, die mit den anwendbaren europäischen Normen übereinstimmen. Der Auftraggeber erkennt Bescheinigungen von in anderen Mitgliedstaaten ansässigen anerkannten Stellen an.

§ 7b Leistungsbeschreibung mit Leistungsverzeichnis

(1) Die Leistung ist in der Regel durch eine allgemeine Darstellung der Bauaufgabe (Baubeschreibung) und ein in Teilleistungen gegliedertes Leistungsverzeichnis zu beschreiben.

(2) Erforderlichenfalls ist die Leistung auch zeichnerisch oder durch Probestücke darzustellen oder anders zu erklären, z. B. durch Hinweise auf ähnliche Leistungen, durch Mengen- oder statische Berechnungen. Zeichnungen und Proben, die für die Ausführung maßgebend sein sollen, sind eindeutig zu bezeichnen.

(3) Leistungen, die nach den Vertragsbedingungen, den Technischen Vertragsbedingungen oder der gewerblichen Verkehrssitte zu der geforderten Leistung gehören (§ 2 Absatz 1 VOB/B), brauchen nicht besonders aufgeführt zu werden.

(4)Im Leistungsverzeichnis ist die Leistung derart aufzugliedern, dass unter einer Ordnungszahl (Position) nur solche Leistungen aufgenommen werden, die nach ihrer technischen Beschaffenheit und für die Preisbildung als in sich gleichartig anzusehen sind.
Ungleichartige Leistungen sollen unter einer Ordnungszahl (Sammelposition) nur zusammengefasst werden, wenn eine Teilleistung gegenüber einer anderen für die Bildung
eines Durchschnittspreises ohne nennenswerten Einfluss ist.

§ 7c Leistungsbeschreibung mit Leistungsprogramm

(1)Wenn es nach Abwägen aller Umstände zweckmäßig ist, abweichend von § 7b Absatz 1
zusammen mit der Bauausführung auch den Entwurf für die Leistung dem Wettbewerb zu unterstellen, um die technisch, wirtschaftlich und gestalterisch beste sowie
funktionsgerechteste Lösung der Bauaufgabe zu ermitteln, kann die Leistung durch ein
Leistungsprogramm dargestellt werden.

(2)

1. Das Leistungsprogramm umfasst eine Beschreibung der Bauaufgabe, aus der die
   Unternehmen alle für die Entwurfsbearbeitung und ihr Angebot maßgebenden Bedingungen und Umstände erkennen können und in der sowohl der Zweck der fertigen
   Leistung als auch die an sie gestellten technischen, wirtschaftlichen, gestalterischen
   und funktionsbedingten Anforderungen angegeben sind, sowie gegebenenfalls ein
   Musterleistungsverzeichnis, in dem die Mengenangaben ganz oder teilweise offengelassen sind.
2. § 7b Absatz 2 bis 4 gilt sinngemäß.

(3)Von dem Bieter ist ein Angebot zu verlangen, das außer der Ausführung der Leistung
den Entwurf nebst eingehender Erläuterung und eine Darstellung der Bauausführung
sowie eine eingehende und zweckmäßig gegliederte Beschreibung der Leistung – gegebenenfalls mit Mengen- und Preisangaben für Teile der Leistung – umfasst. Bei
Beschreibung der Leistung mit Mengen- und Preisangaben ist vom Bieter zu verlangen,
dass er

1. die Vollständigkeit seiner Angaben, insbesondere die von ihm selbst ermittelten Mengen, entweder ohne Einschränkung oder im Rahmen einer in den Vergabeunterlagen
   anzugebenden Mengentoleranz vertritt, und dass er
2. etwaige Annahmen, zu denen er in besonderen Fällen gezwungen ist, weil zum Zeitpunkt der Angebotsabgabe einzelne Teilleistungen nach Art und Menge noch nicht
   bestimmt werden können (z. B. Aushub-, Abbruch- oder Wasserhaltungsarbeiten)
   – erforderlichenfalls anhand von Plänen und Mengenermittlungen – begründet.

§ 8 Vergabeunterlagen

(1)Die Vergabeunterlagen bestehen aus

1. dem Anschreiben (Aufforderung zur Angebotsabgabe), gegebenenfalls Teilnahmebedingungen (Absatz 2) und
2. den Vertragsunterlagen (§§ 7 bis 7c und 8a).

(2)

1. Das Anschreiben muss alle Angaben nach § 12 Absatz 1 Nummer 2 enthalten, die außer den Vertragsunterlagen für den Entschluss zur Abgabe eines Angebots notwendig sind, sofern sie nicht bereits veröffentlicht wurden.

2. Der Auftraggeber kann die Bieter auffordern, in ihrem Angebot die Leistungen anzugeben, die sie an Nachunternehmen zu vergeben beabsichtigen.

3. Der Auftraggeber hat anzugeben:
   a) ob er Nebenangebote nicht zulässt,
   b) ob er Nebenangebote ausnahmsweise nur in Verbindung mit einem Hauptangebot zulässt. Es ist dabei auch zulässig, dass der Preis das einzige Zuschlagskriterium ist. Von Bietern, die eine Leistung anbieten, deren Ausführung nicht in Allgemeinen Technischen Vertragsbedingungen oder in den Vergabeunterlagen geregelt ist, sind im Angebot entsprechende Angaben über Ausführung und Beschaffenheit dieser Leistung zu verlangen.

4. Auftraggeber, die ständig Bauleistungen vergeben, sollen die Erfordernisse, die die Unternehmen bei der Bearbeitung ihrer Angebote beachten müssen, in den Teilnahmebedingungen zusammenfassen und dem Anschreiben beifügen.

§ 8a Allgemeine, Besondere und Zusätzliche Vertragsbedingungen

(1) In den Vergabeunterlagen ist vorzuschreiben, dass die Allgemeinen Vertragsbedingungen für die Ausführung von Bauleistungen (VOB/B) und die Allgemeinen Technischen Vertragsbedingungen für Bauleistungen (VOB/C) Bestandteile des Vertrags werden. Das gilt auch für etwaige Zusätzliche Vertragsbedingungen und etwaige Zusätzliche Technische Vertragsbedingungen, soweit sie Bestandteile des Vertrags werden sollen.

(2)

1. Die Allgemeinen Vertragsbedingungen bleiben grundsätzlich unverändert. Sie können von Auftraggebern, die ständig Bauleistungen vergeben, für die bei ihnen allgemein gegebenen Verhältnisse durch Zusätzliche Vertragsbedingungen ergänzt werden. Diese dürfen den Allgemeinen Vertragsbedingungen nicht widersprechen.

2. Für die Erfordernisse des Einzelfalles sind die Allgemeinen Vertragsbedingungen und etwaige Zusätzliche Vertragsbedingungen durch Besondere Vertragsbedingungen zu ergänzen. In diesen sollen sich Abweichungen von den Allgemeinen Vertragsbedingungen auf die Fälle beschränken, in denen dort besondere Vereinbarungen ausdrücklich vorgesehen sind und auch nur soweit es die Eigenart der Leistung und ihre Ausführung erfordern.

(3) Die Allgemeinen Technischen Vertragsbedingungen bleiben grundsätzlich unverändert. Sie können von Auftraggebern, die ständig Bauleistungen vergeben, für die bei ihnen allgemein gegebenen Verhältnisse durch Zusätzliche Technische Vertragsbedingungen ergänzt werden. Für die Erfordernisse des Einzelfalles sind Ergänzungen und Änderungen in der Leistungsbeschreibung festzulegen.

(4)

1. In den Zusätzlichen Vertragsbedingungen oder in den Besonderen Vertragsbedingungen sollen, soweit erforderlich, folgende Punkte geregelt werden:

   a) Unterlagen (§ 8b Absatz 3; § 3 Absatz 5 und 6 VOB/B),

   b) Benutzung von Lager- und Arbeitsplätzen, Zufahrtswegen, Anschlussgleisen, Wasser- und Energieanschlüssen (§ 4 Absatz 4 VOB/B),

   c) Weitervergabe an Nachunternehmen (§ 4 Absatz 8 VOB/B),

   d) Ausführungsfristen (§ 9; § 5 VOB/B),

   e) Haftung (§ 10 Absatz 2 VOB/B),

   f) Vertragsstrafen und Beschleunigungsvergütungen (§ 9a; § 11 VOB/B),

   g) Abnahme (§ 12 VOB/B),

   h) Vertragsart (§ 4), Abrechnung (§ 14 VOB/B),

   i) Stundenlohnarbeiten (§ 15 VOB/B),

   j) Zahlungen, Vorauszahlungen (§ 16 VOB/B),

   k) Sicherheitsleistung (§ 9c; § 17 VOB/B),

   l) Gerichtsstand (§ 18 Absatz 1 VOB/B),

   m) Lohn- und Gehaltsnebenkosten,

   n) Änderung der Vertragspreise (§ 9d).

2. Im Einzelfall erforderliche besondere Vereinbarungen über die Mängelansprüche sowie deren Verjährung (§ 9b; § 13 Absatz 1, 4 und 7 VOB/B) und über die Verteilung der Gefahr bei Schäden, die durch Hochwasser, Sturmfluten, Grundwasser, Wind, Schnee, Eis und dergleichen entstehen können (§ 7 VOB/B), sind in den Besonderen Vertragsbedingungen zu treffen. Sind für bestimmte Bauleistungen gleichgelagerte Voraussetzungen im Sinne von § 9b gegeben, so dürfen die besonderen Vereinbarungen auch in Zusätzlichen Technischen Vertragsbedingungen vorgesehen werden.

§ 8b Kosten- und Vertrauensregelung, Schiedsverfahren

(1)

1. Bei Öffentlicher Ausschreibung kann eine Erstattung der Kosten für die Vervielfältigung der Leistungsbeschreibung und der anderen Unterlagen sowie für die Kosten der postalischen Versendung verlangt werden.

2. Bei Beschränkter Ausschreibung und Freihändiger Vergabe sind alle Unterlagen unentgeltlich abzugeben.

(2)

1. Für die Bearbeitung des Angebots wird keine Entschädigung gewährt. Verlangt jedoch der Auftraggeber, dass der Bieter Entwürfe, Pläne, Zeichnungen, statische Berechnungen, Mengenberechnungen oder andere Unterlagen ausarbeitet, insbesondere in den Fällen des § 7c, so ist einheitlich für alle Bieter in der Ausschreibung eine angemessene Entschädigung festzusetzen. Diese Entschädigung steht jedem Bieter zu, der ein der Ausschreibung entsprechendes Angebot mit den geforderten Unterlagen rechtzeitig eingereicht hat.

2. Diese Grundsätze gelten für die Freihändige Vergabe entsprechend.

(3) Der Auftraggeber darf Angebotsunterlagen und die in den Angeboten enthaltenen eigenen Vorschläge eines Bieters nur für die Prüfung und Wertung der Angebote (§§ 16c und 16d) verwenden. Eine darüber hinausgehende Verwendung bedarf der vorherigen schriftlichen Vereinbarung.

(4) Sollen Streitigkeiten aus dem Vertrag unter Ausschluss des ordentlichen Rechtswegs im schiedsrichterlichen Verfahren ausgetragen werden, so ist es in besonderer, nur das Schiedsverfahren betreffender Urkunde zu vereinbaren, soweit nicht § 1031 Absatz 2 der Zivilprozessordnung (ZPO) auch eine andere Form der Vereinbarung zulässt.

§ 9 Einzelne Vertragsbedingungen, Ausführungsfristen

(1)

1. Die Ausführungsfristen sind ausreichend zu bemessen; Jahreszeit, Arbeitsbedingungen und etwaige besondere Schwierigkeiten sind zu berücksichtigen. Für die Bauvorbereitung ist dem Auftragnehmer genügend Zeit zu gewähren.

2. Außergewöhnlich kurze Fristen sind nur bei besonderer Dringlichkeit vorzusehen.

3. Soll vereinbart werden, dass mit der Ausführung erst nach Aufforderung zu beginnen ist (§ 5 Absatz 2 VOB/B), so muss die Frist, innerhalb derer die Aufforderung ausgesprochen werden kann, unter billiger Berücksichtigung der für die Ausführung maßgebenden Verhältnisse zumutbar sein; sie ist in den Vergabeunterlagen festzulegen.

(2)

1. Wenn es ein erhebliches Interesse des Auftraggebers erfordert, sind Einzelfristen für in sich abgeschlossene Teile der Leistung zu bestimmen.

2. Wird ein Bauzeitenplan aufgestellt, damit die Leistungen aller Unternehmen sicher ineinandergreifen, so sollen nur die für den Fortgang der Gesamtarbeit besonders wichtigen Einzelfristen als vertraglich verbindliche Fristen (Vertragsfristen) bezeichnet werden.

(3) Ist für die Einhaltung von Ausführungsfristen die Übergabe von Zeichnungen oder anderen Unterlagen wichtig, so soll hierfür ebenfalls eine Frist festgelegt werden.

(4) Der Auftraggeber darf in den Vertragsunterlagen eine Pauschalierung des Verzugsschadens (§ 5 Absatz 4 VOB/B) vorsehen; sie soll 5 % der Auftragssumme nicht überschreiten. Der Nachweis eines geringeren Schadens ist zuzulassen.

§ 9a Vertragsstrafen, Beschleunigungsvergütung

Vertragsstrafen für die Überschreitung von Vertragsfristen sind nur zu vereinbaren, wenn die Überschreitung erhebliche Nachteile verursachen kann. Die Strafe ist in angemessenen Grenzen zu halten. Beschleunigungsvergütungen (Prämien) sind nur vorzusehen, wenn die Fertigstellung vor Ablauf der Vertragsfristen erhebliche Vorteile bringt.

§ 9b Verjährung der Mängelansprüche

Andere Verjährungsfristen als nach § 13 Absatz 4 VOB/B sollen nur vorgesehen werden, wenn dies wegen der Eigenart der Leistung erforderlich ist. In solchen Fällen sind alle Umstände gegeneinander abzuwägen, insbesondere, wann etwaige Mängel wahrscheinlich erkennbar werden und wieweit die Mängelursachen noch nachgewiesen werden können, aber auch die Wirkung auf die Preise und die Notwendigkeit einer billigen Bemessung der Verjährungsfristen für Mängelansprüche.

§ 9c Sicherheitsleistung

(1) Auf Sicherheitsleistung soll ganz oder teilweise verzichtet werden, wenn Mängel der Leistung voraussichtlich nicht eintreten. Unterschreitet die Auftragssumme 250.000 EUR ohne Umsatzsteuer, ist auf Sicherheitsleistung für die Vertragserfüllung und in der Regel auf Sicherheitsleistung für die Mängelansprüche zu verzichten. Bei Beschränkter Ausschreibung sowie bei Freihändiger Vergabe sollen Sicherheitsleistungen in der Regel nicht verlangt werden.

(2) Die Sicherheit soll nicht höher bemessen und ihre Rückgabe nicht für einen späteren Zeitpunkt vorgesehen werden, als nötig ist, um den Auftraggeber vor Schaden zu bewahren. Die Sicherheit für die Erfüllung sämtlicher Verpflichtungen aus dem Vertrag soll 5 % der Auftragssumme nicht überschreiten. Die Sicherheit für Mängelansprüche soll 3 % der Abrechnungssumme nicht überschreiten.

§ 9d Änderung der Vergütung

Sind wesentliche Änderungen der Preisermittlungsgrundlagen zu erwarten, deren Eintritt oder Ausmaß ungewiss ist, so kann eine angemessene Änderung der Vergütung in den Vertragsunterlagen vorgesehen werden. Die Einzelheiten der Preisänderungen sind festzulegen.

§ 10 Fristen

(1) Für die Bearbeitung und Einreichung der Angebote ist eine ausreichende Angebotsfrist vorzusehen, auch bei Dringlichkeit nicht unter zehn Kalendertagen. Dabei ist insbesondere der zusätzliche Aufwand für die Besichtigung von Baustellen oder die Beschaffung von Unterlagen für die Angebotsbearbeitung zu berücksichtigen.

(2) Bis zum Ablauf der Angebotsfrist können Angebote in Textform zurückgezogen werden.

(3) Für die Einreichung von Teilnahmeanträgen bei Beschränkter Ausschreibung nach Öffentlichem Teilnahmewettbewerb ist eine ausreichende Bewerbungsfrist vorzusehen.

(4) Der Auftraggeber bestimmt eine angemessene Frist, innerhalb der die Bieter an ihre Angebote gebunden sind (Bindefrist). Diese soll so kurz wie möglich und nicht länger bemessen werden, als der Auftraggeber für eine zügige Prüfung und Wertung der Angebote (§§ 16 bis 16d) benötigt. Eine längere Bindefrist als 30 Kalendertage soll nur in begründeten Fällen festgelegt werden. Das Ende der Bindefrist ist durch Angabe des Kalendertages zu bezeichnen.

(5) Die Bindefrist beginnt mit dem Ablauf der Angebotsfrist.

(6) Die Absätze 4 und 5 gelten bei Freihändiger Vergabe entsprechend.

§ 11 Grundsätze der Informationsübermittlung

(1)
1. Der Auftraggeber gibt in der Bekanntmachung oder den Vergabeunterlagen an, ob Informationen per Post, Telefax, direkt, elektronisch oder durch eine Kombination dieser Kommunikationsmittel übermittelt werden.
2. Das für die elektronische Übermittlung gewählte Netz muss allgemein verfügbar sein und darf den Zugang der Unternehmen zu den Vergabeverfahren nicht beschränken. Die dafür zu verwendenden Programme und ihre technischen Merkmale müssen allgemein zugänglich, mit allgemein verbreiteten Erzeugnissen der Informations- und Kommunikationstechnologie kompatibel und nicht diskriminierend sein.
3. Der Auftraggeber hat dafür Sorge zu tragen, dass den interessierten Unternehmen die Informationen über die Spezifikationen der Geräte, die für die elektronische Übermittlung der Teilnahmeanträge und der Angebote erforderlich sind, einschließlich Verschlüsselung zugänglich sind. Außerdem muss gewährleistet sein, dass die in § 11a genannten Anforderungen erfüllt sind.

(2) Der Auftraggeber kann im Internet ein Beschafferprofil einrichten, in dem allgemeine Informationen wie Kontaktstelle, Telefon- und Faxnummer, Postanschrift und E-Mail-Adresse sowie Angaben über Ausschreibungen, geplante und vergebene Aufträge oder aufgehobene Verfahren veröffentlicht werden können.

§ 11a Anforderungen an elektronische Mittel

Die Geräte müssen gewährleisten, dass

1. für die Angebote eine elektronische Signatur verwendet werden kann,
2. Tag und Uhrzeit des Eingangs der Teilnahmeanträge oder Angebote genau bestimmbar sind,
3. ein Zugang zu den Daten nicht vor Ablauf des hierfür festgesetzten Termins erfolgt,
4. bei einem Verstoß gegen das Zugangsverbot der Verstoß sicher festgestellt werden kann,
5. ausschließlich die hierfür bestimmten Personen den Zeitpunkt der Öffnung der Daten festlegen oder ändern können,
6. der Zugang zu den übermittelten Daten nur möglich ist, wenn die hierfür bestimmten Personen gleichzeitig und erst nach dem festgesetzten Zeitpunkt tätig werden und
7. die übermittelten Daten ausschließlich den zur Kenntnisnahme bestimmten Personen zugänglich bleiben.

§ 12 Bekanntmachung

(1)
1. Öffentliche Ausschreibungen sind bekannt zu machen, z. B. in Tageszeitungen, amtlichen Veröffentlichungsblättern oder auf Internetportalen; sie können auch auf www. bund.de veröffentlicht werden.
2. Diese Bekanntmachungen sollen folgende Angaben enthalten:
   a) Name, Anschrift, Telefon-, Telefaxnummer sowie E-Mail-Adresse des Auftraggebers (Vergabestelle),

b) gewähltes Vergabeverfahren,

c) gegebenenfalls Auftragsvergabe auf elektronischem Wege und Verfahren der Ver- und Entschlüsselung,

d) Art des Auftrags,

e) Ort der Ausführung,

f) Art und Umfang der Leistung,

g) Angaben über den Zweck der baulichen Anlage oder des Auftrags, wenn auch Planungsleistungen gefordert werden,

h) falls die bauliche Anlage oder der Auftrag in mehrere Lose aufgeteilt ist, Art und Umfang der einzelnen Lose und Möglichkeit, Angebote für eines, mehrere oder alle Lose einzureichen,

i) Zeitpunkt, bis zu dem die Bauleistungen beendet werden sollen oder Dauer des Bauleistungsauftrags; sofern möglich, Zeitpunkt, zu dem die Bauleistungen begonnen werden sollen,

j) gegebenenfalls Angaben nach § 8 Absatz 2 Nummer 3 zur Zulässigkeit von Nebenangeboten,

k) Name und Anschrift, Telefon- und Telefaxnummer, E-Mail-Adresse der Stelle, bei der die Vergabeunterlagen und zusätzliche Unterlagen angefordert und eingesehen werden können,

l) gegebenenfalls Höhe und Bedingungen für die Zahlung des Betrags, der für die Unterlagen zu entrichten ist,

m) bei Teilnahmeantrag: Frist für den Eingang der Anträge auf Teilnahme, Anschrift, an die diese Anträge zu richten sind, Tag, an dem die Aufforderungen zur Angebotsabgabe spätestens abgesandt werden,

n) Frist für den Eingang der Angebote,

o) Anschrift, an die die Angebote zu richten sind, gegebenenfalls auch Anschrift, an die Angebote elektronisch zu übermitteln sind,

p) Sprache, in der die Angebote abgefasst sein müssen,

q) Datum, Uhrzeit und Ort des Eröffnungstermins sowie Angabe, welche Personen bei der Eröffnung der Angebote anwesend sein dürfen,

r) gegebenenfalls geforderte Sicherheiten,

s) wesentliche Finanzierungs- und Zahlungsbedingungen und/oder Hinweise auf die maßgeblichen Vorschriften, in denen sie enthalten sind,

t) gegebenenfalls Rechtsform, die die Bietergemeinschaft nach der Auftragsvergabe haben muss,

u) verlangte Nachweise für die Beurteilung der Eignung des Bewerbers oder Bieters,

v) Bindefrist,

w) Name und Anschrift der Stelle, an die sich der Bewerber oder Bieter zur Nachprüfung behaupteter Verstöße gegen Vergabebestimmungen wenden kann.

(2)

1. Bei Beschränkter Ausschreibung nach Öffentlichem Teilnahmewettbewerb sind die Unternehmen durch Bekanntmachungen, z. B. in Tageszeitungen, amtlichen Ver-

öffentlichungsblättern oder auf Internetportalen, aufzufordern, ihre Teilnahme am Wettbewerb zu beantragen.

2. Diese Bekanntmachungen sollen die Angaben gemäß § 12 Absatz 1 Nummer 2 enthalten.

(3) Teilnahmeanträge sind auch dann zu berücksichtigen, wenn sie durch Telefax oder in sonstiger Weise elektronisch übermittelt werden, sofern die sonstigen Teilnahmebedingungen erfüllt sind.

§ 12a Versand der Vergabeunterlagen

(1)

1. Die Vergabeunterlagen sind den Unternehmen unverzüglich in geeigneter Weise zu übermitteln.

2. Die Vergabeunterlagen sind bei Beschränkter Ausschreibung und Freihändiger Vergabe an alle ausgewählten Bewerber am selben Tag abzusenden.

(2) Wenn von den für die Preisermittlung wesentlichen Unterlagen keine Vervielfältigungen abgegeben werden können, sind diese in ausreichender Weise zur Einsicht auszulegen.

(3) Die Namen der Unternehmen, die Vergabeunterlagen erhalten oder eingesehen haben, sind geheim zu halten.

(4) Erbitten Unternehmen zusätzliche sachdienliche Auskünfte über die Vergabeunterlagen, so sind diese Auskünfte allen Unternehmen unverzüglich in gleicher Weise zu erteilen.

§ 13 Form und Inhalt der Angebote

(1)

1. Der Auftraggeber legt fest, in welcher Form die Angebote einzureichen sind. Schriftlich eingereichte Angebote sind immer zuzulassen und müssen unterzeichnet sein. Elektronische Angebote sind nach Wahl des Auftraggebers
   – in Textform oder
   – mit einer fortgeschrittenen elektronischen Signatur nach dem Gesetz über Rahmenbedingungen für elektronische Signaturen (SigG) und den Anforderungen des Auftraggebers oder
   – mit einer qualifizierten elektronischen Signatur nach dem SigG zu übermitteln.

2. Der Auftraggeber hat die Datenintegrität und die Vertraulichkeit der Angebote auf geeignete Weise zu gewährleisten. Per Post oder direkt übermittelte Angebote sind in einem verschlossenen Umschlag einzureichen, als solche zu kennzeichnen und bis zum Ablauf der für die Einreichung vorgesehenen Frist unter Verschluss zu halten. Bei elektronisch übermittelten Angeboten ist dies durch entsprechende technische Lösungen nach den Anforderungen des Auftraggebers und durch Verschlüsselung sicherzustellen. Die Verschlüsselung muss bis zur Öffnung des ersten Angebots aufrechterhalten bleiben.

3. Die Angebote müssen die geforderten Preise enthalten.

4. Die Angebote müssen die geforderten Erklärungen und Nachweise enthalten.

5. Änderungen an den Vergabeunterlagen sind unzulässig. Änderungen des Bieters an seinen Eintragungen müssen zweifelsfrei sein.

6. Bieter können für die Angebotsabgabe eine selbstgefertigte Abschrift oder Kurz-
fassung des Leistungsverzeichnisses benutzen, wenn sie den vom Auftraggeber
verfassten Wortlaut des Leistungsverzeichnisses im Angebot als allein verbindlich
anerkennen; Kurzfassungen müssen jedoch die Ordnungszahlen (Positionen) vollzählig, in der gleichen Reihenfolge und mit den gleichen Nummern wie in dem vom
Auftraggeber verfassten Leistungsverzeichnis wiedergeben.

7. Muster und Proben der Bieter müssen als zum Angebot gehörig gekennzeichnet sein.

(2) Eine Leistung, die von den vorgesehenen technischen Spezifikationen nach § 7a Absatz 1 abweicht, kann angeboten werden, wenn sie mit dem geforderten Schutzniveau
in Bezug auf Sicherheit, Gesundheit und Gebrauchstauglichkeit gleichwertig ist. Die
Abweichung muss im Angebot eindeutig bezeichnet sein. Die Gleichwertigkeit ist mit
dem Angebot nachzuweisen.

(3) Die Anzahl von Nebenangeboten ist an einer vom Auftraggeber in den Vergabeunterlagen bezeichneten Stelle aufzuführen. Etwaige Nebenangebote müssen auf besonderer
Anlage erstellt und als solche deutlich gekennzeichnet werden.

(4) Soweit Preisnachlässe ohne Bedingungen gewährt werden, sind diese an einer vom
Auftraggeber in den Vergabeunterlagen bezeichneten Stelle aufzuführen.

(5) Bietergemeinschaften haben die Mitglieder zu benennen sowie eines ihrer Mitglieder
als bevollmächtigten Vertreter für den Abschluss und die Durchführung des Vertrags zu
bezeichnen. Fehlt die Bezeichnung des bevollmächtigten Vertreters im Angebot, so ist
sie vor der Zuschlagserteilung beizubringen.

(6) Der Auftraggeber hat die Anforderungen an den Inhalt der Angebote nach den Absätzen 1 bis 5 in die Vergabeunterlagen aufzunehmen.

§ 14 Öffnung der Angebote, Eröffnungstermin

(1) Bei Ausschreibungen ist für die Öffnung und Verlesung (Eröffnung) der Angebote ein
Eröffnungstermin abzuhalten, in dem nur die Bieter und ihre Bevollmächtigten zugegen
sein dürfen. Bis zu diesem Termin sind die zugegangenen Angebote auf dem ungeöff-
neten Umschlag mit Eingangsvermerk zu versehen und unter Verschluss zu halten.
Elektronische Angebote sind zu kennzeichnen und verschlüsselt aufzubewahren.

(2) Zur Eröffnung zuzulassen sind nur Angebote, die bis zum Ablauf der Angebotsfrist
eingegangen sind.

(3)

1. Der Verhandlungsleiter stellt fest, ob der Verschluss der schriftlichen Angebote unversehrt ist und die elektronischen Angebote verschlüsselt sind.

2. Die Angebote werden geöffnet und in allen wesentlichen Teilen im Eröffnungstermin
gekennzeichnet. Name und Anschrift der Bieter und die Endbeträge der Angebote
oder ihrer einzelnen Abschnitte, ferner andere den Preis betreffende Angaben (wie
z. B. Preisnachlässe ohne Bedingungen) werden verlesen. Es wird bekannt gegeben,
ob und von wem und in welcher Zahl Nebenangebote eingereicht sind. Weiteres aus
dem Inhalt der Angebote soll nicht mitgeteilt werden.

3. Muster und Proben der Bieter müssen im Termin zur Stelle sein.

(4)

1. Über den Eröffnungstermin ist eine Niederschrift in Schriftform oder in elektronischer Form zu fertigen. Sie ist zu verlesen; in ihr ist zu vermerken, dass sie verlesen und als richtig anerkannt worden ist oder welche Einwendungen erhoben worden sind.

2. Sie ist vom Verhandlungsleiter zu unterschreiben oder mit einer Signatur nach § 13 Absatz 1 Nummer 1 zu versehen; die anwesenden Bieter und Bevollmächtigten sind berechtigt, mit zu unterzeichnen oder eine Signatur nach § 13 Absatz 1 Nummer 1 anzubringen.

(5) Angebote, die zum Ablauf der Angebotsfrist nicht vorgelegen haben (Absatz 2), sind in der Niederschrift oder in einem Nachtrag besonders aufzuführen. Die Eingangszeiten und die etwa bekannten Gründe, aus denen die Angebote nicht vorgelegen haben, sind zu vermerken. Der Umschlag und andere Beweismittel sind aufzubewahren.

(6)

1. Ein Angebot, das nachweislich vor Ablauf der Angebotsfrist dem Auftraggeber zugegangen war, aber aus vom Bieter nicht zu vertretenden Gründen dem Verhandlungsleiter nicht vorgelegen hat, ist wie ein rechtzeitig vorliegendes Angebot zu behandeln.

2. Den Bietern ist dieser Sachverhalt unverzüglich in Textform mitzuteilen. In die Mitteilung sind die Feststellung, dass der Verschluss unversehrt war und die Angaben nach Absatz 3 Nummer 2 aufzunehmen.

3. Dieses Angebot ist mit allen Angaben in die Niederschrift oder in einen Nachtrag aufzunehmen. Im Übrigen gilt Absatz 5 Satz 2 und 3.

(7) Den Bietern und ihren Bevollmächtigten ist die Einsicht in die Niederschrift und ihre Nachträge (Absätze 5 und 6 sowie § 16c Absatz 3) zu gestatten; den Bietern sind nach Antragstellung die Namen der Bieter sowie die verlesenen und die nachgerechneten Endbeträge der Angebote sowie die Zahl ihrer Nebenangebote nach der rechnerischen Prüfung unverzüglich mitzuteilen.

(8) Die Niederschrift darf nicht veröffentlicht werden.

(9) Die Angebote und ihre Anlagen sind sorgfältig zu verwahren und geheim zu halten; dies gilt auch bei Freihändiger Vergabe.

§ 15 Aufklärung des Angebotsinhalts

(1)

1. Bei Ausschreibungen darf der Auftraggeber nach Öffnung der Angebote bis zur Zuschlagserteilung von einem Bieter nur Aufklärung verlangen, um sich über seine Eignung, insbesondere seine technische und wirtschaftliche Leistungsfähigkeit, das Angebot selbst, etwaige Nebenangebote, die geplante Art der Durchführung, etwaige Ursprungsorte oder Bezugsquellen von Stoffen oder Bauteilen und über die Angemessenheit der Preise, wenn nötig durch Einsicht in die vorzulegenden Preisermittlungen (Kalkulationen), zu unterrichten.

2. Die Ergebnisse solcher Aufklärungen sind geheim zu halten. Sie sollen in Textform niedergelegt werden.

(2) Verweigert ein Bieter die geforderten Aufklärungen und Angaben oder lässt er die ihm gesetzte angemessene Frist unbeantwortet verstreichen, so ist sein Angebot auszuschließen.

(3) Verhandlungen, besonders über Änderung der Angebote oder Preise, sind unstatthaft, außer, wenn sie bei Nebenangeboten oder Angeboten aufgrund eines Leistungsprogramms nötig sind, um unumgängliche technische Änderungen geringen Umfangs und daraus sich ergebende Änderungen der Preise zu vereinbaren.

§ 16 Ausschluss von Angeboten

(1) Auszuschließen sind:

1. Angebote, die bei Ablauf der Angebotsfrist nicht vorgelegen haben, ausgenommen Angebote nach § 14 Absatz 6,

2. Angebote, die den Bestimmungen des § 13 Absatz 1 Nummer 1, 2 und 5 nicht entsprechen,

3. Angebote, die den Bestimmungen des § 13 Absatz 1 Nummer 3 nicht entsprechen; ausgenommen solche Angebote, bei denen lediglich in einer einzelnen unwesentlichen Position die Angabe des Preises fehlt und durch die Außerachtlassung dieser Position der Wettbewerb und die Wertungsreihenfolge, auch bei Wertung dieser Position mit dem höchsten Wettbewerbspreis, nicht beeinträchtigt werden,

4. Angebote von Bietern, die in Bezug auf die Ausschreibung eine Abrede getroffen haben, die eine unzulässige Wettbewerbsbeschränkung darstellt,

5. Nebenangebote, wenn der Auftraggeber in der Bekanntmachung oder in den Vergabeunterlagen erklärt hat, dass er diese nicht zulässt,

6. Nebenangebote, die dem § 13 Absatz 3 Satz 2 nicht entsprechen,

7. Angebote von Bietern, die im Vergabeverfahren vorsätzlich unzutreffende Erklärungen in Bezug auf ihre Fachkunde, Leistungsfähigkeit und Zuverlässigkeit abgegeben haben.

(2) Außerdem können Angebote von Bietern ausgeschlossen werden, wenn

1. ein Insolvenzverfahren oder ein vergleichbares gesetzlich geregeltes Verfahren eröffnet oder die Eröffnung beantragt worden ist oder der Antrag mangels Masse abgelehnt wurde oder ein Insolvenzplan rechtskräftig bestätigt wurde,

2. sich das Unternehmen in Liquidation befindet,

3. nachweislich eine schwere Verfehlung begangen wurde, die die Zuverlässigkeit als Bewerber oder Bieter in Frage stellt,

4. die Verpflichtung zur Zahlung von Steuern und Abgaben sowie der Beiträge zur gesetzlichen Sozialversicherung nicht ordnungsgemäß erfüllt wurde,

5. sich das Unternehmen nicht bei der Berufsgenossenschaft angemeldet hat.

§ 16a Nachforderung von Unterlagen

Fehlen geforderte Erklärungen oder Nachweise und wird das Angebot nicht entsprechend § 16 Absatz 1 oder 2 ausgeschlossen, verlangt der Auftraggeber die fehlenden Erklärungen oder Nachweise nach. Diese sind spätestens innerhalb von sechs Kalendertagen nach Aufforderung durch den Auftraggeber vorzulegen. Die Frist beginnt am Tag nach der Absendung der Aufforderung durch den Auftraggeber. Werden die Erklärungen oder Nachweise nicht innerhalb der Frist vorgelegt, ist das Angebot auszuschließen.

§ 16b Eignung

(1) Bei Öffentlicher Ausschreibung ist zunächst die Eignung der Bieter zu prüfen. Dabei sind anhand der vorgelegten Nachweise die Angebote der Bieter auszuwählen, deren Eignung die für die Erfüllung der vertraglichen Verpflichtungen notwendigen Sicherheiten bietet; dies bedeutet, dass sie die erforderliche Fachkunde, Leistungsfähigkeit und Zuverlässigkeit besitzen und über ausreichende technische und wirtschaftliche Mittel verfügen.

(2) Bei Beschränkter Ausschreibung und Freihändiger Vergabe sind nur Umstände zu berücksichtigen, die nach Aufforderung zur Angebotsabgabe Zweifel an der Eignung des Bieters begründen (vgl. § 6b Absatz 4).

§ 16c Prüfung

(1) Die nicht ausgeschlossenen Angebote geeigneter Bieter sind auf die Einhaltung der gestellten Anforderungen, insbesondere in rechnerischer, technischer und wirtschaftlicher Hinsicht zu prüfen.

(2)
1. Entspricht der Gesamtbetrag einer Ordnungszahl (Position) nicht dem Ergebnis der Multiplikation von Mengenansatz und Einheitspreis, so ist der Einheitspreis maßgebend.
2. Bei Vergabe für eine Pauschalsumme gilt diese ohne Rücksicht auf etwa angegebene Einzelpreise.
3. Die Nummern 1 und 2 gelten auch bei Freihändiger Vergabe.

(3) Die aufgrund der Prüfung festgestellten Angebotsendsummen sind in der Niederschrift über den Eröffnungstermin zu vermerken.

§ 16d Wertung

(1)
1. Auf ein Angebot mit einem unangemessen hohen oder niedrigen Preis darf der Zuschlag nicht erteilt werden.
2. Erscheint ein Angebotspreis unangemessen niedrig und ist anhand vorliegender Unterlagen über die Preisermittlung die Angemessenheit nicht zu beurteilen, ist in Textform vom Bieter Aufklärung über die Ermittlung der Preise für die Gesamtleistung oder für Teilleistungen zu verlangen, gegebenenfalls unter Festlegung einer zumutbaren Antwortfrist. Bei der Beurteilung der Angemessenheit sind die Wirtschaftlichkeit des Bauverfahrens, die gewählten technischen Lösungen oder sonstige günstige Ausführungsbedingungen zu berücksichtigen.
3. In die engere Wahl kommen nur solche Angebote, die unter Berücksichtigung rationellen Baubetriebs und sparsamer Wirtschaftsführung eine einwandfreie Ausführung einschließlich Haftung für Mängelansprüche erwarten lassen. Unter diesen Angeboten soll der Zuschlag auf das Angebot erteilt werden, das unter Berücksichtigung aller

Gesichtspunkte, wie z. B. Qualität, Preis, technischer Wert, Ästhetik, Zweckmäßigkeit, Umwelteigenschaften, Betriebs- und Folgekosten, Rentabilität, Kundendienst und technische Hilfe oder Ausführungsfrist als das wirtschaftlichste erscheint. Der niedrigste Angebotspreis allein ist nicht entscheidend.

(2) Ein Angebot nach § 13 Absatz 2 ist wie ein Hauptangebot zu werten.

(3) Nebenangebote sind zu werten, es sei denn, der Auftraggeber hat sie in der Bekanntmachung oder in den Vergabeunterlagen nicht zugelassen.

(4) Preisnachlässe ohne Bedingung sind nicht zu werten, wenn sie nicht an der vom Auftraggeber nach § 13 Absatz 4 bezeichneten Stelle aufgeführt sind. Unaufgefordert angebotene Preisnachlässe mit Bedingungen für die Zahlungsfrist (Skonti) werden bei der Wertung der Angebote nicht berücksichtigt.

(5) Die Bestimmungen von Absatz 1 und § 16b gelten auch bei Freihändiger Vergabe. Die Absätze 2 bis 4, § 16 Absatz 1 und § 6 Absatz 2 sind entsprechend auch bei Freihändiger Vergabe anzuwenden.

§ 17 Aufhebung der Ausschreibung

(1) Die Ausschreibung kann aufgehoben werden, wenn:

1. kein Angebot eingegangen ist, das den Ausschreibungsbedingungen entspricht,
2. die Vergabeunterlagen grundlegend geändert werden müssen,
3. andere schwerwiegende Gründe bestehen.

(2) Die Bewerber und Bieter sind von der Aufhebung der Ausschreibung unter Angabe der Gründe, gegebenenfalls über die Absicht, ein neues Vergabeverfahren einzuleiten, unverzüglich in Textform zu unterrichten.

§ 18 Zuschlag

(1) Der Zuschlag ist möglichst bald, mindestens aber so rechtzeitig zu erteilen, dass dem Bieter die Erklärung noch vor Ablauf der Bindefrist (§ 10 Absatz 4 bis 6) zugeht.

(2) Werden Erweiterungen, Einschränkungen oder Änderungen vorgenommen oder wird der Zuschlag verspätet erteilt, so ist der Bieter bei Erteilung des Zuschlags aufzufordern, sich unverzüglich über die Annahme zu erklären.

§ 19 Nicht berücksichtigte Bewerbungen und Angebote

(1) Bieter, deren Angebote ausgeschlossen worden sind (§ 16) und solche, deren Angebote nicht in die engere Wahl kommen, sollen unverzüglich unterrichtet werden. Die übrigen Bieter sind zu unterrichten, sobald der Zuschlag erteilt worden ist.

(2) Auf Verlangen sind den nicht berücksichtigten Bewerbern oder Bietern innerhalb einer Frist von 15 Kalendertagen nach Eingang ihres in Textform gestellten Antrags die Gründe für die Nichtberücksichtigung ihrer Bewerbung oder ihres Angebots in Textform mitzuteilen, den Bietern auch die Merkmale und Vorteile des Angebots des erfolgreichen Bieters sowie dessen Name.

(3) Nicht berücksichtigte Angebote und Ausarbeitungen der Bieter dürfen nicht für eine neue Vergabe oder für andere Zwecke benutzt werden.

(4) Entwürfe, Ausarbeitungen, Muster und Proben zu nicht berücksichtigten Angeboten sind zurückzugeben, wenn dies im Angebot oder innerhalb von 30 Kalendertagen nach Ablehnung des Angebots verlangt wird.

(5) Der Auftraggeber informiert fortlaufend Unternehmen auf Internetportalen oder in seinem Beschafferprofil über beabsichtigte Beschränkte Ausschreibungen nach § 3a Absatz 2 Nummer 1 ab einem voraussichtlichen Auftragswert von 25.000 EUR ohne Umsatzsteuer. Diese Informationen müssen folgende Angaben enthalten:
1. Name, Anschrift, Telefon-, Telefaxnummer und E-Mail-Adresse des Auftraggebers,
2. Auftragsgegenstand,
3. Ort der Ausführung,
4. Art und voraussichtlicher Umfang der Leistung,
5. voraussichtlicher Zeitraum der Ausführung.

§ 20 Dokumentation

(1) Das Vergabeverfahren ist zeitnah so zu dokumentieren, dass die einzelnen Stufen des Verfahrens, die einzelnen Maßnahmen, die maßgebenden Feststellungen sowie die Begründung der einzelnen Entscheidungen in Textform festgehalten werden. Diese Dokumentation muss mindestens enthalten:
1. Name und Anschrift des Auftraggebers,
2. Art und Umfang der Leistung,
3. Wert des Auftrags,
4. Namen der berücksichtigten Bewerber oder Bieter und Gründe für ihre Auswahl,
5. Namen der nicht berücksichtigten Bewerber oder Bieter und die Gründe für die Ablehnung,
6. Gründe für die Ablehnung von ungewöhnlich niedrigen Angeboten,
7. Name des Auftragnehmers und Gründe für die Erteilung des Zuschlags auf sein Angebot,
8. Anteil der beabsichtigten Weitergabe an Nachunternehmen, soweit bekannt,
9. bei Beschränkter Ausschreibung, Freihändiger Vergabe Gründe für die Wahl des jeweiligen Verfahrens,
10. gegebenenfalls die Gründe, aus denen der Auftraggeber auf die Vergabe eines Auftrags verzichtet hat. Der Auftraggeber trifft geeignete Maßnahmen, um den Ablauf der mit elektronischen Mitteln durchgeführten Vergabeverfahren zu dokumentieren.

(2) Wird auf die Vorlage zusätzlich zum Angebot verlangter Unterlagen und Nachweise verzichtet, ist dies in der Dokumentation zu begründen.

(3) Nach Zuschlagserteilung hat der Auftraggeber auf geeignete Weise, z. B. auf Internetportalen oder im Beschafferprofil zu informieren, wenn bei
1. Beschränkten Ausschreibungen ohne Teilnahmewettbewerb der Auftragswert 25.000 EUR ohne Umsatzsteuer,

2. Freihändigen Vergaben der Auftragswert 15.000 EUR ohne Umsatzsteuer übersteigt. Diese Informationen werden sechs Monate vorgehalten und müssen folgende Angaben enthalten:

   a) Name, Anschrift, Telefon-, Telefaxnummer und E-Mail-Adresse des Auftraggebers,
   b) gewähltes Vergabeverfahren,
   c) Auftragsgegenstand,
   d) Ort der Ausführung,
   e) Name des beauftragten Unternehmens.

§ 21 Nachprüfungsstellen

In der Bekanntmachung und den Vergabeunterlagen sind die Nachprüfungsstellen mit Anschrift anzugeben, an die sich der Bewerber oder Bieter zur Nachprüfung behaupteter Verstöße gegen die Vergabebestimmungen wenden kann.

§ 22 Änderungen während der Vertragslaufzeit

Vertragsänderungen nach den Bestimmungen der VOB/B erfordern kein neues Vergabeverfahren; ausgenommen davon sind Vertragsänderungen nach § 1 Absatz 4 Satz 2 VOB/B.

§ 23 Baukonzessionen

(1) Eine Baukonzession ist ein Vertrag über die Durchführung eines Bauauftrages, bei dem die Gegenleistung für die Bauarbeiten statt in einem Entgelt in dem befristeten Recht auf Nutzung der baulichen Anlage, gegebenenfalls zuzüglich der Zahlung eines Preises besteht.

(2) Für die Vergabe von Baukonzessionen sind die §§ 1 bis 22 sinngemäß anzuwenden.

Anhang TS Technische Spezifikation

1. „Technische Spezifikation" hat eine der folgenden Bedeutungen:

   a) bei öffentlichen Bauaufträgen die Gesamtheit der insbesondere in den Vergabeunterlagen enthaltenen technischen Beschreibungen, in denen die erforderlichen Eigenschaften eines Werkstoffs, eines Produkts oder einer Lieferung definiert sind, damit dieser/diese den vom Auftraggeber beabsichtigten Zweck erfüllt; zu diesen Eigenschaften gehören Umwelt- und Klimaleistungsstufen, „Design für alle" (einschließlich des Zugangs von Menschen mit Behinderungen) und Konformitätsbewertung, Leistung, Vorgaben für Gebrauchstauglichkeit, Sicherheit oder Abmessungen, einschließlich der Qualitätssicherungsverfahren, der Terminologie, der Symbole, der Versuchs- und Prüfmethoden, der Verpackung, der Kennzeichnung und Beschriftung, der Gebrauchsanleitungen sowie der Produktionsprozesse und -methoden in jeder Phase des Lebenszyklus der Bauleistungen; außerdem gehören dazu auch die Vorschriften für die Planung und die Kostenrechnung, die Bedingungen für die Prüfung, Inspektion und Abnahme von Bauwerken, die Konstruktionsmethoden oder -verfahren und alle anderen technischen Anforderungen, die der Auftraggeber für fertige Bauwerke oder dazu notwendige Materialien oder Teile durch allgemeine und spezielle Vorschriften anzugeben in der Lage ist;

b) bei öffentlichen Dienstleistungs- oder Lieferaufträgen eine Spezifikation, die in einem Schriftstück enthalten ist, das Merkmale für ein Produkt oder eine Dienstleistung vorschreibt, wie Qualitätsstufen, Umwelt- und Klimaleistungsstufen, „Design für alle" (einschließlich des Zugangs von Menschen mit Behinderungen) und Konformitätsbewertung, Leistung, Vorgaben für Gebrauchstauglichkeit, Sicherheit oder Abmessungen des Produkts, einschließlich der Vorschriften über Verkaufsbezeichnung, Terminologie, Symbole, Prüfungen und Prüfverfahren, Verpackung, Kennzeichnung und Beschriftung, Gebrauchsanleitungen, Produktionsprozesse und -methoden in jeder Phase des Lebenszyklus der Lieferung oder der Dienstleistung sowie über Konformitätsbewertungsverfahren;

2. „Norm" bezeichnet eine technische Spezifikation, die von einer anerkannten Normungsorganisation zur wiederholten oder ständigen Anwendung angenommen wurde, deren Einhaltung nicht zwingend ist und die unter eine der nachstehenden Kategorien fällt:

a) internationale Norm: Norm, die von einer internationalen Normungsorganisation angenommen wurde und der Öffentlichkeit zugänglich ist;

b) europäische Norm: Norm, die von einer europäischen Normungsorganisation angenommen wurde und der Öffentlichkeit zugänglich ist;

c) nationale Norm: Norm, die von einer nationalen Normungsorganisation angenommen wurde und der Öffentlichkeit zugänglich ist;

3. „Europäische technische Bewertung" bezeichnet eine dokumentierte Bewertung der Leistung eines Bauprodukts in Bezug auf seine wesentlichen Merkmale im Einklang mit dem betreffenden Europäischen Bewertungsdokument gemäß der Begriffsbestimmung in Artikel 2 Nummer 12 der Verordnung (EU) Nr. 305/2011 des Europäischen Parlaments und des Rates;

4. „gemeinsame technische Spezifikationen" sind technische Spezifikationen im IKT-Bereich, die gemäß den Artikeln 13 und 14 der Verordnung (EU) Nr. 1025/2012 festgelegt wurden;

5. „technische Bezugsgröße" bezeichnet jeden Bezugsrahmen, der keine europäische Norm ist und von den europäischen Normungsorganisationen nach den an die Bedürfnisse des Marktes angepassten Verfahren erarbeitet wurde.

VOB/B

- **Vergabe- und Vertragsordnung für Bauleistungen (VOB)**
- **Teil B**
- **Allgemeine Vertragsbedingungen für die Ausführung von Bauleistungen**
- **– Ausgabe 2016 –**

§ 1 Art und Umfang der Leistung

(1) Die auszuführende Leistung wird nach Art und Umfang durch den Vertrag bestimmt. Als Bestandteil des Vertrags gelten auch die Allgemeinen Technischen Vertragsbedingungen für Bauleistungen (VOB/C).

(2) Bei Widersprüchen im Vertrag gelten nacheinander:
1. die Leistungsbeschreibung,
2. die Besonderen Vertragsbedingungen,
3. etwaige Zusätzliche Vertragsbedingungen,
4. etwaige Zusätzliche Technische Vertragsbedingungen,
5. die Allgemeinen Technischen Vertragsbedingungen für Bauleistungen,
6. die Allgemeinen Vertragsbedingungen für die Ausführung von Bauleistungen.

(3) Änderungen des Bauentwurfs anzuordnen, bleibt dem Auftraggeber vorbehalten.

(4) Nicht vereinbarte Leistungen, die zur Ausführung der vertraglichen Leistung erforderlich werden, hat der Auftragnehmer auf Verlangen des Auftraggebers mit auszuführen, außer wenn sein Betrieb auf derartige Leistungen nicht eingerichtet ist. Andere Leistungen können dem Auftragnehmer nur mit seiner Zustimmung übertragen werden.

§ 2 Vergütung

(1) Durch die vereinbarten Preise werden alle Leistungen abgegolten, die nach der Leistungsbeschreibung, den Besonderen Vertragsbedingungen, den Zusätzlichen Vertragsbedingungen, den Zusätzlichen Technischen Vertragsbedingungen, den Allgemeinen Technischen Vertragsbedingungen für Bauleistungen und der gewerblichen Verkehrssitte zur vertraglichen Leistung gehören.

(2) Die Vergütung wird nach den vertraglichen Einheitspreisen und den tatsächlich ausgeführten Leistungen berechnet, wenn keine andere Berechnungsart (z. B. durch Pauschalsumme, nach Stundenlohnsätzen, nach Selbstkosten) vereinbart ist.

(3)
1. Weicht die ausgeführte Menge der unter einem Einheitspreis erfassten Leistung oder Teilleistung um nicht mehr als 10 v. H. von dem im Vertrag vorgesehenen Umfang ab, so gilt der vertragliche Einheitspreis.
2. Für die über 10 v. H. hinausgehende Überschreitung des Mengenansatzes ist auf Verlangen ein neuer Preis unter Berücksichtigung der Mehr- oder Minderkosten zu vereinbaren.
3. Bei einer über 10 v. H. hinausgehenden Unterschreitung des Mengenansatzes ist auf Verlangen der Einheitspreis für die tatsächlich ausgeführte Menge der Leistung oder Teilleistung zu erhöhen, soweit der Auftragnehmer nicht durch Erhöhung der Mengen bei anderen Ordnungszahlen (Positionen) oder in anderer Weise einen Ausgleich erhält. Die Erhöhung des Einheitspreises soll im Wesentlichen dem Mehrbetrag entsprechen, der sich durch Verteilung der Baustelleneinrichtungs- und Baustellengemeinkosten und der Allgemeinen Geschäftskosten auf die verringerte Menge ergibt. Die Umsatzsteuer wird entsprechend dem neuen Preis vergütet.

4. Sind von der unter einem Einheitspreis erfassten Leistung oder Teilleistung andere Leistungen abhängig, für die eine Pauschalsumme vereinbart ist, so kann mit der Änderung des Einheitspreises auch eine angemessene Änderung der Pauschalsumme gefordert werden.

(4) Werden im Vertrag ausbedungene Leistungen des Auftragnehmers vom Auftraggeber selbst übernommen (z. B. Lieferung von Bau-, Bauhilfs- und Betriebsstoffen), so gilt, wenn nichts anderes vereinbart wird, § 8 Absatz 1 Nummer 2 entsprechend.

(5) Werden durch Änderung des Bauentwurfs oder andere Anordnungen des Auftraggebers die Grundlagen des Preises für eine im Vertrag vorgesehene Leistung geändert, so ist ein neuer Preis unter Berücksichtigung der Mehr- oder Minderkosten zu vereinbaren. Die Vereinbarung soll vor der Ausführung getroffen werden.

(6)

1. Wird eine im Vertrag nicht vorgesehene Leistung gefordert, so hat der Auftragnehmer Anspruch auf besondere Vergütung. Er muss jedoch den Anspruch dem Auftraggeber ankündigen, bevor er mit der Ausführung der Leistung beginnt.

2. Die Vergütung bestimmt sich nach den Grundlagen der Preisermittlung für die vertragliche Leistung und den besonderen Kosten der geforderten Leistung. Sie ist möglichst vor Beginn der Ausführung zu vereinbaren.

(7)

1. Ist als Vergütung der Leistung eine Pauschalsumme vereinbart, so bleibt die Vergütung unverändert. Weicht jedoch die ausgeführte Leistung von der vertraglich vorgesehenen Leistung so erheblich ab, dass ein Festhalten an der Pauschalsumme nicht zumutbar ist (§ 313 BGB), so ist auf Verlangen ein Ausgleich unter Berücksichtigung der Mehr- oder Minderkosten zu gewähren. Für die Bemessung des Ausgleichs ist von den Grundlagen der Preisermittlung auszugehen.

2. Die Regelungen der Absatz 4, 5 und 6 gelten auch bei Vereinbarung einer Pauschalsumme.

3. Wenn nichts anderes vereinbart ist, gelten die Nummern 1 und 2 auch für Pauschalsummen, die für Teile der Leistung vereinbart sind; Absatz 3 Nummer 4 bleibt unberührt.

(8)

1. Leistungen, die der Auftragnehmer ohne Auftrag oder unter eigenmächtiger Abweichung vom Auftrag ausführt, werden nicht vergütet. Der Auftragnehmer hat sie auf Verlangen innerhalb einer angemessenen Frist zu beseitigen; sonst kann es auf seine Kosten geschehen. Er haftet außerdem für andere Schäden, die dem Auftraggeber hieraus entstehen.

2. Eine Vergütung steht dem Auftragnehmer jedoch zu, wenn der Auftraggeber solche Leistungen nachträglich anerkennt. Eine Vergütung steht ihm auch zu, wenn die Leistungen für die Erfüllung des Vertrags notwendig waren, dem mutmaßlichen Willen des Auftraggebers entsprachen und ihm unverzüglich angezeigt wurden. Soweit dem Auftragnehmer eine Vergütung zusteht, gelten die Berechnungsgrundlagen für geänderte oder zusätzliche Leistungen der Absätze 5 oder 6 entsprechend.

3. Die Vorschriften des BGB über die Geschäftsführung ohne Auftrag (§§ 677 ff. BGB) bleiben unberührt.

(9)

1. Verlangt der Auftraggeber Zeichnungen, Berechnungen oder andere Unterlagen, die der Auftragnehmer nach dem Vertrag, besonders den Technischen Vertragsbedingungen oder der gewerblichen Verkehrssitte, nicht zu beschaffen hat, so hat er sie zu vergüten.

2. Lässt er vom Auftragnehmer nicht aufgestellte technische Berechnungen durch den Auftragnehmer nachprüfen, so hat er die Kosten zu tragen.

(10) Stundenlohnarbeiten werden nur vergütet, wenn sie als solche vor ihrem Beginn ausdrücklich vereinbart worden sind (§ 15).

§ 3 Ausführungsunterlagen

(1) Die für die Ausführung nötigen Unterlagen sind dem Auftragnehmer unentgeltlich und rechtzeitig zu übergeben.

(2) Das Abstecken der Hauptachsen der baulichen Anlagen, ebenso der Grenzen des Geländes, das dem Auftragnehmer zur Verfügung gestellt wird, und das Schaffen der notwendigen Höhenfestpunkte in unmittelbarer Nähe der baulichen Anlagen sind Sache des Auftraggebers.

(3) Die vom Auftraggeber zur Verfügung gestellten Geländeaufnahmen und Absteckungen und die übrigen für die Ausführung übergebenen Unterlagen sind für den Auftragnehmer maßgebend. Jedoch hat er sie, soweit es zur ordnungsgemäßen Vertragserfüllung gehört, auf etwaige Unstimmigkeiten zu überprüfen und den Auftraggeber auf entdeckte oder vermutete Mängel hinzuweisen.

(4) Vor Beginn der Arbeiten ist, soweit notwendig, der Zustand der Straßen und Geländeoberfläche, der Vorfluter und Vorflutleitungen, ferner der baulichen Anlagen im Baubereich in einer Niederschrift festzuhalten, die vom Auftraggeber und Auftragnehmer anzuerkennen ist.

(5) Zeichnungen, Berechnungen, Nachprüfungen von Berechnungen oder andere Unterlagen, die der Auftragnehmer nach dem Vertrag, besonders den Technischen Vertragsbedingungen, oder der gewerblichen Verkehrssitte oder auf besonderes Verlangen des Auftraggebers (§ 2 Absatz 9) zu beschaffen hat, sind dem Auftraggeber nach Aufforderung rechtzeitig vorzulegen.

(6)

1. Die in Absatz 5 genannten Unterlagen dürfen ohne Genehmigung ihres Urhebers nicht veröffentlicht, vervielfältigt, geändert oder für einen anderen als den vereinbarten Zweck benutzt werden.

2. An DV-Programmen hat der Auftraggeber das Recht zur Nutzung mit den vereinbarten Leistungsmerkmalen in unveränderter Form auf den festgelegten Geräten. Der Auftraggeber darf zum Zwecke der Datensicherung zwei Kopien herstellen. Diese müssen alle Identifikationsmerkmale enthalten. Der Verbleib der Kopien ist auf Verlangen nachzuweisen.

3. Der Auftragnehmer bleibt unbeschadet des Nutzungsrechts des Auftraggebers zur Nutzung der Unterlagen und der DV-Programme berechtigt.

§ 4 Ausführung

(1)

1. Der Auftraggeber hat für die Aufrechterhaltung der allgemeinen Ordnung auf der Baustelle zu sorgen und das Zusammenwirken der verschiedenen Unternehmer zu regeln. Er hat die erforderlichen öffentlich-rechtlichen Genehmigungen und Erlaubnisse – z. B. nach dem Baurecht, dem Straßenverkehrsrecht, dem Wasserrecht, dem Gewerberecht – herbeizuführen.

2. Der Auftraggeber hat das Recht, die vertragsgemäße Ausführung der Leistung zu überwachen. Hierzu hat er Zutritt zu den Arbeitsplätzen, Werkstätten und Lagerräumen, wo die vertragliche Leistung oder Teile von ihr hergestellt oder die hierfür bestimmten Stoffe und Bauteile gelagert werden. Auf Verlangen sind ihm die Werkzeichnungen oder andere Ausführungsunterlagen sowie die Ergebnisse von Güteprüfungen zur Einsicht vorzulegen und die erforderlichen Auskünfte zu erteilen, wenn hierdurch keine Geschäftsgeheimnisse preisgegeben werden. Als Geschäftsgeheimnis bezeichnete Auskünfte und Unterlagen hat er vertraulich zu behandeln.

3. Der Auftraggeber ist befugt, unter Wahrung der dem Auftragnehmer zustehenden Leitung (Absatz 2) Anordnungen zu treffen, die zur vertragsgemäßen Ausführung der Leistung notwendig sind. Die Anordnungen sind grundsätzlich nur dem Auftragnehmer oder seinem für die Leitung der Ausführung bestellten Vertreter zu erteilen, außer wenn Gefahr im Verzug ist. Dem Auftraggeber ist mitzuteilen, wer jeweils als Vertreter des Auftragnehmers für die Leitung der Ausführung bestellt ist.

4. Hält der Auftragnehmer die Anordnungen des Auftraggebers für unberechtigt oder unzweckmäßig, so hat er seine Bedenken geltend zu machen, die Anordnungen jedoch auf Verlangen auszuführen, wenn nicht gesetzliche oder behördliche Bestimmungen entgegenstehen. Wenn dadurch eine ungerechtfertigte Erschwerung verursacht wird, hat der Auftraggeber die Mehrkosten zu tragen.

(2)

1. Der Auftragnehmer hat die Leistung unter eigener Verantwortung nach dem Vertrag auszuführen. Dabei hat er die anerkannten Regeln der Technik und die gesetzlichen und behördlichen Bestimmungen zu beachten. Es ist seine Sache, die Ausführung seiner vertraglichen Leistung zu leiten und für Ordnung auf seiner Arbeitsstelle zu sorgen.

2. Er ist für die Erfüllung der gesetzlichen, behördlichen und berufsgenossenschaftlichen Verpflichtungen gegenüber seinen Arbeitnehmern allein verantwortlich. Es ist ausschließlich seine Aufgabe, die Vereinbarungen und Maßnahmen zu treffen, die sein Verhältnis zu den Arbeitnehmern regeln.

(3) Hat der Auftragnehmer Bedenken gegen die vorgesehene Art der Ausführung (auch wegen der Sicherung gegen Unfallgefahren), gegen die Güte der vom Auftraggeber gelieferten Stoffe oder Bauteile oder gegen die Leistungen anderer Unternehmer, so hat er sie dem Auftraggeber unverzüglich – möglichst schon vor Beginn der Arbeiten – schriftlich mitzuteilen; der Auftraggeber bleibt jedoch für seine Angaben, Anordnungen oder Lieferungen verantwortlich.

(4) Der Auftraggeber hat, wenn nichts anderes vereinbart ist, dem Auftragnehmer unentgeltlich zur Benutzung oder Mitbenutzung zu überlassen:

1. die notwendigen Lager- und Arbeitsplätze auf der Baustelle,

2. vorhandene Zufahrtswege und Anschlussgleise,

3. vorhandene Anschlüsse für Wasser und Energie. Die Kosten für den Verbrauch und den Messer oder Zähler trägt der Auftragnehmer, mehrere Auftragnehmer tragen sie anteilig.

(5) Der Auftragnehmer hat die von ihm ausgeführten Leistungen und die ihm für die Ausführung übergebenen Gegenstände bis zur Abnahme vor Beschädigung und Diebstahl zu schützen. Auf Verlangen des Auftraggebers hat er sie vor Winterschäden und Grundwasser zu schützen, ferner Schnee und Eis zu beseitigen. Obliegt ihm die Verpflichtung nach Satz 2 nicht schon nach dem Vertrag, so regelt sich die Vergütung nach § 2 Absatz 6.

(6) Stoffe oder Bauteile, die dem Vertrag oder den Proben nicht entsprechen, sind auf Anordnung des Auftraggebers innerhalb einer von ihm bestimmten Frist von der Baustelle zu entfernen. Geschieht es nicht, so können sie auf Kosten des Auftragnehmers entfernt oder für seine Rechnung veräußert werden.

(7) Leistungen, die schon während der Ausführung als mangelhaft oder vertragswidrig erkannt werden, hat der Auftragnehmer auf eigene Kosten durch mangelfreie zu ersetzen. Hat der Auftragnehmer den Mangel oder die Vertragswidrigkeit zu vertreten, so hat er auch den daraus entstehenden Schaden zu ersetzen. Kommt der Auftragnehmer der Pflicht zur Beseitigung des Mangels nicht nach, so kann ihm der Auftraggeber eine angemessene Frist zur Beseitigung des Mangels setzen und erklären, dass er nach fruchtlosem Ablauf der Frist den Vertrag kündigen werde (§ 8 Absatz 3).

(8)

1. Der Auftragnehmer hat die Leistung im eigenen Betrieb auszuführen. Mit schriftlicher Zustimmung des Auftraggebers darf er sie an Nachunternehmer übertragen. Die Zustimmung ist nicht notwendig bei Leistungen, auf die der Betrieb des Auftragnehmers nicht eingerichtet ist. Erbringt der Auftragnehmer ohne schriftliche Zustimmung des Auftraggebers Leistungen nicht im eigenen Betrieb, obwohl sein Betrieb darauf eingerichtet ist, kann der Auftraggeber ihm eine angemessene Frist zur Aufnahme der Leistung im eigenen Betrieb setzen und erklären, dass er nach fruchtlosem Ablauf der Frist den Vertrag kündigen werde (§ 8 Absatz 3).

2. Der Auftragnehmer hat bei der Weitervergabe von Bauleistungen an Nachunternehmer die Vergabe- und Vertragsordnung für Bauleistungen Teile B und C zugrunde zu legen.

3. Der Auftragnehmer hat dem Auftraggeber die Nachunternehmer und deren Nachunternehmer ohne Aufforderung spätestens bis zum Leistungsbeginn des Nachunternehmers mit Namen, gesetzlichen Vertretern und Kontaktdaten bekannt zu geben. Auf Verlangen des Auftraggebers hat der Auftragnehmer für seine Nachunternehmer Erklärungen und Nachweise zur Eignung vorzulegen.

(9) Werden bei Ausführung der Leistung auf einem Grundstück Gegenstände von Altertums-, Kunst- oder wissenschaftlichem Wert entdeckt, so hat der Auftragnehmer vor jedem weiteren Aufdecken oder Ändern dem Auftraggeber den Fund anzuzeigen und ihm die Gegenstände nach näherer Weisung abzuliefern. Die Vergütung etwaiger Mehrkosten regelt sich nach § 2 Absatz 6. Die Rechte des Entdeckers (§ 984 BGB) hat der Auftraggeber.

(10) Der Zustand von Teilen der Leistung ist auf Verlangen gemeinsam von Auftraggeber und Auftragnehmer festzustellen, wenn diese Teile der Leistung durch die weitere Ausführung der Prüfung und Feststellung entzogen werden. Das Ergebnis ist schriftlich niederzulegen.

§ 5 Ausführungsfristen

(1) Die Ausführung ist nach den verbindlichen Fristen (Vertragsfristen) zu beginnen, angemessen zu fördern und zu vollenden. In einem Bauzeitenplan enthaltene Einzelfristen gelten nur dann als Vertragsfristen, wenn dies im Vertrag ausdrücklich vereinbart ist.

(2) Ist für den Beginn der Ausführung keine Frist vereinbart, so hat der Auftraggeber dem Auftragnehmer auf Verlangen Auskunft über den voraussichtlichen Beginn zu erteilen. Der Auftragnehmer hat innerhalb von 12 Werktagen nach Aufforderung zu beginnen. Der Beginn der Ausführung ist dem Auftraggeber anzuzeigen.

(3) Wenn Arbeitskräfte, Geräte, Gerüste, Stoffe oder Bauteile so unzureichend sind, dass die Ausführungsfristen offenbar nicht eingehalten werden können, muss der Auftragnehmer auf Verlangen unverzüglich Abhilfe schaffen.

(4) Verzögert der Auftragnehmer den Beginn der Ausführung, gerät er mit der Vollendung in Verzug, oder kommt er der in Absatz 3 erwähnten Verpflichtung nicht nach, so kann der Auftraggeber bei Aufrechterhaltung des Vertrages Schadensersatz nach § 6 Absatz 6 verlangen oder dem Auftragnehmer eine angemessene Frist zur Vertragserfüllung setzen und erklären, dass er nach fruchtlosem Ablauf der Frist den Vertrag kündigen werde (§ 8 Absatz 3).

§ 6 Behinderung und Unterbrechung der Ausführung

(1) Glaubt sich der Auftragnehmer in der ordnungsgemäßen Ausführung der Leistung behindert, so hat er es dem Auftraggeber unverzüglich schriftlich anzuzeigen. Unterlässt er die Anzeige, so hat er nur dann Anspruch auf Berücksichtigung der hindernden Umstände, wenn dem Auftraggeber offenkundig die Tatsache und deren hindernde Wirkung bekannt waren.

(2)
1. Ausführungsfristen werden verlängert, soweit die Behinderung verursacht ist:
   a) durch einen Umstand aus dem Risikobereich des Auftraggebers,
   b) durch Streik oder eine von der Berufsvertretung der Arbeitgeber angeordnete Aussperrung im Betrieb des Auftragnehmers oder in einem unmittelbar für ihn arbeitenden Betrieb,
   c) durch höhere Gewalt oder andere für den Auftragnehmer unabwendbare Umstände.

2. Witterungseinflüsse während der Ausführungszeit, mit denen bei Abgabe des Angebots normalerweise gerechnet werden musste, gelten nicht als Behinderung.

(3) Der Auftragnehmer hat alles zu tun, was ihm billigerweise zugemutet werden kann, um die Weiterführung der Arbeiten zu ermöglichen. Sobald die hindernden Umstände wegfallen, hat er ohne weiteres und unverzüglich die Arbeiten wieder aufzunehmen und den Auftraggeber davon zu benachrichtigen.

(4) Die Fristverlängerung wird berechnet nach der Dauer der Behinderung mit einem Zuschlag für die Wiederaufnahme der Arbeiten und die etwaige Verschiebung in eine ungünstigere Jahreszeit.

(5) Wird die Ausführung für voraussichtlich längere Dauer unterbrochen, ohne dass die Leistung dauernd unmöglich wird, so sind die ausgeführten Leistungen nach den Vertragspreisen abzurechnen und außerdem die Kosten zu vergüten, die dem Auftragnehmer bereits entstanden und in den Vertragspreisen des nicht ausgeführten Teils der Leistung enthalten sind.

(6) Sind die hindernden Umstände von einem Vertragsteil zu vertreten, so hat der andere Teil Anspruch auf Ersatz des nachweislich entstandenen Schadens, des entgangenen Gewinns aber nur bei Vorsatz oder grober Fahrlässigkeit. Im Übrigen bleibt der Anspruch des Auftragnehmers auf angemessene Entschädigung nach § 642 BGB unberührt, sofern die Anzeige nach Absatz 1 Satz 1 erfolgt oder wenn Offenkundigkeit nach Absatz 1 Satz 2 gegeben ist.

(7) Dauert eine Unterbrechung länger als 3 Monate, so kann jeder Teil nach Ablauf dieser Zeit den Vertrag schriftlich kündigen. Die Abrechnung regelt sich nach den Absätzen 5 und 6; wenn der Auftragnehmer die Unterbrechung nicht zu vertreten hat, sind auch die Kosten der Baustellenräumung zu vergüten, soweit sie nicht in der Vergütung für die bereits ausgeführten Leistungen enthalten sind.

§ 7 Verteilung der Gefahr

(1) Wird die ganz oder teilweise ausgeführte Leistung vor der Abnahme durch höhere Gewalt, Krieg, Aufruhr oder andere objektiv unabwendbare vom Auftragnehmer nicht zu vertretende Umstände beschädigt oder zerstört, so hat dieser für die ausgeführten Teile der Leistung die Ansprüche nach § 6 Absatz 5; für andere Schäden besteht keine gegenseitige Ersatzpflicht.

(2) Zu der ganz oder teilweise ausgeführten Leistung gehören alle mit der baulichen Anlage unmittelbar verbundenen, in ihre Substanz eingegangenen Leistungen, unabhängig von deren Fertigstellungsgrad.

(3) Zu der ganz oder teilweise ausgeführten Leistung gehören nicht die noch nicht eingebauten Stoffe und Bauteile sowie die Baustelleneinrichtung und Absteckungen. Zu der ganz oder teilweise ausgeführten Leistung gehören ebenfalls nicht Hilfskonstruktionen und Gerüste, auch wenn diese als Besondere Leistung oder selbständig vergeben sind.

§ 8 Kündigung durch den Auftraggeber

(1)
1. Der Auftraggeber kann bis zur Vollendung der Leistung jederzeit den Vertrag kündigen.
2. Dem Auftragnehmer steht die vereinbarte Vergütung zu. Er muss sich jedoch anrechnen lassen, was er infolge der Aufhebung des Vertrags an Kosten erspart oder durch anderweitige Verwendung seiner Arbeitskraft und seines Betriebs erwirbt oder zu erwerben böswillig unterlässt (§ 649 BGB).

(2)
1. Der Auftraggeber kann den Vertrag kündigen, wenn der Auftragnehmer seine Zahlungen einstellt, von ihm oder zulässigerweise vom Auftraggeber oder einem anderen Gläubiger das Insolvenzverfahren (§§ 14 und 15 InsO) beziehungsweise ein vergleichbares gesetzliches Verfahren beantragt ist, ein solches Verfahren eröffnet wird oder dessen Eröffnung mangels Masse abgelehnt wird.
2. Die ausgeführten Leistungen sind nach § 6 Absatz 5 abzurechnen. Der Auftraggeber kann Schadensersatz wegen Nichterfüllung des Restes verlangen.

(3)
1. Der Auftraggeber kann den Vertrag kündigen, wenn in den Fällen des § 4 Absätze 7 und 8 Nummer 1 und des § 5 Absatz 4 die gesetzte Frist fruchtlos abgelaufen ist. Die Kündigung kann auf einen in sich abgeschlossenen Teil der vertraglichen Leistung beschränkt werden.
2. Nach der Kündigung ist der Auftraggeber berechtigt, den noch nicht vollendeten Teil der Leistung zu Lasten des Auftragnehmers durch einen Dritten ausführen zu lassen, doch bleiben seine Ansprüche auf Ersatz des etwa entstehenden weiteren Schadens bestehen. Er ist auch berechtigt, auf die weitere Ausführung zu verzichten und Schadensersatz wegen Nichterfüllung zu verlangen, wenn die Ausführung aus den Gründen, die zur Kündigung geführt haben, für ihn kein Interesse mehr hat.
3. Für die Weiterführung der Arbeiten kann der Auftraggeber Geräte, Gerüste, auf der Baustelle vorhandene andere Einrichtungen und angelieferte Stoffe und Bauteile gegen angemessene Vergütung in Anspruch nehmen.
4. Der Auftraggeber hat dem Auftragnehmer eine Aufstellung über die entstandenen Mehrkosten und über seine anderen Ansprüche spätestens binnen 12 Werktagen nach Abrechnung mit dem Dritten zuzusenden.

(4) Der Auftraggeber kann den Vertrag kündigen,
1. wenn der Auftragnehmer aus Anlass der Vergabe eine Abrede getroffen hatte, die eine unzulässige Wettbewerbsbeschränkung darstellt. Absatz 3 Nummer 1 Satz 2 und Nummer 2 bis 4 gilt entsprechend.
2. sofern dieser im Anwendungsbereich des 4. Teils des GWB geschlossen wurde,
   a) wenn der Auftragnehmer wegen eines zwingenden Ausschlussgrundes zum Zeitpunkt des Zuschlags nicht hätte beauftragt werden dürfen. Absatz 3 Nummer 1 Satz 2 und Nummer 2 bis 4 gilt entsprechend.

b) bei wesentlicher Änderung des Vertrages oder bei Feststellung einer schweren Verletzung der Verträge über die Europäische Union und die Arbeitsweise der Europäischen Union durch den Europäischen Gerichtshof. Die ausgeführten Leistungen sind nach § 6 Absatz 5 abzurechnen. Etwaige Schadensersatzansprüche der Parteien bleiben unberührt.

Die Kündigung ist innerhalb von 12 Werktagen nach Bekanntwerden des Kündigungsgrundes auszusprechen.

(5) Sofern der Auftragnehmer die Leistung, ungeachtet des Anwendungsbereichs des 4. Teils des GWB, ganz oder teilweise an Nachunternehmer weitervergeben hat, steht auch ihm das Kündigungsrecht gemäß Absatz 4 Nummer 2 Buchstabe b zu, wenn der ihn als Auftragnehmer verpflichtende Vertrag (Hauptauftrag) gemäß Absatz 4 Nummer 2 Buchstabe b gekündigt wurde. Entsprechendes gilt für jeden Auftraggeber der Nachunternehmerkette, sofern sein jeweiliger Auftraggeber den Vertrag gemäß Satz 1 gekündigt hat.

(6) Die Kündigung ist schriftlich zu erklären.

(7) Der Auftragnehmer kann Aufmaß und Abnahme der von ihm ausgeführten Leistungen alsbald nach der Kündigung verlangen; er hat unverzüglich eine prüfbare Rechnung über die ausgeführten Leistungen vorzulegen.

(8) Eine wegen Verzugs verwirkte, nach Zeit bemessene Vertragsstrafe kann nur für die Zeit bis zum Tag der Kündigung des Vertrags gefordert werden.

§ 9 Kündigung durch den Auftragnehmer

(1) Der Auftragnehmer kann den Vertrag kündigen:

1. wenn der Auftraggeber eine ihm obliegende Handlung unterlässt und dadurch den Auftragnehmer außerstande setzt, die Leistung auszuführen (Annahmeverzug nach §§ 293 ff. BGB),

2. wenn der Auftraggeber eine fällige Zahlung nicht leistet oder sonst in Schuldnerverzug gerät.

(2) Die Kündigung ist schriftlich zu erklären. Sie ist erst zulässig, wenn der Auftragnehmer dem Auftraggeber ohne Erfolg eine angemessene Frist zur Vertragserfüllung gesetzt und erklärt hat, dass er nach fruchtlosem Ablauf der Frist den Vertrag kündigen werde.

(3) Die bisherigen Leistungen sind nach den Vertragspreisen abzurechnen. Außerdem hat der Auftragnehmer Anspruch auf angemessene Entschädigung nach § 642 BGB; etwaige weitergehende Ansprüche des Auftragnehmers bleiben unberührt.

§ 10 Haftung der Vertragsparteien

(1) Die Vertragsparteien haften einander für eigenes Verschulden sowie für das Verschulden ihrer gesetzlichen Vertreter und der Personen, deren sie sich zur Erfüllung ihrer Verbindlichkeiten bedienen (§§ 276, 278 BGB).

(2)

1. Entsteht einem Dritten im Zusammenhang mit der Leistung ein Schaden, für den auf Grund gesetzlicher Haftpflichtbestimmungen beide Vertragsparteien haften, so gelten für den Ausgleich zwischen den Vertragsparteien die allgemeinen gesetzlichen Be-

stimmungen, soweit im Einzelfall nichts anderes vereinbart ist. Soweit der Schaden des Dritten nur die Folge einer Maßnahme ist, die der Auftraggeber in dieser Form angeordnet hat, trägt er den Schaden allein, wenn ihn der Auftragnehmer auf die mit der angeordneten Ausführung verbundene Gefahr nach § 4 Absatz 3 hingewiesen hat.

2. Der Auftragnehmer trägt den Schaden allein, soweit er ihn durch Versicherung seiner gesetzlichen Haftpflicht gedeckt hat oder durch eine solche zu tarifmäßigen, nicht auf außergewöhnliche Verhältnisse abgestellten Prämien und Prämienzuschlägen bei einem im Inland zum Geschäftsbetrieb zugelassenen Versicherer hätte decken können.

(3) Ist der Auftragnehmer einem Dritten nach den §§ 823 ff. BGB zu Schadensersatz verpflichtet wegen unbefugten Betretens oder Beschädigung angrenzender Grundstücke, wegen Entnahme oder Auflagerung von Boden oder anderen Gegenständen außerhalb der vom Auftraggeber dazu angewiesenen Flächen oder wegen der Folgen eigenmächtiger Versperrung von Wegen oder Wasserläufen, so trägt er im Verhältnis zum Auftraggeber den Schaden allein.

(4) Für die Verletzung gewerblicher Schutzrechte haftet im Verhältnis der Vertragsparteien zueinander der Auftragnehmer allein, wenn er selbst das geschützte Verfahren oder die Verwendung geschützter Gegenstände angeboten oder wenn der Auftraggeber die Verwendung vorgeschrieben und auf das Schutzrecht hingewiesen hat.

(5) Ist eine Vertragspartei gegenüber der anderen nach den Absätzen 2, 3 oder 4 von der Ausgleichspflicht befreit, so gilt diese Befreiung auch zugunsten ihrer gesetzlichen Vertreter und Erfüllungsgehilfen, wenn sie nicht vorsätzlich oder grob fahrlässig gehandelt haben.

(6) Soweit eine Vertragspartei von dem Dritten für einen Schaden in Anspruch genommen wird, den nach den Absätzen 2, 3 oder 4 die andere Vertragspartei zu tragen hat, kann sie verlangen, dass ihre Vertragspartei sie von der Verbindlichkeit gegenüber dem Dritten befreit. Sie darf den Anspruch des Dritten nicht anerkennen oder befriedigen, ohne der anderen Vertragspartei vorher Gelegenheit zur Äußerung gegeben zu haben.

§ 11 Vertragsstrafe

(1) Wenn Vertragsstrafen vereinbart sind, gelten die §§ 339 bis 345 BGB.

(2) Ist die Vertragsstrafe für den Fall vereinbart, dass der Auftragnehmer nicht in der vorgesehenen Frist erfüllt, so wird sie fällig, wenn der Auftragnehmer in Verzug gerät.

(3) Ist die Vertragsstrafe nach Tagen bemessen, so zählen nur Werktage; ist sie nach Wochen bemessen, so wird jeder Werktag angefangener Wochen als 1/6 Woche gerechnet.

(4) Hat der Auftraggeber die Leistung abgenommen, so kann er die Strafe nur verlangen, wenn er dies bei der Abnahme vorbehalten hat.

§ 12 Abnahme

(1) Verlangt der Auftragnehmer nach der Fertigstellung – gegebenenfalls auch vor Ablauf der vereinbarten Ausführungsfrist – die Abnahme der Leistung, so hat sie der Auftraggeber binnen 12 Werktagen durchzuführen; eine andere Frist kann vereinbart werden.

(2) Auf Verlangen sind in sich abgeschlossene Teile der Leistung besonders abzunehmen.

(3) Wegen wesentlicher Mängel kann die Abnahme bis zur Beseitigung verweigert werden.

(4)
1. Eine förmliche Abnahme hat stattzufinden, wenn eine Vertragspartei es verlangt. Jede Partei kann auf ihre Kosten einen Sachverständigen zuziehen. Der Befund ist in gemeinsamer Verhandlung schriftlich niederzulegen. In die Niederschrift sind etwaige Vorbehalte wegen bekannter Mängel und wegen Vertragsstrafen aufzunehmen, ebenso etwaige Einwendungen des Auftragnehmers. Jede Partei erhält eine Ausfertigung.
2. Die förmliche Abnahme kann in Abwesenheit des Auftragnehmers stattfinden, wenn der Termin vereinbart war oder der Auftraggeber mit genügender Frist dazu eingeladen hatte. Das Ergebnis der Abnahme ist dem Auftragnehmer alsbald mitzuteilen.

(5)
1. Wird keine Abnahme verlangt, so gilt die Leistung als abgenommen mit Ablauf von 12 Werktagen nach schriftlicher Mitteilung über die Fertigstellung der Leistung.
2. Wird keine Abnahme verlangt und hat der Auftraggeber die Leistung oder einen Teil der Leistung in Benutzung genommen, so gilt die Abnahme nach Ablauf von 6 Werktagen nach Beginn der Benutzung als erfolgt, wenn nichts anderes vereinbart ist. Die Benutzung von Teilen einer baulichen Anlage zur Weiterführung der Arbeiten gilt nicht als Abnahme.
3. Vorbehalte wegen bekannter Mängel oder wegen Vertragsstrafen hat der Auftraggeber spätestens zu den in den Nummern 1 und 2 bezeichneten Zeitpunkten geltend zu machen.

(6) Mit der Abnahme geht die Gefahr auf den Auftraggeber über, soweit er sie nicht schon nach § 7 trägt.

§ 13 Mängelansprüche

(1) Der Auftragnehmer hat dem Auftraggeber seine Leistung zum Zeitpunkt der Abnahme frei von Sachmängeln zu verschaffen. Die Leistung ist zur Zeit der Abnahme frei von Sachmängeln, wenn sie die vereinbarte Beschaffenheit hat und den anerkannten Regeln der Technik entspricht. Ist die Beschaffenheit nicht vereinbart, so ist die Leistung zur Zeit der Abnahme frei von Sachmängeln,
1. wenn sie sich für die nach dem Vertrag vorausgesetzte, sonst
2. für die gewöhnliche Verwendung eignet und eine Beschaffenheit aufweist, die bei Werken der gleichen Art üblich ist und die der Auftraggeber nach der Art der Leistung erwarten kann.

(2) Bei Leistungen nach Probe gelten die Eigenschaften der Probe als vereinbarte Beschaffenheit, soweit nicht Abweichungen nach der Verkehrssitte als bedeutungslos anzusehen sind. Dies gilt auch für Proben, die erst nach Vertragsabschluss als solche anerkannt sind.

(3) Ist ein Mangel zurückzuführen auf die Leistungsbeschreibung oder auf Anordnungen des Auftraggebers, auf die von diesem gelieferten oder vorgeschriebenen Stoffe oder Bauteile oder die Beschaffenheit der Vorleistung eines anderen Unternehmers, haftet der Auftragnehmer, es sei denn, er hat die ihm nach § 4 Absatz 3 obliegende Mitteilung gemacht.

(4)

1. Ist für Mängelansprüche keine Verjährungsfrist im Vertrag vereinbart, so beträgt sie für Bauwerke 4 Jahre, für andere Werke, deren Erfolg in der Herstellung, Wartung oder Veränderung einer Sache besteht, und für die vom Feuer berührten Teile von Feuerungsanlagen 2 Jahre. Abweichend von Satz 1 beträgt die Verjährungsfrist für feuerberührte und abgasdämmende Teile von industriellen Feuerungsanlagen 1 Jahr.

2. Ist für Teile von maschinellen und elektrotechnischen/elektronischen Anlagen, bei denen die Wartung Einfluss auf Sicherheit und Funktionsfähigkeit hat, nichts anderes vereinbart, beträgt für diese Anlagenteile die Verjährungsfrist für Mängelansprüche abweichend von Nummer 1 zwei Jahre, wenn der Auftraggeber sich dafür entschieden hat, dem Auftragnehmer die Wartung für die Dauer der Verjährungsfrist nicht zu übertragen; dies gilt auch, wenn für weitere Leistungen eine andere Verjährungsfrist vereinbart ist.

3. Die Frist beginnt mit der Abnahme der gesamten Leistung; nur für in sich abgeschlossene Teile der Leistung beginnt sie mit der Teilabnahme (§ 12 Absatz 2).

(5)

1. Der Auftragnehmer ist verpflichtet, alle während der Verjährungsfrist hervortretenden Mängel, die auf vertragswidrige Leistung zurückzuführen sind, auf seine Kosten zu beseitigen, wenn es der Auftraggeber vor Ablauf der Frist schriftlich verlangt. Der Anspruch auf Beseitigung der gerügten Mängel verjährt in 2 Jahren, gerechnet vom Zugang des schriftlichen Verlangens an, jedoch nicht vor Ablauf der Regelfristen nach Absatz 4 oder der an ihrer Stelle vereinbarten Frist. Nach Abnahme der Mängelbeseitigungsleistung beginnt für diese Leistung eine Verjährungsfrist von 2 Jahren neu, die jedoch nicht vor Ablauf der Regelfristen nach Absatz 4 oder der an ihrer Stelle vereinbarten Frist endet.

2. Kommt der Auftragnehmer der Aufforderung zur Mängelbeseitigung in einer vom Auftraggeber gesetzten angemessenen Frist nicht nach, so kann der Auftraggeber die Mängel auf Kosten des Auftragnehmers beseitigen lassen.

(6) Ist die Beseitigung des Mangels für den Auftraggeber unzumutbar oder ist sie unmöglich oder würde sie einen unverhältnismäßig hohen Aufwand erfordern und wird sie deshalb vom Auftragnehmer verweigert, so kann der Auftraggeber durch Erklärung gegenüber dem Auftragnehmer die Vergütung mindern (§ 638 BGB).

(7)

1. Der Auftragnehmer haftet bei schuldhaft verursachten Mängeln für Schäden aus der Verletzung des Lebens, des Körpers oder der Gesundheit.

2. Bei vorsätzlich oder grob fahrlässig verursachten Mängeln haftet er für alle Schäden.

3. Im Übrigen ist dem Auftraggeber der Schaden an der baulichen Anlage zu ersetzen, zu deren Herstellung, Instandhaltung oder Änderung die Leistung dient, wenn ein wesentlicher Mangel vorliegt, der die Gebrauchsfähigkeit erheblich beeinträchtigt und auf ein Verschulden des Auftragnehmers zurückzuführen ist. Einen darüber hinausgehenden Schaden hat der Auftragnehmer nur dann zu ersetzen,

   a) wenn der Mangel auf einem Verstoß gegen die anerkannten Regeln der Technik beruht,

b) wenn der Mangel in dem Fehlen einer vertraglich vereinbarten Beschaffenheit besteht oder

c) soweit der Auftragnehmer den Schaden durch Versicherung seiner gesetzlichen Haftpflicht gedeckt hat oder durch eine solche zu tarifmäßigen, nicht auf außerge-wöhnliche Verhältnisse abgestellten Prämien und Prämienzuschlägen bei einem im Inland zum Geschäftsbetrieb zugelassenen Versicherer hätte decken können.

4. Abweichend von Absatz 4 gelten die gesetzlichen Verjährungsfristen, soweit sich der Auftragnehmer nach Nummer 3 durch Versicherung geschützt hat oder hätte schützen können oder soweit ein besonderer Versicherungsschutz vereinbart ist.

5. Eine Einschränkung oder Erweiterung der Haftung kann in begründeten Sonderfällen vereinbart werden.

§ 14 Abrechnung

(1) Der Auftragnehmer hat seine Leistungen prüfbar abzurechnen. Er hat die Rechnungen übersichtlich aufzustellen und dabei die Reihenfolge der Posten einzuhalten und die in den Vertragsbestandteilen enthaltenen Bezeichnungen zu verwenden. Die zum Nachweis von Art und Umfang der Leistung erforderlichen Mengenberechnungen, Zeichnungen und andere Belege sind beizufügen. Änderungen und Ergänzungen des Vertrags sind in der Rechnung besonders kenntlich zu machen; sie sind auf Verlangen getrennt abzu-rechnen.

(2) Die für die Abrechnung notwendigen Feststellungen sind dem Fortgang der Leistung entsprechend möglichst gemeinsam vorzunehmen. Die Abrechnungsbestimmungen in den Technischen Vertragsbedingungen und den anderen Vertragsunterlagen sind zu be-achten. Für Leistungen, die bei Weiterführung der Arbeiten nur schwer feststellbar sind, hat der Auftragnehmer rechtzeitig gemeinsame Feststellungen zu beantragen.

(3) Die Schlussrechnung muss bei Leistungen mit einer vertraglichen Ausführungsfrist von höchstens 3 Monaten spätestens 12 Werktage nach Fertigstellung eingereicht werden, wenn nichts anderes vereinbart ist; diese Frist wird um je 6 Werktage für je weitere 3 Monate Ausführungsfrist verlängert.

(4) Reicht der Auftragnehmer eine prüfbare Rechnung nicht ein, obwohl ihm der Auftrag-geber dafür eine angemessene Frist gesetzt hat, so kann sie der Auftraggeber selbst auf Kosten des Auftragnehmers aufstellen.

§ 15 Stundenlohnarbeiten

(1)

1. Stundenlohnarbeiten werden nach den vertraglichen Vereinbarungen abgerechnet.

2. Soweit für die Vergütung keine Vereinbarungen getroffen worden sind, gilt die orts-übliche Vergütung. Ist diese nicht zu ermitteln, so werden die Aufwendungen des Auftragnehmers für Lohn- und Gehaltskosten der Baustelle, Lohn- und Gehaltsne-benkosten der Baustelle, Stoffkosten der Baustelle, Kosten der Einrichtungen, Geräte, Maschinen und maschinellen Anlagen der Baustelle, Fracht-, Fuhr- und Ladekosten, Sozialkassenbeiträge und Sonderkosten, die bei wirtschaftlicher Betriebsführung ent-

stehen, mit angemessenen Zuschlägen für Gemeinkosten und Gewinn (einschließlich allgemeinem Unternehmerwagnis) zuzüglich Umsatzsteuer vergütet.

(2) Verlangt der Auftraggeber, dass die Stundenlohnarbeiten durch einen Polier oder eine andere Aufsichtsperson beaufsichtigt werden, oder ist die Aufsicht nach den einschlägigen Unfallverhütungsvorschriften notwendig, so gilt Absatz 1 entsprechend.

(3) Dem Auftraggeber ist die Ausführung von Stundenlohnarbeiten vor Beginn anzuzeigen. Über die geleisteten Arbeitsstunden und den dabei erforderlichen, besonders zu vergütenden Aufwand für den Verbrauch von Stoffen, für Vorhaltung von Einrichtungen, Geräten, Maschinen und maschinellen Anlagen, für Frachten, Fuhr- und Ladeleistungen sowie etwaige Sonderkosten sind, wenn nichts anderes vereinbart ist, je nach der Verkehrssitte werktäglich oder wöchentlich Listen (Stundenlohnzettel) einzureichen. Der Auftraggeber hat die von ihm bescheinigten Stundenlohnzettel unverzüglich, spätestens jedoch innerhalb von 6 Werktagen nach Zugang, zurückzugeben. Dabei kann er Einwendungen auf den Stundenlohnzetteln oder gesondert schriftlich erheben. Nicht fristgemäß zurückgegebene Stundenlohnzettel gelten als anerkannt.

(4) Stundenlohnrechnungen sind alsbald nach Abschluss der Stundenlohnarbeiten, längstens jedoch in Abständen von 4 Wochen, einzureichen. Für die Zahlung gilt § 16.

(5) Wenn Stundenlohnarbeiten zwar vereinbart waren, über den Umfang der Stundenlohnleistungen aber mangels rechtzeitiger Vorlage der Stundenlohnzettel Zweifel bestehen, so kann der Auftraggeber verlangen, dass für die nachweisbar ausgeführten Leistungen eine Vergütung vereinbart wird, die nach Maßgabe von Absatz 1 Nummer 2 für einen wirtschaftlich vertretbaren Aufwand an Arbeitszeit und Verbrauch von Stoffen, für Vorhaltung von Einrichtungen, Geräten, Maschinen und maschinellen Anlagen, für Frachten, Fuhr- und Ladeleistungen sowie etwaige Sonderkosten ermittelt wird.

§ 16 Zahlung

(1)

1. Abschlagszahlungen sind auf Antrag in möglichst kurzen Zeitabständen oder zu den vereinbarten Zeitpunkten zu gewähren, und zwar in Höhe des Wertes der jeweils nachgewiesenen vertragsgemäßen Leistungen einschließlich des ausgewiesenen, darauf entfallenden Umsatzsteuerbetrages. Die Leistungen sind durch eine prüfbare Aufstellung nachzuweisen, die eine rasche und sichere Beurteilung der Leistungen ermöglichen muss. Als Leistungen gelten hierbei auch die für die geforderte Leistung eigens angefertigten und bereitgestellten Bauteile sowie die auf der Baustelle angelieferten Stoffe und Bauteile, wenn dem Auftraggeber nach seiner Wahl das Eigentum an ihnen übertragen ist oder entsprechende Sicherheit gegeben wird.

2. Gegenforderungen können einbehalten werden. Andere Einbehalte sind nur in den im Vertrag und in den gesetzlichen Bestimmungen vorgesehenen Fällen zulässig.

3. Ansprüche auf Abschlagszahlungen werden binnen 21 Tagen nach Zugang der Aufstellung fällig.

4. Die Abschlagszahlungen sind ohne Einfluss auf die Haftung des Auftragnehmers; sie gelten nicht als Abnahme von Teilen der Leistung.

(2)

1. Vorauszahlungen können auch nach Vertragsabschluss vereinbart werden; hierfür ist auf Verlangen des Auftraggebers ausreichende Sicherheit zu leisten. Diese Vorauszahlungen sind, sofern nichts anderes vereinbart wird, mit 3 v. H. über dem Basiszinssatz des § 247 BGB zu verzinsen.

2. Vorauszahlungen sind auf die nächstfälligen Zahlungen anzurechnen, soweit damit Leistungen abzugelten sind, für welche die Vorauszahlungen gewährt worden sind.

(3)

1. Der Anspruch auf Schlusszahlung wird alsbald nach Prüfung und Feststellung fällig, spätestens innerhalb von 30 Tagen nach Zugang der Schlussrechnung. Die Frist verlängert sich auf höchstens 60 Tage, wenn sie aufgrund der besonderen Natur oder Merkmale der Vereinbarung sachlich gerechtfertigt ist und ausdrücklich vereinbart wurde. Werden Einwendungen gegen die Prüfbarkeit unter Angabe der Gründe nicht bis zum Ablauf der jeweiligen Frist erhoben, kann der Auftraggeber sich nicht mehr auf die fehlende Prüfbarkeit berufen. Die Prüfung der Schlussrechnung ist nach Möglichkeit zu beschleunigen. Verzögert sie sich, so ist das unbestrittene Guthaben als Abschlagszahlung sofort zu zahlen.

2. Die vorbehaltlose Annahme der Schlusszahlung schließt Nachforderungen aus, wenn der Auftragnehmer über die Schlusszahlung schriftlich unterrichtet und auf die Ausschlusswirkung hingewiesen wurde.

3. Einer Schlusszahlung steht es gleich, wenn der Auftraggeber unter Hinweis auf geleistete Zahlungen weitere Zahlungen endgültig und schriftlich ablehnt.

4. Auch früher gestellte, aber unerledigte Forderungen werden ausgeschlossen, wenn sie nicht nochmals vorbehalten werden.

5. Ein Vorbehalt ist innerhalb von 28 Tagen nach Zugang der Mitteilung nach den Nummern 2 und 3 über die Schlusszahlung zu erklären. Er wird hinfällig, wenn nicht innerhalb von weiteren 28 Tagen – beginnend am Tag nach Ablauf der in Satz 1 genannten 28 Tage – eine prüfbare Rechnung über die vorbehaltenen Forderungen eingereicht oder, wenn das nicht möglich ist, der Vorbehalt eingehend begründet wird.

6. Die Ausschlussfristen gelten nicht für ein Verlangen nach Richtigstellung der Schlussrechnung und -zahlung wegen Aufmaß-, Rechen- und Übertragungsfehlern.

(4) In sich abgeschlossene Teile der Leistung können nach Teilabnahme ohne Rücksicht auf die Vollendung der übrigen Leistungen endgültig festgestellt und bezahlt werden.

(5)

1. Alle Zahlungen sind aufs Äußerste zu beschleunigen.

2. Nicht vereinbarte Skontoabzüge sind unzulässig.

3. Zahlt der Auftraggeber bei Fälligkeit nicht, so kann ihm der Auftragnehmer eine angemessene Nachfrist setzen. Zahlt er auch innerhalb der Nachfrist nicht, so hat der Auftragnehmer vom Ende der Nachfrist an Anspruch auf Zinsen in Höhe der in § 288 Absatz 2 BGB angegebenen Zinssätze, wenn er nicht einen höheren Verzugsschaden nachweist. Der Auftraggeber kommt jedoch, ohne dass es einer Nachfristsetzung bedarf, spätestens 30 Tage nach Zugang der Rechnung oder der Aufstellung bei Ab-

schlagszahlungen in Zahlungsverzug, wenn der Auftragnehmer seine vertraglichen und gesetzlichen Verpflichtungen erfüllt und den fälligen Entgeltbetrag nicht rechtzeitig erhalten hat, es sei denn, der Auftraggeber ist für den Zahlungsverzug nicht verantwortlich. Die Frist verlängert sich auf höchstens 60 Tage, wenn sie aufgrund der besonderen Natur oder Merkmale der Vereinbarung sachlich gerechtfertigt ist und ausdrücklich vereinbart wurde.

4. Der Auftragnehmer darf die Arbeiten bei Zahlungsverzug bis zur Zahlung einstellen, sofern eine dem Auftraggeber zuvor gesetzte angemessene Frist erfolglos verstrichen ist.

(6) Der Auftraggeber ist berechtigt, zur Erfüllung seiner Verpflichtungen aus den Absätzen 1 bis 5 Zahlungen an Gläubiger des Auftragnehmers zu leisten, soweit sie an der Ausführung der vertraglichen Leistung des Auftragnehmers aufgrund eines mit diesem abgeschlossenen Dienst- oder Werkvertrags beteiligt sind, wegen Zahlungsverzugs des Auftragnehmers die Fortsetzung ihrer Leistung zu Recht verweigern und die Direktzahlung die Fortsetzung der Leistung sicherstellen soll. Der Auftragnehmer ist verpflichtet, sich auf Verlangen des Auftraggebers innerhalb einer von diesem gesetzten Frist darüber zu erklären, ob und inwieweit er die Forderungen seiner Gläubiger anerkennt; wird diese Erklärung nicht rechtzeitig abgegeben, so gelten die Voraussetzungen für die Direktzahlung als anerkannt.

§ 17 Sicherheitsleistung

(1)
1. Wenn Sicherheitsleistung vereinbart ist, gelten die §§ 232 bis 240 BGB, soweit sich aus den nachstehenden Bestimmungen nichts anderes ergibt.
2. Die Sicherheit dient dazu, die vertragsgemäße Ausführung der Leistung und die Mängelansprüche sicherzustellen.

(2) Wenn im Vertrag nichts anderes vereinbart ist, kann Sicherheit durch Einbehalt oder Hinterlegung von Geld oder durch Bürgschaft eines Kreditinstituts oder Kreditversicherers geleistet werden, sofern das Kreditinstitut oder der Kreditversicherer
1. in der Europäischen Gemeinschaft oder
2. in einem Staat der Vertragsparteien des Abkommens über den Europäischen Wirtschaftsraum oder
3. in einem Staat der Vertragsparteien des WTO-Übereinkommens über das öffentliche Beschaffungswesen
zugelassen ist.

(3) Der Auftragnehmer hat die Wahl unter den verschiedenen Arten der Sicherheit; er kann eine Sicherheit durch eine andere ersetzen.

(4) Bei Sicherheitsleistung durch Bürgschaft ist Voraussetzung, dass der Auftraggeber den Bürgen als tauglich anerkannt hat. Die Bürgschaftserklärung ist schriftlich unter Verzicht auf die Einrede der Vorausklage abzugeben (§ 771 BGB); sie darf nicht auf bestimmte Zeit begrenzt und muss nach Vorschrift des Auftraggebers ausgestellt sein. Der Auftraggeber kann als Sicherheit keine Bürgschaft fordern, die den Bürgen zur Zahlung auf erstes Anfordern verpflichtet.

(5) Wird Sicherheit durch Hinterlegung von Geld geleistet, so hat der Auftragnehmer den Betrag bei einem zu vereinbarenden Geldinstitut auf ein Sperrkonto einzuzahlen, über das beide nur gemeinsam verfügen können („Und-Konto"). Etwaige Zinsen stehen dem Auftragnehmer zu.

(6)

1. Soll der Auftraggeber vereinbarungsgemäß die Sicherheit in Teilbeträgen von seinen Zahlungen einbehalten, so darf er jeweils die Zahlung um höchstens 10 v. H. kürzen, bis die vereinbarte Sicherheitssumme erreicht ist. Sofern Rechnungen ohne Umsatzsteuer gemäß § 13 b UStG gestellt werden, bleibt die Umsatzsteuer bei der Berechnung des Sicherheitseinbehalts unberücksichtigt. Den jeweils einbehaltenen Betrag hat er dem Auftragnehmer mitzuteilen und binnen 18 Werktagen nach dieser Mitteilung auf ein Sperrkonto bei dem vereinbarten Geldinstitut einzuzahlen. Gleichzeitig muss er veranlassen, dass dieses Geldinstitut den Auftragnehmer von der Einzahlung des Sicherheitsbetrags benachrichtigt. Absatz 5 gilt entsprechend.

2. Bei kleineren oder kurzfristigen Aufträgen ist es zulässig, dass der Auftraggeber den einbehaltenen Sicherheitsbetrag erst bei der Schlusszahlung auf ein Sperrkonto einzahlt.

3. Zahlt der Auftraggeber den einbehaltenen Betrag nicht rechtzeitig ein, so kann ihm der Auftragnehmer hierfür eine angemessene Nachfrist setzen. Lässt der Auftraggeber auch diese verstreichen, so kann der Auftragnehmer die sofortige Auszahlung des einbehaltenen Betrags verlangen und braucht dann keine Sicherheit mehr zu leisten.

4. Öffentliche Auftraggeber sind berechtigt, den als Sicherheit einbehaltenen Betrag auf eigenes Verwahrgeldkonto zu nehmen; der Betrag wird nicht verzinst.

(7) Der Auftragnehmer hat die Sicherheit binnen 18 Werktagen nach Vertragsabschluss zu leisten, wenn nichts anderes vereinbart ist. Soweit er diese Verpflichtung nicht erfüllt hat, ist der Auftraggeber berechtigt, vom Guthaben des Auftragnehmers einen Betrag in Höhe der vereinbarten Sicherheit einzubehalten. Im Übrigen gelten die Absätze 5 und 6 außer Nummer 1 Satz 1 entsprechend.

(8)

1. Der Auftraggeber hat eine nicht verwertete Sicherheit für die Vertragserfüllung zum vereinbarten Zeitpunkt, spätestens nach Abnahme und Stellung der Sicherheit für Mängelansprüche zurückzugeben, es sei denn, dass Ansprüche des Auftraggebers, die nicht von der gestellten Sicherheit für Mängelansprüche umfasst sind, noch nicht erfüllt sind. Dann darf er für diese Vertragserfüllungsansprüche einen entsprechenden Teil der Sicherheit zurückhalten.

2. Der Auftraggeber hat eine nicht verwertete Sicherheit für Mängelansprüche nach Ablauf von 2 Jahren zurückzugeben, sofern kein anderer Rückgabezeitpunkt vereinbart worden ist. Soweit jedoch zu diesem Zeitpunkt seine geltend gemachten Ansprüche noch nicht erfüllt sind, darf er einen entsprechenden Teil der Sicherheit zurückhalten.

§ 18 Streitigkeiten

(1) Liegen die Voraussetzungen für eine Gerichtsstandvereinbarung nach § 38 Zivilprozessordnung vor, richtet sich der Gerichtsstand für Streitigkeiten aus dem Vertrag nach dem Sitz der für die Prozessvertretung des Auftraggebers zuständigen Stelle, wenn nichts anderes vereinbart ist. Sie ist dem Auftragnehmer auf Verlangen mitzuteilen.

(2)

1. Entstehen bei Verträgen mit Behörden Meinungsverschiedenheiten, so soll der Auftragnehmer zunächst die der auftraggebenden Stelle unmittelbar vorgesetzte Stelle anrufen. Diese soll dem Auftragnehmer Gelegenheit zur mündlichen Aussprache geben und ihn möglichst innerhalb von 2 Monaten nach der Anrufung schriftlich bescheiden und dabei auf die Rechtsfolgen des Satzes 3 hinweisen. Die Entscheidung gilt als anerkannt, wenn der Auftragnehmer nicht innerhalb von 3 Monaten nach Eingang des Bescheides schriftlich Einspruch beim Auftraggeber erhebt und dieser ihn auf die Ausschlussfrist hingewiesen hat.

2. Mit dem Eingang des schriftlichen Antrages auf Durchführung eines Verfahrens nach Nummer 1 wird die Verjährung des in diesem Antrag geltend gemachten Anspruchs gehemmt. Wollen Auftraggeber oder Auftragnehmer das Verfahren nicht weiter betreiben, teilen sie dies dem jeweils anderen Teil schriftlich mit. Die Hemmung endet 3 Monate nach Zugang des schriftlichen Bescheides oder der Mitteilung nach Satz 2.

(3) Daneben kann ein Verfahren zur Streitbeilegung vereinbart werden. Die Vereinbarung sollte mit Vertragsabschluss erfolgen.

(4) Bei Meinungsverschiedenheiten über die Eigenschaft von Stoffen und Bauteilen, für die allgemein gültige Prüfungsverfahren bestehen, und über die Zulässigkeit oder Zuverlässigkeit der bei der Prüfung verwendeten Maschinen oder angewendeten Prüfungsverfahren kann jede Vertragspartei nach vorheriger Benachrichtigung der anderen Vertragspartei die materialtechnische Untersuchung durch eine staatliche oder staatlich anerkannte Materialprüfungsstelle vornehmen lassen; deren Feststellungen sind verbindlich. Die Kosten trägt der unterliegende Teil.

(5) Streitfälle berechtigen den Auftragnehmer nicht, die Arbeiten einzustellen.

Sachverzeichnis

Printed in the United States
By Bookmasters